U0338246

国家重点研发计划(2016YFC0802907)资助

# 消防救援技术与装备

朱国庆　刘洪永　陈　南　徐　昕 编　著

中国矿业大学出版社

·徐州·

## 内 容 简 介

本书共分九章,第一章主要对消防救援技术和装备及发展趋势进行了介绍,并分析了消防救援工作的形势和任务;第二章详细介绍了消防水泵、消防枪、消火栓等火场供水装备及供水方案,指出了目前火场供水存在的问题并提出了相应的对策;第三章阐述了火灾热辐射防护的相关基本理论,并重点介绍了消防员个体防护装备,包括呼吸防护、服装防护、消防用防坠落装备及其他防护装备;第四章介绍了侦检技术,包括火场侦检技术和化学侦检技术,并详细阐述了火场侦检装备、化学侦检装备和消防救生装备;第五章介绍了破拆技术及装备,重点叙述了各类手动破拆装备、机动破拆装备、液压破拆装备、气动破拆装备和电动破拆装备及其操作程序及注意事项;第六章详细介绍了泄漏的相关理论、泄漏计算模型以及塞楔堵漏、捆扎堵漏、黏结堵漏、磁压堵漏、注剂式堵漏、冷冻堵漏和紧固式堵漏七种堵漏技术及装备;第七章介绍了洗消原理、洗消剂及常用的洗消与输转器材;第八章主要介绍了灭火类消防车、举高类消防车、专勤类消防车、保障类消防车与特种消防装备的自身特点、结构组成、用途及操作注意事项;第九章对新型救援装备进行了展望,介绍了消防直升机、水陆两栖飞机、无人机、导弹消防车、消防坦克车以及抛沙消防车的结构及主要性能。

**图书在版编目(C I P)数据**

消防救援技术与装备/朱国庆等编著. —徐州:
中国矿业大学出版社,2020.12(2024.8 重印)
ISBN 978 - 7 - 5646 - 4935 - 7

Ⅰ. ①消…　Ⅱ. ①朱…　Ⅲ. ①消防—救援—高等学校
—教材 ②消防设备—高等学校—教材　Ⅳ. ①TU998.1

中国版本图书馆 CIP 数据核字(2020)第 271730 号

| | |
|---|---|
| **书　　名** | 消防救援技术与装备 |
| **编　　著** | 朱国庆　刘洪永　陈　南　徐　昕 |
| **责任编辑** | 周　红 |
| **出版发行** | 中国矿业大学出版社有限责任公司 |
| | （江苏省徐州市解放南路　邮编 221008） |
| **营销热线** | (0516)83884103　83885105 |
| **出版服务** | (0516)83995789　83884920 |
| **网　　址** | http://www.cumt.com　**E-mail**：cumtpvip@cumt.com |
| **印　　刷** | 苏州市古得堡数码印刷有限公司 |
| **开　　本** | 787 mm×1092 mm　1/16　**印张** 20.25　**字数** 518 千字 |
| **版次印次** | 2020 年 12 月第 1 版　2024 年 8 月第 3 次印刷 |
| **定　　价** | 42.00 元 |

（图书出现印装质量问题,本社负责调换）

# 前　言

　　为适应培养政治业务素质高、专业核心能力强的应用型专门人才的需求，以培养消防工程专业人员综合素质为基础，以提高专业能力、职业能力为核心，我们组织编写了《消防救援技术与装备》一书。消防救援技术与装备既是人类同火灾及其他灾害事故作斗争的重要工具，又是消防队伍形成战斗力的物质基础和基本要素。《消防救援技术与装备》主要介绍了火场供水、个体防护、侦检及救生、破拆、堵漏、洗消等各类消防救援技术的相关理论及装备结构组成、工作原理、适用范围、操作使用、维护保养及故障排除等方面的内容。本教材以国内现行的消防相关法律、法规和标准为基础，在保持教材体系完整性的基础上，充分吸收本学科领域国内外最新研究成果，密切联系消防技术装备应用和管理工作实际，形成了具有一定理论性、先进性、实用性和综合性的知识体系。

　　本书第一、二、九章由中国矿业大学朱国庆教授编写，第三、五章由中国矿业大学刘洪永副教授编写，第四、六章由中国矿业大学陈南教授编写，第七、八章由江苏安全技术职业学院徐昕编写。本书由朱国庆教授统稿。

　　本书在编写过程中，得到了中国矿业大学安全工程学院部分老师和研究生的帮助，在此致以衷心的感谢，并对所有提供帮助的单位和个人表示深深的谢意。本书的研究工作及出版得到了国家重点研发计划（2016YFC0802907）的资助。

　　由于编者知识水平所限，我国灾害形势和消防技术装备迅速变化，书中难免有疏漏之处，望各位读者批评指正，不吝赐教。

《消防救援技术与装备》编写组

2020 年 9 月

# 目　录

# 第一章　概　述

【本章学习目标】

1. 了解消防救援工作面临的形势,熟悉消防救援的任务和相关法律法规的要求。
2. 熟悉消防救援装备的使用现状,掌握消防救援装备的分类。
3. 了解消防救援技术及装备的发展趋势。

近年来,随着我国工业化、城镇化、现代化建设步伐的加快,城市规模迅速扩大,人口总量急剧增加,各类公共安全事故、自然灾害、突发事件呈迅猛上升趋势,现代火灾和各类灾害事故呈现出规模大、时间长、情况复杂、处置难度大的特点,经济社会发展和人民群众安居乐业对公共安全提出了更高的要求。

消防救援是政府应急管理职能的重要体现,消防救援能力不仅标志着一个现代化城市文明程度,也是政府执政能力和服务水平的直接体现。2007 年第十届全国人民代表大会常务委员会第二十九次会议通过的《中华人民共和国突发事件应对法》第二十六条规定:"县级以上人民政府应当整合应急资源,建立或者确定综合性应急救援队伍"。2018 年 3 月,国务院专门成立应急管理部,维护消防救援队伍在应急管理以及应急救援中的主体地位,将各类专业救援队伍整合,着力提升国家应急管理和处理突发事件的能力。

## 第一节　消防救援工作概述

我国是世界上灾害事故较严重的国家之一。随着我国社会经济的高速发展,产业结构升级调整,新兴产业不断涌现,大量新材料、新工艺被广泛地开发、运用,连续发生的多起重特大火灾爆炸事故使消防管理面临严峻考验。仅以 2015 年为例,5 月 25 日 20 时左右,河南省鲁山县西琴台办事处三里河村康乐园老年公寓发生火灾事故,火灾造成 39 人死亡、6人受伤。8 月 12 日 23 时 30 分左右,天津市滨海新区天津港内的瑞海国际物流有限公司储存危险化学品的仓库发生爆炸,事故造成 165 人死亡,多人受伤,已核算的直接经济损失68.66 亿。重特大火灾事故频发暴露出当前消防管理工作还存在着诸多问题,警醒我们当前的消防工作并不是万无一失的,是需要勇于改革、不断完善的。本节重点阐述现阶段我国消防救援工作面临的形势、任务以及开展工作的依据。

### 一、消防救援工作面临的形势和任务

《中华人民共和国消防法》第三十七条规定："国家综合性消防救援队、专职消防队按照国家规定承担重大灾害事故和其他以抢救人员生命为主的应急救援工作"，明确了应急救援、拯救生命为消防队伍的法定职责。由此，随着灾害事故种类不断增多，危害程度不断加重，消防救援队伍所面临的应急救援形势越来越严峻，其担负的任务越来越繁重。

（一）消防救援工作面临的形势

1. 社会消防需求激增

我国国内生产总值近年以来一直保持着稳定高速增长，社会经济飞速发展，社会消防需求激增，尤其自"8·12"天津滨海新区特大爆炸事故、"3·21"江苏盐城响水特大爆炸事故等发生以来，工业生产中的消防安全引起了社会的极大关注；进行科学合理的消防设计，配备消防设施，排除生产过程中的消防隐患，规划可行的消防措施，保障社会稳定运行，已经成为各级政府和企业的关注重点和人民群众的热切需求。

2. 救援任务复杂化、多元化

由于各个地方的产业结构不同，可燃物的类型也发生了巨大的变化，很多地方存在油气储罐、地下空间、高层建筑等复杂的危险源，危险化学品的大规模生产、大功率电器的广泛应用、汽车交通事故频发使得救援任务复杂化、多元化。而城市化的发展，使得危险源趋于集中，加剧了灾害发生的概率和严重性。

3. 综合消防救援体系建设仍然存在不足

针对油气储罐、危险化学品、地下空间、高层建筑等多种诱因产生的火灾，应该分类区别，针对性地采取消防救援措施。而当下消防救援中针对性与地方需求对应性不强，消防队员专业素质无法适应多种诱因的火灾。

（二）消防救援工作的任务

1. 消防救援力量建设

建立针对危险化学品、油气储罐、建筑等火灾的专业消防救援队伍，以应对多种诱因的火灾；在一些化工、石化等集中区域可以重点建设与之适应的救援队伍，并调动社会力量积极参与，做到灾害事故早发现、消防救援早投入。

2. 救援技术与装备建设

配备新型灭火剂、消防车、救援器材，消防救援队伍能够高效环保地进行火灾扑救。救援人员应配备防护装备，保证自身的生命安全。科学规划区域的供水管路，保证实施消防救援时能够充足供水。加强信息化建设，构建多部门协调沟通的载体，实现信息共享。对作业场所各项指标进行实时监测监控，当发生火灾时能够实现统一调度、指挥、辅助决策。

3. 应急保障体系建设

发动社会力量完善公共消防水源设施，在城市密集区、工业密集区、村镇密集区的主要河流、湖泊建设取水码头，在大型化工厂区建设大容量消防水池及配套的取水设施，存储相关的消防物资，并能实现多地快速调用。

4. 组织指挥预案建设

应与实际相结合，以确保经济建设和社会稳定为目的，坚持科学组织、快速集结、合理分工、有效处置的原则，制订切实可行的消防应急预案，以确保在处理各类疑难灾害事故时，有想法，有步骤，有组织，有秩序，有充分的思维和行动准备。预案中应列出指挥机构组成、任

务职责、灭火救援力量组成以及组织指挥程序和要求。

5. 指挥作战程序建设

作为应急救援工作的骨干力量，消防救援队伍应该不断完善和规范高层建筑、地下工程、石油化工等特殊火灾扑救及危险化学品泄漏等特种灾害事故救援的处置程序和指挥要领。要从接警、组织指挥、作战行动、安全保障、综合保障等方面抓起，努力使灭火抢险救援行动的各个环节都有章可循、有据可依，保证整个行动都准确、迅速。要经常深入实地，熟悉情况，根据灾害模拟推演及实战演练，不断总结，不断改进和完善预案，提高预案的科学性、针对性。

**二、消防救援工作的依据**

我国已经颁布施行消防法律、规章 20 余部，国家消防规范、国家和行业技术标准 200 余部，地方性消防法规 60 余部，初步形成了以《中华人民共和国消防法》为基本法律，以消防法规和技术规范、标准以及地方性消防法规相配套的消防法律法规体系。

1. 消防法律

1998 年 4 月 29 日，第九届全国人民代表大会常务委员会第二次会议审议通过了《中华人民共和国消防法》，同年 9 月 1 日起施行。2008 年 10 月 28 日，第十一届全国人民代表大会常务委员会第五次会议对《中华人民共和国消防法》进行修订并公布，自 2009 年 5 月 1 日起施行。2019 年 4 月 23 日，第十三届全国人民代表大会常务委员会第十次会议进一步对《中华人民共和国消防法》进行了修正。

2. 地方性消防法规

除国家立法以外，各省、自治区、直辖市的人民代表大会，根据《中华人民共和国消防法》的原则规定，结合当地实际情况，多数颁布了地方性消防法规。

3. 部门规章

公安部先后颁布了与《中华人民共和国消防法》相配套的《建设工程消防监督管理规定》《火灾事故调查规定》《消防监督检查规定》《机关、团体、企业、事业单位消防安全管理规定》等部门规章。

4. 技术标准

全国消防标准化技术委员会下设 10 个分委员会，负责制定、修订和审查各类消防技术标准草案。

# 第二节　消防救援装备简介

消防救援装备是完成各类灾害事故救援所用设备、设施的总称。随着科学技术的发展和消防救援队伍职能的拓展，消防救援装备的种类和数量在不断增加。目前，消防救援队伍配备的消防救援装备主要包括供水装备、个体防护装备、侦检及救生装备、破拆装备、堵漏装备、洗消装备与消防车辆装备等。

**一、消防救援装备分类**

（一）供水装备

供水装备主要包括消防泵、消防水带、消防软管卷盘、消防接口等。

1. 消防泵

消防泵(图1-2-1)是输送液体或使液体增压的机械。

2. 消防水带

消防水带(图1-2-2)是一种用于输送水或其他液态灭火药剂的软管。

图1-2-1 消防泵 　　　　　　　　　　　　　　图1-2-2 消防水带

3. 消防软管卷盘

消防软管卷盘(图1-2-3)是一种输送水、干粉、泡沫等灭火剂,供一般人员自救室内初期火灾或消防员进行灭火作业的消防装置。

4. 消防接口

消防接口(图1-2-4)包括消防水带接口、消防吸水管接口和各种异径接口、异型接口、闷盖等。集水器是将消防水带输送的两股或两股以上的正压水流合成一股所必需的连接器具。分水器是将消防供水干线的水流分出若干支线水流所必需的连接器具。集水器和分水器中均设置消防接口。

图1-2-3 消防软管卷盘 　　　　　　　　　　　图1-2-4 消防接口

(二)个体防护装备

消防员个体防护装备是消防员进行灭火、抢险救援等作业时必须佩戴、穿着和使用的防护装备或专用装备,属于安全类技术装备,是消防装备中不可缺少的重要组成部分。

消防员防护服是用于保护消防员身体免受各种伤害的防护装备。通常防护服与其他防护器具如头盔、手套、靴子等配合使用,共同组成消防员个人防护装备系统。

1. 头面部防护器具

消防员头面部防护器具如图 1-2-5 所示。

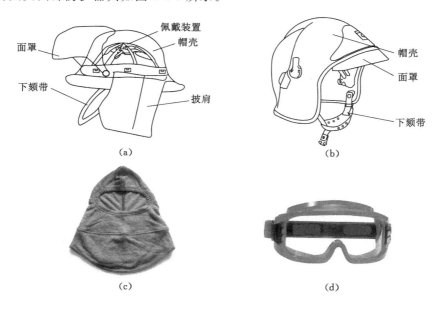

图 1-2-5 消防员头面部防护器具

(a)有帽檐式消防头盔结构简图;(b)无帽檐式消防头盔结构简图;

(c)阻燃头套;(d)消防护目镜

2. 防护服

消防员防护服如图 1-2-6 所示。

图 1-2-6 消防员防护服

(a)消防员灭火防护服;(b)连体式消防员隔热防护服;

(c)消防员避火防护服;(d)一级消防员化学防护服

3. 防护靴

消防员防护靴如图 1-2-7 所示。

(三)侦检装备

侦检装备主要是指通过人工或自动的检测方式,对火场或救援现场所有灭火数据或情

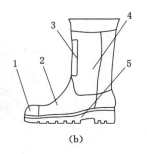

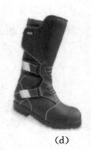

(a)          (b)          (c)          (d)

1—靴头;2—靴面;3—胫骨防护垫;4—靴筒;5—靴底。

图 1-2-7　消防员防护靴

(a) 消防员灭火防护皮靴;(b) 消防员灭火防护皮靴结构;

(c) 系带式消防员抢险救援防护靴;(d) 搭袢式消防员抢险救援防护靴

况,如气体成分、放射性射线强度、火源、剩磁等进行测定的仪器和工具。

常见的侦检器材主要包括:有毒气体探测仪、核辐射探测仪、军事毒剂侦检仪、水质分析仪、电子气象仪、烟雾视像仪、漏电探测仪、可燃气体探测仪、可视探测仪、生命探测仪、红外测温仪、移动式生物快速侦检仪等。

**1. 便携式有毒气体探测仪**

便携式智能型有毒气体探测仪(图 1-2-8),能通过随机提供的四种专门的探测元件同时检测四类气体,这些气体可以是可燃气(甲烷、丙烷、丁烷等)、毒气(一氧化碳、氯气等)、氧气和有机挥发性气体,能够检测环境中相应气体的含量并在达到危险值时报警。

**2. 核辐射探测仪**

核辐射探测仪主要用于探测灾害事故现场核辐射强度,寻找并确定放射污染源的位置,检测人体体表的残余放射性物质等,如图 1-2-9 所示。

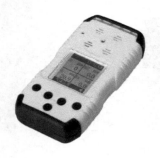

图 1-2-8　有毒气体探测仪          图 1-2-9　核辐射探测仪

**3. 军事毒剂侦检仪**

军事毒剂侦检仪(图 1-2-10)用于侦检存在于空气、地面或装备上呈气态及液态的沙林、梭曼及芥子气等化学战剂,以确定装备是否遭受污染,进出避难所、警戒区、洗消作业区是否安全。

**4. 水质分析仪**

水质分析仪(图 1-2-11)用于对地表水、地下水、各种废水、饮用水及处理过的水中的小颗粒化学物质进行定性分析。

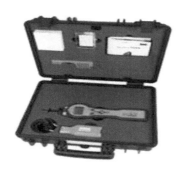

图 1-2-10 军事毒剂侦检仪

图 1-2-11 水质分析仪

5. 电子气象仪

电子气象仪(图 1-2-12)可以同时定值监测室外风向、温度、湿度、气压、风速等参数。该仪器全液晶显示,温度的探测范围为 0~60 ℃(室内)或 −45~60 ℃(室外);1 h 内,气压异动超过 0.5~1.5 mmHg(1 mmHg≈133 Pa,下同)时会报警。

图 1-2-12 电子气象仪

6. 烟雾视像仪

烟雾视像仪(图 1-2-13)又称热敏成像仪、红外线成像仪,利用红外原理,可在黑暗、浓烟条件下观测火源及火势蔓延方向,寻找被困人员,监测异常高温及余火,观察消防员进入火场情况。

图 1-2-13 烟雾视像仪

**7. 漏电探测仪**

漏电探测仪(图 1-2-14)广泛用于工厂、消防抢险救援,通过内置一个高灵敏度的交流放大器,可接收频率低于 100 Hz 的信号,并将此信号转换成声光报警信号来确定电源的具体位置。

图 1-2-14　漏电探测仪

**8. 可燃气体探测仪**

可燃气体探测仪(图 1-2-15)用于各类石油、化工生产装置,可测量甲烷、乙炔、氢气等 30 多种易燃易爆气体浓度,具有轻便、小巧、携带方便、检测快速等特点。当气体浓度达到预先设置的报警值时,蜂鸣器和发光二极管将发出声光警报。

**9. 可视探测仪**

可视探测仪(图 1-2-16)又称蛇眼,主要用于火灾、地震等自然灾害事故造成的建筑物倒塌时搜救内部被困人员。

图 1-2-15　可燃气体探测仪

图 1-2-16　可视探测仪

**10. 生命探测仪**

生命探测仪(图 1-2-17)是一种适用于寻找被混凝土、瓦砾或其他固体埋压、包围的幸存者的仪器。其具有体积小、质量轻、携带方便、操作简单、探测范围广等特点。

**11. 红外测温仪**

红外测温仪(图 1-2-18)可用于测量火场上建筑物、受辐射的液化石油气储罐、油罐及其他化工装置的温度。

图 1-2-17 生命探测仪

图 1-2-18 红外测温仪

（四）破拆装备

消防破拆工具是消防员在灭火、抢险救援等作业中使用的常规装备,按照工具的驱动型式可分为手动破拆工具、机动破拆工具、气动破拆工具、液压破拆工具和电动破拆工具等。

1. 手动破拆工具

手动破拆工具是破拆砖木结构的建筑物、钩拉吊顶、开启门窗、开辟消防通道的常用装备,一般安放在消防车上。传统的手动破拆工具主要有消防斧（包括尖斧和平斧,见图 1-2-19）、消防钩（包括尖钩和爪钩）、消防铁铤（图 1-2-20）、铁锹、绝缘剪等。近年来,多功能手动破拆工具组、冲击器以及撬斧工具等新型破拆工具逐渐普及。

图 1-2-19 消防斧

图 1-2-20 消防铁铤

2. 机动破拆工具

机动破拆工具是以小型内燃机、电动机等作为动力源的破拆工具,通常用于切割砖木结构物、玻璃幕墙和薄钢板等。常用的机动破拆工具主要有无齿锯、双轮异向切割锯、机动链锯、电弧切割器等。

3. 气动破拆工具

气动破拆工具是利用高压气瓶作为动力源,推动活塞往复强力运动来带动合金钢刀头进行破拆作业的一种新型工具,除用于常规的陆上破拆外,也可用于水下作业。常用的气动破拆工具有气动切割刀（图 1-2-21）、气动枪（图 1-2-22）等设备。

4. 液压破拆工具

液压破拆工具具有撬开、支撑重物,分离、剪切金属和非金属材料及构件的功能。液压破拆工具主要有扩张器、剪扩器、剪切器、救援顶杆、开门器、便携式多功能钳、手动泵、机动泵等。

图 1-2-21　气动切割刀　　　　　　　　　图 1-2-22　气动枪

**5. 电动破拆工具**

电动破拆工具是采用可充电电池组作为动力源的新型产品,具有重量轻、结构紧凑、投用迅速的特点,在消防救援中正得到日益广泛的使用。常见的电动破拆工具有电动钳、电动救援锯、便携式电动泵等设备。

**(五)堵漏装备**

堵漏主要是指采用某种特制材料,以求彻底切断容器泄漏介质通道、堵塞或隔离泄漏介质通道,或采用增加泄漏介质通道中流淌流动的阻力等方式,达到阻止介质外泄,实现良好密封的目的。常见的堵漏器材主要有注入式堵漏工具、木楔堵漏工具、粘贴式堵漏工具、捆绑式堵漏带、外封式堵漏带、内封式堵漏带、堵漏枪、磁压堵漏工具、金属堵漏套管、法兰堵漏夹具等。

**1. 注入式堵漏工具**

注入式堵漏工具(图 1-2-23)适用于化工、炼油、煤气、发电、冶金等装置管道上的各种静密封点的堵漏密封,如法兰、阀门、接头、弯头、三通管等的破损泄漏及贮油塔、煤气柜、变压器等的泄漏。

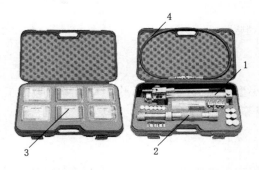

1—注胶动力手泵;2—注胶器;3—各类注胶;4—供压管。

图 1-2-23　注入式堵漏工具

**2. 木楔堵漏工具**

采用进口红松经蒸馏、防腐、干燥等处理的木制堵漏楔(图 1-2-24),用于各种容器的点、线、裂纹产生泄漏时的临时堵漏,适用于介质温度在$-70\sim100$ ℃,压力在$-1.0\sim0.8$ MPa的堵漏。

3. 粘贴式堵漏工具

粘贴式堵漏工具(图 1-2-25)适用于各种孔洞、填隙的嵌补,包含耐热快固铁泥、钢带、捆扎机、卡扣、堵漏胶布等专用工具。

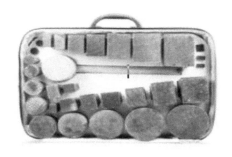

图 1-2-24　木楔堵漏工具

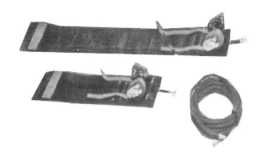

图 1-2-25　粘贴式堵漏工具

4. 捆绑式堵漏带

捆绑式堵漏带(图 1-2-26)用于发生泄漏事故的如油罐、桶、管道等的堵漏作业。

5. 外封式堵漏带

外封式堵漏带(图 1-2-27)主要用于管道、容器、油罐车或油槽车、油桶与储罐罐体外部的堵漏作业。它由防腐橡胶制成,具有一定的工作压力,根据堵漏点的形状而有不同的规格。

图 1-2-26　捆绑式堵漏带

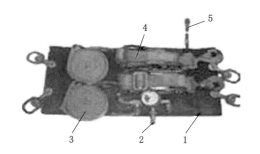

1—堵漏带;2—供气阀;
3—收紧带;4—收紧器;5—进气口。

图 1-2-27　外封式堵漏带

6. 内封式堵漏带

内封式堵漏带(图 1-2-28)主要用于圆形容器、密封沟渠或排水管道等内部泄露的堵漏作业。它由防腐橡胶制成,具有一定的工作压力(大约 0.15 MPa)。其直径一般为 $100\sim500$ mm,膨胀后的直径约增加一倍。

7. 堵漏枪

堵漏枪(图 1-2-29)用于快速封堵储罐、油罐车或管道等发生的小型孔洞泄漏事故的堵漏。其主要由充气泵、三种锥形袋、一种圆柱形袋和充气导管等部件组成。

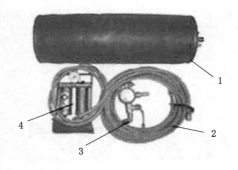

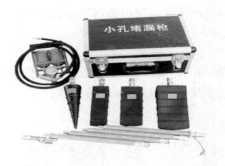

1—堵漏带；2—供气软管；3—供气阀；4—脚踏泵。

图 1-2-28　内封式堵漏带

图 1-2-29　堵漏枪

**8. 磁压堵漏工具**

磁压堵漏工具（图 1-2-30）主要用于解决立式罐、卧式罐、直径较大管线和卧式储罐断面泄漏时，由于各种工具夹受容器尺寸的限制而无法进行装卡固定，不能带压堵漏的问题。磁压堵漏器以其对钢铁容器的强吸附力，能迅速地将快速堵漏胶紧紧地吸压在泄漏处的裂缝中，达到堵漏目的。

**9. 金属堵漏套管**

金属堵漏套管（图 1-2-31）主要用于各种金属管道的孔、洞、裂缝的密封堵漏。它外部由金属铸件制成，内嵌具有耐腐蚀性的橡胶密封套，可适用介质温度 −70～150 ℃，可承受1.6 MPa的反压。

1—磁压堵漏器；2—磁性垫片。

图 1-2-30　磁压堵漏工具

图 1-2-31　金属堵漏套管

**10. 法兰堵漏夹具**

法兰堵漏夹具（图 1-2-32）主要用于法兰泄漏时的堵漏。使用时打开箱子，拿出相应规格的法兰堵漏夹具，用扳手拧下套管四周所有螺丝，然后将橡胶套包在泄漏的法兰一侧，盖上法兰堵漏夹具，并将它推至泄漏点，用扳手将螺丝对角拧紧。

**（六）洗消装备**

洗消是指对遭受化学污染物、放射性物质和生物毒剂污染的人员、器材装备、环境等实施消毒、消除和灭菌而采取的技术措施。而化学品洗消就是针对危险化学品造成污染的消毒和消除措施。由于危险化学品灾害事故发生较为频繁，因此，危险化学品洗消是消防救援

图 1-2-32　法兰堵漏夹具

工作开展的重点。洗消剂是用于消毒和清除危险化学品的化学物质,包括消毒剂和溶剂。常用消毒剂有次氯酸盐类消毒剂、酸性消毒剂、碱性消毒剂、配方消毒剂、催化消毒剂和吸附型消毒剂等。通常将消毒剂溶解在溶剂中,常用的溶剂有水、酒精、二氯乙烷、汽油、煤油等。常用的洗消装备有以下几种。

1. 敌腐特灵洗消罐

它能及时有效地处置危险化学品场所的化学灼伤及进行局部洗消。

2. 个人洗消帐篷

个人洗消帐篷(图 1-2-33)用于对事故现场受到污染的消防战斗员、抢险员进行个人洗消,同时可对器材进行洗消。

3. 公共洗消帐篷

公共洗消帐篷(图 1-2-34)用于大型灾害事故现场对伤员和工作人员进行洗消,也可以作为临时指挥部、会议室、医院、紧急救助场所等。

图 1-2-33　个人洗消帐篷

图 1-2-34　公共洗消帐篷

4. 移动式高压洗消泵

移动式高压洗消泵(图 1-2-35)主要用于清洗各种机械、汽车、建筑物、工具上的有毒污渍。

(七)消防车辆装备

消防车是装备了各种消防器材、消防器具的各类机动车辆的总称,是最基本的移动式消防装备。作为消防救援的主要装备,消防车的作用在现代灭火战斗与抢险救灾中愈发凸显。国内常见的消防车辆有 24 种,具体包括泵浦消防车、水罐消防车、泡沫消防车、高倍泡沫消

图 1-2-35　移动式高压洗消泵

防车、二氧化碳消防车、干粉消防车、泡沫-干粉联用消防车、机场救援先导消防车、机场救援消防车、登高平台消防车、云梯消防车、通信指挥消防车、照明消防车、抢险救援车、勘察消防车、排烟消防车、供水消防车、供液消防车、器材消防车、救护消防车、宣传消防车、防化洗消车、举高喷射消防车和压缩空气泡沫车。常用的四种消防车辆如图 1-2-36 所示，各类消防车因所配备的消防器材、器具不同其使用功能而有所不同，本书在后续章节会展开详细的介绍。

(a)　　　　　　　　　　　　　　(b)

(c)　　　　　　　　　　　　　　(d)

图 1-2-36　常用的四种消防车辆
(a) 泵浦消防车；(b) 水罐消防车；(c) 泡沫消防车；(d) 干粉消防车

（八）其他器材

1. 输转器材

输转器材是指化学事故发生后，对现场被污染的有毒有害液体及时进行收集、转移等处理时所利用、需要的器材。

（1）手动隔膜抽吸泵

手动隔膜抽吸泵（图 1-2-37）系人工手动器材，适用于化学污染面积较小的环境，可用于抽吸油类液体、难燃化学危险液体等。

（2）防爆输转泵

防爆输转泵（图 1-2-38）可用于易燃易爆液体及固体颗粒物（粒径可达 8 mm）的输转、收集，操作简便，可自动吸干。

（3）吸附垫

吸附垫（图 1-2-39）可快速有效地吸附酸、碱和其他辅助性液体。

图 1-2-37　手动隔膜抽吸泵

图 1-2-38　防爆输转泵

图 1-2-39　吸附垫

2. 警戒器材

警戒器材是在火场或抢险救援现场，用来圈划危险区域和安全区域范围的器材，主要起到警示、警戒和指示作用。具体使用方法根据现场情况，可分为单一使用和联合使用两种。一套完整警戒、警示器材主要由警戒杆、警示牌、警戒带、警示警戒灯等组成。

（1）警戒标志杆、警戒底座、警戒带

警戒标志杆、警戒底座、警戒带（图 1-2-40）用于火场或抢险救援现场圈划危险区域或安全区域。警戒标志杆为长 800 mm、直径 40 mm 的圆柱管状金属，表面涂红、白反光漆。

（2）警示牌

警示牌（图 1-2-41）可用图形、文字、标识、颜色构成，用于表示剧毒、爆炸、燃烧、泄漏、核放射等。其形状为长方形，由金属制成，四角有四洞，供绳子穿戴，表面涂红、白反光漆；也有三角形的，由金属制成，边长 400 mm，表面涂红、黄反光漆。

（3）闪光警戒灯

图 1-2-40　警戒标志杆、警戒底座、警戒带

图 1-2-41　警示牌

闪光警戒灯(图 1-2-42)主要用于黑夜和光线暗的事故现场,主要由防爆外壳、发光二极管、智能芯片、两节 1.5 V 1 号电池等部分组成,可连续使用 12 h,质量 250 g。

(4)警戒桶

警戒桶(图 1-2-43)用于火场或抢险救援现场圈划危险区域或安全区域。其呈锥形,高400 mm,表面涂红、白标志反光漆。

图 1-2-42　闪光警戒灯

图 1-2-43　警戒桶

3. 照明器材

照明器材是主要用于提高火场和救援现场能见度的器材(装备),适用于黑夜、地下等能见度较低的事故现场。救生照明线的使用如图 1-2-44 所示。

4. 排烟器材

排烟器材把新鲜空气吹进建筑物内,排出火场烟雾。其适用于有进风口和出风口的火场建筑物。常见的排烟装备如下。

图 1-2-44　救生照明线的使用

（1）机械排烟机

机械排烟机用于火场排烟或者为缺氧的灾害事故现场输送新鲜空气，也可用于可燃气体泄漏场所的排烟和降低现场温度。

（2）水驱动排烟机

水驱动排烟机用于电源缺乏或有爆炸危险的现场排烟。

5．脉冲水枪

脉冲水枪是一种新型独立灭火的工具，主要用于扑救初起火灾和中、小型火灾。

6．移动发电机

移动发电机适用于事故现场需要提供额外电力的情况，可对 12 V 蓄电池充电。

**二、消防装备建设存在的问题**

1．消防装备数量不足

近年来，在政府的大力支持下，消防救援装备建设状况有了很大的提升。但由于全国经济发展的不平衡性，部分欠发达的省份由于消防资金的短缺，消防车配备的数量还不足，基层主战车辆机动性能差，功能单一，器材有限，影响初期火灾处置水平。一些个人防护装备，如空气呼吸器、防化服、隔热服等，储备不足。

2．消防装备管理、维护和保养未做到位

由于部分消防救援队伍的维护保养制度不严格，出现疏忽，维护、保养等未做到位，相关装备出现损毁、锈蚀等情况。

3．信息化管理比较落后

部分消防救援队伍没有采用系统化、信息化的管理模式，有些仍采用传统的手写形式导致消防装备在管理上存在很多弊端。另外，由于缺少专业技术人员的维护，网络管理系统不够完善，装备的管理效率较低。

**三、消防装备面临的新挑战**

1．灭火救援的理念和环保等方面的挑战

我们对消防装备配备能力的要求除了灭早、灭小、灭初期，还有保护好救援人员的人身安全，并尽可能地环保。

2．火灾的规模和危险性对消防装备的挑战

消防救援队伍要满足"全灾种、大应急"的任务需要，会面对各种各样的灾害事故。在火灾事故中,长时间的高温烘烤、爆炸、腐蚀等都是对消防装备的挑战。例如,2016 年"4·22"靖江仓储点爆炸事故,具有极大的危险性和不断发展蔓延的可能性。能否根据火灾规模大小及危险性大小及时应对处理,能否承担起应对各种规模火灾的任务,都是对消防装备的挑战。

3.对消防装备技术人员进行科学训练的挑战

只有当操作人员可以熟练、专业地操作先进的消防装备,才能发挥出装备最佳的效能。此外,装备的日常维护保养、操作演练、更新换代等也尤为重要。这些都要求对消防装备技术人员进行科学施训,加大对专业人才的培养力度。

4.消防装备的科技创新面临研发力度不足的挑战

国外产品相比国内产品价格要昂贵得多,大量配备进口装备使得部分消防救援队伍难以承受。此外,进口装备在使用操作、维护保养和故障维修等方面较为麻烦。因此需要国内企业加大对救援装备的研发力度。

## 第三节　消防救援技术及装备发展趋势

为鼓励和支持应急救援产业发展,《中华人民共和国国民经济和社会发展第十三个五年规划纲要》《国家综合防灾减灾规划(2016—2020 年)》提出"十三五"期间要进一步健全防灾减灾救灾体制机制,完善法律法规体系。《国家中长期科学和技术发展规划纲要(2006—2020 年)》和《产业结构调整指导目录(2019 年本)》分别将"公共安全"和"公共安全应急产品"列为重点领域,鼓励发展产业门类;《关于加强工业应急管理指导意见(2009 年)》明确提出,加快制定应急工业产品相关标准,推动应急工业产品推广;《国家安全生产"十三五"规划》中,做出了促进安全产业发展,建立国家安全产业基地的规划。

随着我国城市化步伐的加快和危险源的增多,消防救援任务变得越来越繁重。发展轻量化、高机动性、联合救援的消防救援装备已成为服务城市化的必然选择。

此外,大事故的发生往往伴随着道路损坏、交通和通信阻塞。现有成套装备由于体积大、笨重,难以满足快速运输要求,且车辆自身行驶速度低、通过性差,造成救援人员、装备、生活物资无法快速到达现场,从而延误救援时机。工作条件的复杂性决定了救援设备必须具有较高的可操作性,即越野性能优越,反应速度快,能够在第一时间到达事故现场。

救援装备到达现场后,由于设施不统一,缺乏生产标准,事故现场往往出现装备不能通用的情况,在具备专业知识的救援力量有限的情况下,关键时刻不能形成合力,这对装备的规范性和统一性提出了更高的要求。

因此,我国消防救援装备首先应立足于中国幅员辽阔、城乡差异大的具体国情,着力解决标准化、普及、实战的问题。标准化,即实施标准化的装备,规范的操作,最大限度地利用有限的消防救援资源(人员、装备);普及,即最有效的救援是自救、互救,消防救援知识的社会化和普及非常重要;实战,即装备简单、易学、可靠、实用,要进行实战训练。其次,我国的消防救援装备应当向高端化、智能化方向发展,在拥有高可靠性的传统消防设施与高质量的管理维护的基础上,利用物联网、AI、虚拟现实、移动互联网大数据云计算平台、火灾智能研判等最新技术,实现城市智慧消防,提高信息传输效率,从而实现实时图像的实时传输,地图链接的所有系统和数据可视化,以满足消防救援人员、消防车辆、消防器材、消防水源等智能实时调度的动态需求,以最快的速度帮助救援,最大限度地保护人员安全和财产安全。

总的来说,我国应急管理体制的改革,正朝着应急救援力量整合、应急指挥统一协调的方向发展,与应急救援行动相适应,需要构建符合我国实际的消防救援技术装备体系。因此,应从宏观全局的视角审视我国消防救援技术装备现状,优化结构,统一管理系统,统一协调装备标准的制定,注重前沿科技的运用。针对消防救援装备、装备标准和配备标准、装备管理、装备保障等方面,分别按灾种横向构建和分层级纵向构建,明确各灾种救援队伍的已配装备和亟需装备,加强装备管理和保障,逐步完善我国消防救援技术装备体系。

## 【思考与练习】

1. 简述消防救援的任务。
2. 试述消防救援相关法律法规有哪些。
3. 简述消防应急救援装备如何分类。
4. 简述国内常见的消防车类别。
5. 结合我国消防救援现状,谈一谈你对未来消防救援发展的看法。
6. 结合所学,谈谈你对智慧消防的理解。

# 第二章  火 场 供 水

【本章学习目标】
1. 了解火场供水现状和存在的问题。
2. 熟悉消防水泵、消防水枪等供水装备,了解消防水鹤等供水器具。
3. 熟悉供水方法和供水强度计算,掌握火场供水的一般规律和方法。

　　随着社会经济的发展,高层、地下建筑不断增多,电子工业和石油化工蓬勃发展,火灾现场日趋复杂,扑救火灾的难度越来越大,因此,如何以最快的速度和最合理的方式保障灭火、抢险救援所需的用水量,保证灭火、抢险救援工作的顺利进行,已经成为火场供水行动的一个新课题。

　　火场供水是灭火作战的重要组成部分之一,是决定灭火成败的关键因素。能否择优使用灭火设施、科学组织火场供水、有效供应火场供水量、保证向火场不间断供水,是扑救火灾成败的重要因素。因此,火场供水必须引起高度重视,要运用科学理论和现代技术指导来解决火场供水中遇到的新情况、新问题。所以,掌握火场供水的一般规律和方法,对于火场救援十分重要。

## 第一节　火场供水概述

　　消防科学技术的迅速发展,为灭火战斗提供各种类型的灭火剂,如水、泡沫、干粉、二氧化碳等。其中,水广泛分布于自然界,易于处理、储藏、运输,灭火时具有很强的冷却作用,灭火后没有环境污染,是最常用、最实用的灭火剂。实践证明,绝大多数火灾都是被水扑灭的。因此,火场供水所研究的对象主要是如何持续不间断地向火场供水。概括地说,火场供水就是组织必要的人员,采用适当的方法,利用各种消防器材、装备,将水源中的水输送到火灾事故现场,并通过水枪、水炮等射水喷具喷出灭火的作战行动。

　　火场供水行动过程一般包括以下几个环节:搞好消防水源建设、收集掌握消防水源资料、熟悉供水器材装备的供水性能、确定火场供水能力、制订火场供水预案、开展火场供水演练、组织指挥火场供水。

**一、目前火场供水存在的问题**

目前火场供水中存在的问题较多,特别是在夜间、增援队多或地形复杂的火场,火场供水的问题更为突出,主要表现在以下几方面。

1. 指挥员缺乏火场供水意识

部分指挥员到达火场后,只顾前方灭火救援,忽视了后方的供水,等灭火车辆水用尽之后才意识到供水问题,使救援工作比较被动,严重时甚至造成火灾损失的扩大和人员伤亡的增加。

2. 车辆装备效能不能充分发挥

部分指挥员对所配备的车辆性能掌握不够,对车辆的供水效能不熟悉,无法有效明确车辆的救援能力、供水能力、供水方式以及战斗灭火的持续性,单凭感觉选择使用水炮、水枪的数量进行灭火救援,造成人员、车辆战斗力的大量浪费,经常会造成救援工作的中断。

3. 后续车辆不易调整、调动

指挥员缺乏供水意识造成指挥不当后,所有车辆全部开进火场,在停靠不科学、空间狭小的情况下,容易造成车辆调动不便。等到供水车辆水用尽之后,容易出现车辆交替供水困难、进退两难的现象。

4. 不熟悉责任区情况导致供水工作困难

应对较大火灾现场或在夜间进行救援作业时,若责任区中队人员对着火区域情况不熟悉,很难快速完成供水任务。在这种情况下,经常出现利用水源时舍近求远,致使人员装备资源大量浪费的现象。

5. 水源使用不合理

水源使用不合理主要有以下两种情况。第一种情况是使用消火栓时,如果多部消防车同时共用同一供水网,超过了管网的供水能力,就会造成管网供水中断现象;第二种情况是市政水源和单位内部水源使用不能有机结合,使用水源时偏好于一种水源,而闲置另一种水源,会出现供水量不足的情况。

**二、解决火场供水问题的对策**

火场供水科学性强,必须按照不同情况精心组织实施,特别是在当前许多城市整体缺水、供水能力相对薄弱的条件下,更应重视火场的供水。灭火实践证明,科学地组织指挥火场供水,灭火就会变被动为主动,否则在被动情况下,可能会造成灭火失败,人员财产损失严重。做好火场供水工作,要做到以下几点。

1. 强化供水常识,提高供水意识

寻找一些典型案例,特别是在火场供水方面做得成绩突出的或失败的案例,对此开展战评工作,总结成功的供水方法和战术,分析失败的原因和影响,以此来强化供水常识,提高供水意识。

2. 加强理论知识学习,提高供水决策能力

火场供水很大程度上取决于指挥员的决策,要求指挥员有一定的供水知识。基层指挥员应当加强这方面知识的学习,以便在执勤工作中更好、更合理地做出正确的决策,以发挥现有装备器材最大、最好的效能。

3. 熟悉武器性能,合理使用器材装备

除此之外,还要熟悉现有器材装备的技术参数。在此基础上,才能把所学知识和现有器材装备有机结合,科学分配灭火、供水的力量,部署灭火救援的总体方针。

# 第二节　火场供水装备

## 一、消防泵

### （一）消防泵的定义及分类

泵是输送液体或使液体增压的机械，在工业和生活中应用广泛。消防泵按是否有动力源可分为无动力消防泵和消防泵组。

无动力消防泵种类繁多，按使用场合可分为车用消防泵、船用消防泵、工程用消防泵和其他用消防泵；按出口压力等级可分为低压消防泵、中压消防泵、中低压消防泵、高压消防泵和高低压消防泵；按用途可分为供水消防泵、稳压消防泵和供泡沫液消防泵；按辅助特征可分为普通消防泵、深井消防泵和潜水消防泵。

消防泵组的分类相对简洁，按动力源形式可分为柴油机消防泵组、电动机消防泵组、燃气轮机消防泵组和汽油机消防泵组；按用途可分为供水消防泵组、稳压消防泵组和手抬机动消防泵组；按泵组的辅助特征可分为普通消防泵组、深井消防泵组和潜水消防泵组。

消防泵的分类并不是固定不变的，它们可相互结合，如中低压消防泵、高低压车用消防泵、电动潜水消防泵组等。消防泵型号编制的组成形式如图 2-2-1 所示，各特征代号的表示法见表 2-2-1。

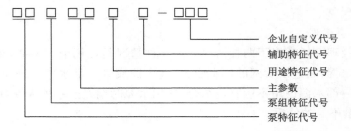

企业自定义代号
辅助特征代号
用途特征代号
主参数
泵组特征代号
泵特征代号

图 2-2-1　消防泵的型号编制

注：不是泵组时，泵组特征代号可不用。

表 2-2-1　消防泵特征代号表示法

| 特　　征 | | 代号 |
|---|---|---|
| 泵特征 | 车用消防泵 | CB |
| | 船用消防泵 | HB |
| | 手抬机动消防泵组 | JB |
| | 工程用消防泵 | XB |
| | 其他用消防泵 | TB |
| 泵组特征 | 柴油机 | C |
| | 电动机 | D |
| | 燃气轮机 | R |
| | 汽油机 | Q |

表 2-2-1(续)

| 特　征 | | 代号 |
|---|---|---|
| 主参数 | 压力/流量 | 10×额定压力/额定流量 |
| 用途特征 | 稳压 | W |
| | 供水 | G |
| | 供泡沫液 | P |
| 辅助特征 | 深井泵 | J |
| | 潜水泵 | Q |
| | 普通泵 | 省略 |

注:主参数中额定压力单位为 MPa,额定流量单位为 L/s。型号编制中,对于多用途的产品,用途特征可不标注。型号示例如下:

① XB 7.8/20 工程用消防泵,表示额定压力为 0.78 MPa,额定流量为 20 L/s。

② CB 40·10/6·40 高低压车用消防泵,表示高压额定压力为 4.0 MPa,低压额定压力为 1.0 MPa,高压额定流量为 6 L/s,低压额定流量为 40 L/s。

③ XBC 8.5/30 GJ 消防泵组,表示供水用途,采用深井泵,由柴油机驱动,额定压力为 0.85 MPa,额定流量为 30 L/s。

### (二)车用消防泵

车用消防泵主要由离心泵、齿轮箱(或轴承座)、引水用真空泵等辅助装置组成。有些车用消防泵还有泡沫比例混合器等辅助管路装置。集成的车用消防泵还包括全自动泡沫比例混合器、进口管路、出口管路、阀门、快速接头等部件。车用消防泵工作原理是利用消防车上的发动机(或自配发动机)驱动消防泵,动力通过取力器传递给泵轴,带动叶轮快速旋转,将能量传递给介质水,经过泵出口到达消防炮或消防枪等装备实施灭火。其主要性能参数见表 2-2-2。

表 2-2-2　车用消防泵主要性能参数

| 名称 | | 单位 | 代号 | 额定工况 |
|---|---|---|---|---|
| 低压 | 额定流量 | L/s | $Q_n$ | 20,25,30,35,40,45,50,55,60,70,80,90,100 |
| | 额定压力 | MPa | $P_n$ | ≤1.6 |
| 中压 | 额定流量 | L/s | $Q_{nz}$ | 10,15,20,25,30,35,40,45,50,55,60,65,70,75,80 |
| | 额定压力 | MPa | $P_{nz}$ | 1.8~3.0 |
| 高压 | 额定流量 | L/s | $Q_{ng}$ | 4,5,6,7,8,9,10 |
| | 额定压力 | MPa | $P_{ng}$ | ≥4.0 |
| 吸深 | | m | $H_{SZ}$ | 3.0 |

车用消防泵主要有低压车用消防泵,中压、中低压车用消防泵,高压、高低压车用消防泵。按其结构形式车用消防泵可分为单级离心消防泵、串并联离心消防泵、多级串联离心消防泵、离心旋涡消防泵等。

#### 1. 单级离心消防泵

通常,低压车用消防泵采用单级离心消防泵这种结构形式,这类车用消防泵主要由单级离心泵、轴承座、引水装置、控制阀门及管路等组成,其组成见图 2-2-2。水泵由泵体、叶轮、前后止漏环、泵盖、轴和轴承、油封等主要零件构成,如图 2-2-3 所示。

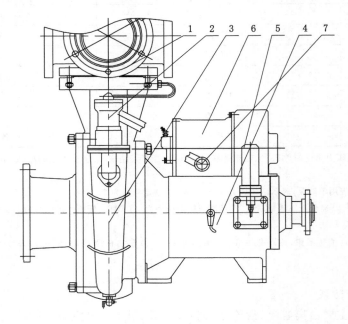

1—出水总阀门;2—引水管自动开关;3—水泵;4—轴承座;5—压力继电器;6—滑片引水泵;7—引水管路。

图 2-2-2　低压车用消防泵结构示意图

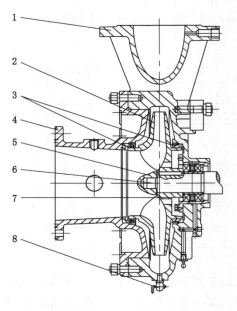

1—泵体;2—叶轮;3—前后止漏环;4—泵盖;5—叶轮螺母;6—泵轴;7—油封;8—放水旋塞。

图 2-2-3　水泵主要零件构成示意图

该泵的引水装置可采用滑片式引水泵(图 2-2-4),也可采用水环引水泵、活塞式引水泵。此处为滑片式引水泵引水。

如图 2-2-4 所示,水泵工作前压力继电器是接通的,电流通过电磁离合器中的线圈产生磁场,使齿形摩擦片吸合在一起,由于电磁离合器随水泵轴一起旋转,水泵轴上的主动齿轮又将动力传输给滑片式引水泵中的被动齿轮 2,当水泵启动旋转时,转子 4 带动滑片 6 一起旋转,进行引水。当引水完毕,水泵正常工作时,压力水通过继电器中水管,活塞受水压作用向上运动,使微型开关断开,切断电流,电磁离合器停止吸合,齿形摩擦片脱开,使滑片式引水泵不再工作。当水泵工作完毕后,水压力消失,压力继电器中的活塞在弹簧的弹力作用下回到原来位置,微型开关又闭合,电路接通,电磁离合器又吸合,使整个消防泵又进入备战状态,保证水泵与滑片式引水泵之间无须手动操作。

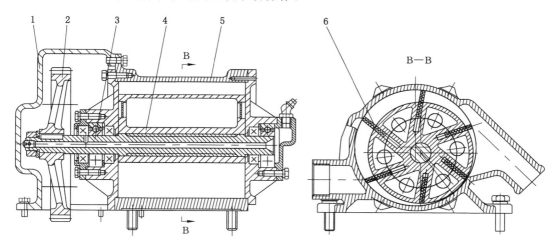

1—滑片泵罩壳;2—滑片泵被动齿轮;3—滑片泵轴;4—转子;5—滑片泵体;6—滑片。

图 2-2-4 滑片式引水泵结构

**2. 串并联离心消防泵**

串并联离心消防泵主要由叶轮、泵体、泵轴、泵盖、轴承、机械密封、中盖、进口阀座、活板、活板挂钩、活板销、引水管自动开关、止回阀、换向阀、储水箱及自动引水装置、自动脱离装置、压力传感自动控制系统等组成。

泵由两个叶轮对称布置,中间采用密封轴封,两端油封采用机械密封,泵轴穿过两只叶轮及自动脱离装置中快速电磁离合器内外摩擦片本体,用单列向心球轴承在两端支承,将换向阀转至"并联"或"串联"位置,两只叶轮即处于"并联"或"串联"工作状态(分别处于低压或中压供水工况)。自动引水装置(水环泵)由水环泵快速离合器、连接法兰、水环泵轴、水环叶轮、单列向心推力球轴承、后盖、压力传感控制系统等零部件组成。其余构件同单级离心消防泵。

同时启动泵及水环泵开关,泵及水环泵电磁离合器通电进入工作状态,并将转速逐步增加,当引水工作完成,泵出水口压力达到一定值时,经压力传感控制系统,电磁离合器触点失电自动断开,水环泵自动脱离,停止工作。继续加速至规定转速下,两只叶轮实现"并联"或"串联"工作。需要"并联"工作时,换向阀手柄转到"并联"位置,进水阀座内活板在水流作用下自动打开,两只叶轮同时吸水加压,经换向阀、止回阀将水排出。需要"串联"工作时,将换向阀手柄转"串联"位置,在第一级叶轮产生的压力及进水阀座内活板自重作用下,活板自动关闭;第二级叶轮与吸水管道隔开,水将由第一级叶轮吸水加压后送入第二级叶轮继续加压,最后经换向阀、止回阀排出泵外。

### 3. 多级串联离心消防泵

根据多级串联离心消防泵的不同组合设计,可以派生出中压消防泵、高压消防泵、中低压消防泵、高低压消防泵以及高中低压消防泵。

这里以中低压车用消防泵为例来介绍泵的结构。该泵主要由离心泵、齿轮箱、活塞引水泵、6%自动泡沫比例混合器、控制阀和仪表等几部分组成。

活塞引水泵(图 2-2-5)安装在齿轮箱上方,靠离心泵轴带动,包括轴、凸轮、滑块、活塞、泵体、皮带轮、张紧轮、压力推杆部件等,水引上来后,压力水使之自动关闭。

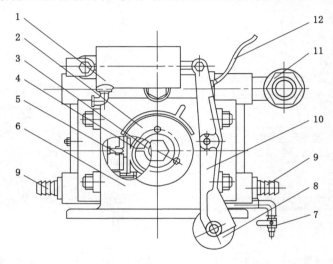

1—压力推杆部件;2—皮带轮;3—轴;4—凸轮;5—活塞部件;6—壳体;7—真空泵放油阀;8—张紧轮;
9—排气(水)口;10—拐臂;11—吸气(水)口;12—钢丝拉线。

图 2-2-5　活塞引水泵结构简图

活塞引水泵吸入口与消防泵进口管路相连通,皮带轮与齿轮箱输出轴的皮带轮相连,由拐臂控制运转;当需活塞引水泵工作时,拉下引水扳手,松开拉线,拐臂在弹簧的作用下推动压力推杆回位,拐臂的张紧轮张紧皮带,皮带与上、下皮带轮结合,齿轮箱运转即可通过皮带带动活塞引水泵工作,当消防泵出口水形成一定压力时,水压就自动推动压力推杆,使推杆伸出顶起拐臂,拐臂上的挡板推动皮带,皮带向下移动与齿轮箱脱开,使活塞引水泵自动脱离;抬起引水扳手,拉线张紧拉起拐臂,这样在齿轮箱运转时,活塞引水泵就不再运转。

### (三)手抬机动消防泵组

手抬机动消防泵(图 2-2-6)一般由汽油机、单级离心泵、引水装置、手抬框架、进水部件、出水部件组成。

手抬机动消防泵组具有重量轻、结构简单、使用维护简便、启动快、搬运和使用灵活等特点,故广泛用于工矿企业、仓库货场、农村集镇等处,也作为城建、邮电工程上良好的抽排水机具。

手抬机动消防泵组所采用的动力装置多为汽油发动机。汽油发动机按工作循环可分为

图 2-2-6 手抬机动消防泵

四冲程和二冲程两种类型,目前多采用四冲程汽油发动机。四冲程汽油发动机一般由机体、曲轴连杆机构、配气机构、调速机构、燃料供给系统、点火系统、冷却系统组成。配套消防泵的 185 F 汽油机如图 2-2-7 所示。

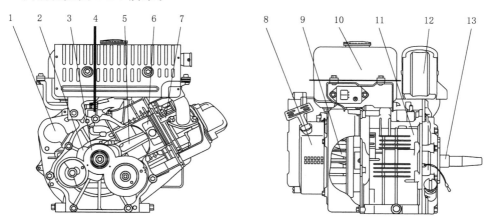

1—起动电机;2—曲轴;3—正时齿轮;4—调速架部件;5—连杆;6—活塞;
7—缸头;8—起动器部件;9—飞轮风扇;10—油箱;11—箱体;12—消声器;13—输出轴。

图 2-2-7 185 F 汽油机结构

手抬机动消防泵组配套的消防泵一般为单级离心泵,要求其结构简单,操作容易,流量易于调节,并能适应轻度污浊的水体介质。手抬机动消防泵主要技术参数如表 2-2-3 所示。

表 2-2-3 手抬机动消防泵主要技术参数

| 项　目 | | 技术规格和性能指标 | | |
|---|---|---|---|---|
| | 型号 | BJ 6 | BJ 7 | BJ 9 |
| 整机 | 质量/kg(不包括进出水管、水枪、机油、汽油) | 53 | | 55 |
| | 外形尺寸(长×宽×高)/mm×mm×mm | 550×531×654 | | 580×600×520 |

表 2-2-3（续）

| 项　目 | | 技术规格和性能指标 | | |
|---|---|---|---|---|
| 发动机 | 型号 | 175 F | 185 F | |
| | 型式 | 单缸、四冲程、强制风冷 | | |
| | 排量/mL | 331 | | 357 |
| | 压缩比 | 6∶1 | 7∶1 | 8.5∶1 |
| | （最大功率/kW）/[转速/(r/min)] | 5.5/3 600 | 6.5/3 600 | 8.8/4 000 |
| | 最低燃油消耗率/[g/(kW·h)] | 388 | | 374 |
| | 点火方式 | T.C.I | | |
| 水泵 | 型式 | 单级单吸轴向吸入离心式 | | |
| | 引水方式 | 废气引水 | | 旋片真空泵引水 |
| | 进水口直径/mm | 65 | | |
| | 出水口直径/mm | 50 | 65 | 65 |
| | 最大吸深/m | ≥7 | | |
| | 吸水深度 为 3 m | 额定流量 $Q_n$/(L/min) | 320 | 420 | 460 |
| | | 出口压力 $P_n$/MPa | 0.38 | 0.42 | 0.53 |
| | | 工况 1 70%$Q_n$ | ≥1.3$P_n$ | | |
| | | 工况 2 50%$Q_n$ | ≥1.6$P_n$ | | |
| | 吸水深度 为 7 m | 引水时间/s | ≤40 | ≤30 | |
| | | 工况 3 50%$Q_n$ | ≥1.0$P_n$ | | |
| | 最大真空度/kPa | ≥85 | | |
| | 1 min 内真空度降落值/kPa | ≤2.6 | | |
| | 水泵效率 | 不低于 GB/T 13007 中的规定 | | |

注：(1) GB 6245—2006 标准对上述工况 1、工况 2 已不再要求。

(2) 引水时间不分其引水方式，均须≤35 s。

(3) 对水泵效率不作要求。

**（四）工程用消防泵及泵组**

国家标准《建筑设计防火规范》中明确规定高层建筑必须设置室内、室外消火栓给水系统。同时，自动喷水、水幕、泡沫等灭火系统也在高层建筑中大量应用。而在这些灭火系统中，消防泵组是非常重要的设备。因此，随着近年来全国高楼大厦的不断崛起，工程用消防泵也得到了广泛的应用和发展。

**1. 工程用消防泵组**

目前，常见的工程用消防泵主要有立式单级消防泵、立式多级消防泵、卧式单级消防泵、卧式多级消防泵、水平中开消防泵、长轴深井消防泵、潜水消防泵、切线消防泵等。每种泵都有各自的特点，但一般均为离心泵，只是叶轮、蜗壳的设计原理不同。

一般工程用离心泵启动前泵体内要灌满液体，当原动机带动泵轴和叶轮旋转时，液体一方面随叶轮做圆周运动，一方面在离心力的作用下自叶轮中心向外周抛出，获得压力能和速度能。当液体经过泵体到排液口时，部分速度能将转变为静压力能。当液体自叶轮抛出时，叶轮中心部分出现低压区,与吸入液面的压力形成压力差,于是液体不断地被吸入,并以一定的压力排出。

切线消防泵的主要特点是"变流恒压"。应用动量矩定理可以推导出泵的理论扬程基本方程,形式如下:

$$H_T = \frac{1}{g}(u_2 v_{u2} - u_1 v_{u1}) \tag{2-2-1}$$

式中　$H_T$——泵的理论扬程;

　　　$u_1$,$u_2$——进出口液流圆周速度;

　　　$v_{u1}$,$v_{u2}$——进出口液流绝对速度的圆周分速度;

　　　$g$——重力加速度。

由于切线消防泵采用直锥形吸水室,液体在其中流动没有圆周分量,所以 $v_{u1} = 0$;又由于切线消防泵的叶轮采用的叶片出口角为 90°,此时 $u_2 = v_{u2}$,则泵的理论扬程基本方程式变化为:

$$H_T = \frac{1}{g}u_2^2 \tag{2-2-2}$$

$$u_2 = \frac{D_2 \pi n}{60} \tag{2-2-3}$$

式中　$D_2$——叶轮外径;

　　　$n$——泵转速。

由上式可知,采用这种叶轮时,切线消防泵的理论扬程完全与泵流量无关,是一恒定值。反映在泵的性能曲线上,也就是"理论扬程-流量"曲线为一水平直线。实际试验时由于各种因素的影响,"扬程-流量"曲线并非完全为一直线,但在一定的流量范围内仍能很好地满足"变流稳压"。

普通消防泵性能应符合以下规定。

① 工况 1:在吸深为 1 m 时,应满足额定流量($Q_n$)和额定压力($P_n$)的要求(额定流量和额定压力见表 2-2-4)。同时工作压力不应超过额定压力的 1.05 倍。

表 2-2-4　额定工况表

| 主要参数 | 单位 | 代号 | 额 定 工 况 |
|---|---|---|---|
| 额定流量 | L/s | $Q_n$ | 5,10,15,20,25,30,35,40,45,50,55,60,65,70,75,80,85,90,95,100, 105,110,115,120,125,130,140,150,160,180,200 |
| 额定压力 | MPa | $P_n$ | 0.3～3.0 |
| 吸深 | m | $H_{SZ}$ | 除深井、潜水消防泵吸深为 0 m 外,其余为 1.0 m |

注:(1) 对稳压泵,其额定流量可小于 5 L/s。

　　(2) 上述流量系列为建议系列。

　　(3) 此处额定压力是指额定转速下进、出口压力的代数差。

② 工况 2:在吸深为 1 m,流量为 1.5$Q_n$ 时,工作压力不应小于 0.65$P_n$。

③ 最大工作压力不得超过 1.4$P_n$。

深井、潜水消防泵性能应符合以下规定。

① 工况 1：在吸深为 0 m 时，应满足额定流量（$Q_n$）和额定压力（$P_n$）的要求。同时工作压力不得超过额定压力的 1.05 倍。

② 工况 2：在吸深为 0 m，流量为 $1.5Q_n$ 时，工作压力不应小于 $0.65P_n$。

③ 最大工作压力不得超过 $1.4P_n$。

2．电动机消防泵组

电动机消防泵组主要由电动机、消防泵、底座等辅助装置组成。其工作原理是通过电动机驱动消防泵，输送消防水到消火栓、喷淋头、消防炮等灭火设备进行消防灭火。

电动机消防泵组常见结构型式如图 2-2-8 所示。

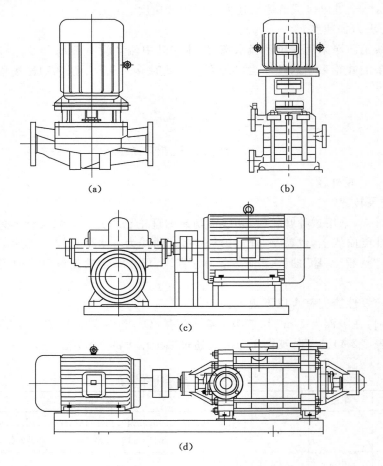

图 2-2-8　电动机消防泵组常见结构示意

（a）立式单级消防泵组；（b）立式多级消防泵组；（c）卧式单级消防泵组；（d）卧式多级消防泵组

电动机消防泵组所选用的泵均应经过型式检验，并符合国家标准 GB 6245—2006 的规定。

所选用的电动机均应经过定型鉴定并符合相关标准的规定。电动机消防泵组在吸深为 1 m、流量为 $1.5Q_n$、工作压力不小于 $0.65P_n$ 的工况下运转 30 min，泵组应工作正常，电动机无过度发热等异常现象，电动机的轴承座温度应在允许的工作温度范围内。

消防泵组应尽可能设置在靠近水源,将原动机置于安全的高处,固定在设备基础上。基础必须能充分吸收振动,重量应大于泵及电机重量的1.5～4倍,其四周宜设排水槽。

3. 柴油机消防泵组

柴油机消防泵组主要由柴油机、消防泵、电池组、控制柜以及轴承座或齿轮箱、油箱等辅助装置组成。其工作原理是通过柴油机驱动消防泵,输送消防水到消火栓、喷淋头、消防炮等灭火设备进行消防灭火。

柴油机消防泵组一般用于固定式消防泵供水系统。泵组须配有柴油机启动电池组和自动控制装置。柴油机在可靠性方面要胜过电动机,它不必考虑电力供应的可靠性,故柴油机消防泵组主要应用于紧急消防,尤其是在没有电源或电源(市电)不正常等意外情况下的消防供排水,适用于城市建筑、石油、化工、矿山、电厂、船舶、码头等诸多场所。

各种柴油机消防泵组的结构简图如图2-2-9所示。由于采用不同结构形式的消防泵、不同的冷却方式以及不同的动力传动形式等,柴油机消防泵组的结构有所不同,但主要部件基本相同,都必须包括消防泵、柴油机、控制柜、联轴器、柴油机油箱、柴油机冷却系统、柴油机启动电池组、机组底座等。齿轮箱根据机组结构需要设置。

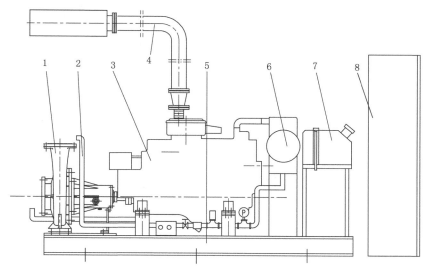

1—水泵;2—冷却水管路;3—柴油机;4—柴油机排气管道;

5—公共底座;6—热交换器;7—油箱;8—控制柜。

图2-2-9　单级泵式柴油机消防泵组示意图

## 二、供水器具

(一)消防枪

消防枪是指由单人或双人手持操作的灭火剂喷射管枪,一般由接口、枪体、开关和形成不同形式射流的喷嘴组成。水或泡沫混合液流量不大于16 L/s,干粉的喷射率不大于7 kg/s。

1. 消防水枪

消防水枪是以水为喷射介质的消防枪。消防水枪可以通过选择不同水射流形式进行灭火、冷却保护、隔离、稀释和排烟等多种消防作业。

消防水枪按射流形式主要分为：直流水枪、喷雾水枪、直流喷雾水枪和多用水枪。

消防水枪按工作压力范围分为：低压水枪(0.2～1.6 MPa)；中压水枪(＞1.6 MPa～2.5 MPa)；高压水枪(＞2.5 MPa～4.0 MPa)；超高压水枪(＞4.0 MPa)。

低压水枪流量较大，射程较远，是扑救大中型火灾的常规水枪。高压水枪可以提供更高雾化程度的水射流，机动性强，灭火效率高，水渍损失小，但射程较近，适用于火场内攻作业。中压消防水枪则兼顾了低压和高压水枪的特征。超高压水枪除了具备灭火功能外，添加研磨剂后还可以进行破拆。

（1）直流水枪

直流水枪是用以喷射密集水射流的消防水枪，包括无开关直流水枪、直流开关水枪和直流开花水枪等。

无直流开关水枪主要由接口、枪管和喷嘴等组成。直流开关水枪（图 2-2-10）则带有阀门。直流开花水枪（图 2-2-11）还配有开花圈以实现开花调节功能。

直流水枪的性能参数见表 2-2-5。

图 2-2-10　直流开关水枪　　　　　　　　图 2-2-11　直流开花水枪

表 2-2-5　直流水枪性能参数

| 接口公称通径 /mm | 当量喷嘴直径 /mm | 额定喷射压力 /MPa | 额定流量 /(L/s) | 流量允差 | 射程/m |
|---|---|---|---|---|---|
| 50 | 13 | 0.35 | 3.5 | ±8% | ≥22 |
| | 16 | | 5 | | ≥25 |
| 65 | 19 | | 7.5 | | ≥28 |
| | 22 | 0.20 | 7.5 | | ≥20 |

（2）喷雾水枪

喷雾水枪是以固定雾化角喷射雾状水射流的消防水枪，该类水枪的出口端装有雾化喷嘴。根据雾化喷嘴的结构形式，喷雾水枪可分为机械撞击式喷雾水枪、双级离心式喷雾水枪和簧片振动式喷雾水枪等。

喷雾水枪的雾状射流具有以下特点：

① 具有比圆柱充实密集射流更好的冷却和窒息效果；

② 对可燃液体及气体火灾具有吹灭和乳化的灭火作用；

③ 具有良好的隔绝热辐射效果；

④ 具有良好的电绝缘性能；

⑤ 具有强烈的驱散烟气能力。

喷雾水枪由于无直流喷射功能，仅用于扑救带电电器火灾的特种场合。喷雾水枪的性能参数见表 2-2-6。

表 2-2-6　喷雾水枪性能参数

| 接口公称通径/mm | 额定喷射压力/MPa | 额定喷雾流量/(L/s) | 流量允差 | 喷雾射程/m |
|---|---|---|---|---|
| 50 | 0.60 | 2.5 | ±8% | ≥10.5 |
| | | 4 | | ≥12.5 |
| | | 5 | | ≥13.5 |
| | | 6.5 | | ≥15.0 |
| 65 | | 8 | | ≥16.0 |
| | | 10 | | ≥17.0 |
| | | 13 | | ≥18.5 |

（3）多用水枪

多用水枪（图 2-2-12）是一种既能喷射充实水流，又能喷射雾状水流，在喷射充实水流或雾状水流的同时能喷射开花水流，并具有开启、关闭功能的水枪。

多用水枪主要由喷嘴、枪管、阀芯、导流片、手柄等组成，该类水枪在球阀转换式直流喷雾水枪的枪管与喷嘴之间设置水幕装置。开启水幕调节圈，即可喷射伞形开花水幕。当导流片旋转到与水枪轴线垂直时，水枪即处于关闭状态。该类水枪已经逐步被导流式直流喷雾水枪所替代。

图 2-2-12　多用水枪

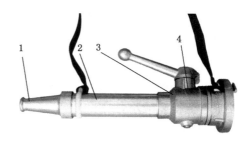

1—喷嘴；2—枪管；3—球阀；4—接口。

图 2-2-13　球阀转换式直流喷雾水枪

（4）直流喷雾水枪

直流喷雾水枪是既能喷射密集水流，又能喷射雾状水流，并具有开启、关闭功能的水枪。该类水枪功能齐全，可适应火场各种消防作业需求，是现代消防水枪的主要型式。根据直流-喷雾调节机构的类型，直流喷雾水枪可分为球阀转换式直流喷雾水枪（图 2-2-13）和导流式直流喷雾水枪两类。

球阀转换式直流喷雾水枪球阀芯中配有的导流器一端为平直状，另一端为扭曲状，转动球阀手柄将导流器平直段的一端朝向喷嘴即可进行直流喷射，当导流器扭曲状的一端朝向喷嘴则可实现雾状喷射。

导流式直流喷雾水枪的喷嘴中部装有导流芯,当导流芯和喷嘴的轴向相对位置改变时,即可实现直流与喷雾的转换。按功能导流式直流喷雾水枪可分为以下四类:

第Ⅰ类:喷射压力不变,流量随喷雾角的改变而变化的变流量导流式直流喷雾水枪;

第Ⅱ类:喷射压力不变,改变喷雾角而流量不变的定流量导流式直流喷雾水枪(图 2-2-14)。该类水枪当导流芯和喷嘴的轴向相对位置改变时,其喷嘴和导流芯之间的环状过流能力相对稳定,可实现直流喷雾调节时定流量的使用要求。

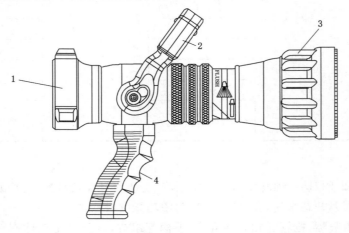

1—接口;2—手拉式开关;3—喷嘴;4—水枪手柄。

图 2-2-14　定流量导流式直流喷雾水枪

第Ⅲ类:喷射压力不变,在每个流量刻度喷射时,喷雾角变化而对应的选定流量不变的可调流量导流式直流喷雾水枪。该类水枪在第Ⅱ类的基础上配置了流量调节装置。调节该装置,即可选定所需的稳定流量。

第Ⅳ类:在一定的流量范围内,流量变化时喷射压力恒定的恒压导流式直流喷雾水枪。该类水枪在第Ⅲ类的基础上配置了弹簧式恒压调节装置。当流量增大时,其水流的动压能拉伸弹簧,喷口过流面积增大,阻止水压增加以保持水枪的喷射压力稳定;反之,则压缩弹簧,喷口过流面积减小,以阻止水压降低。

直流喷雾水枪的性能参数见表 2-2-7。

表 2-2-7　直流喷雾水枪性能参数

| 接口公称通径/mm | 额定喷射压力/MPa | 额定直流流量/(L/s) | 流量允差 | 直流射程/m |
|---|---|---|---|---|
| 50 | 0.60 | 2.5 | ±8% | ≥21 |
| | | 4 | | ≥25 |
| | | 5 | | ≥27 |
| | | 6.5 | | ≥30 |
| 65 | | 8 | | ≥32 |
| | | 10 | | ≥34 |
| | | 13 | | ≥37 |

2. 消防泡沫枪

消防泡沫枪是吸入空气产生和喷射空气泡沫的消防枪。它适用于扑救可燃液体火灾，也可喷射清水扑救一般固体物质火灾。

消防泡沫枪在枪内利用混合液喷嘴形成局部负压吸入空气并进行气液两相机械搅拌，最终以泡沫的形式进行喷射。除了低倍泡沫枪之外，还有下列特殊型式：中倍泡沫枪、高倍泡沫发生器、泡沫钩管。

此外，直流喷雾水枪喷嘴上配置泡沫喷管可具备喷射 A 类泡沫或 B 类泡沫的功能。

（1）低倍泡沫枪

低倍泡沫枪（图 2-2-15），其泡沫倍数一般小于 10 倍，具有较远的射程。低倍泡沫枪分为带混合装置的自吸混合式和不带混合装置的预混式两种，前者除了由后方提供混合液之外，也可由泡沫枪端吸入泡沫液进行混合，后者仅能由后方提供混合液。

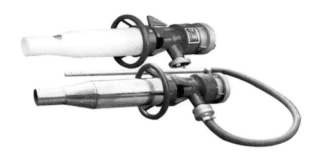

图 2-2-15　低倍泡沫枪

低倍泡沫枪一般由接口、产生器、枪管和吸液管等部件组成。

近年来，由于高效的水成膜泡沫液（轻水泡沫液）被推广应用，除了常规的泡沫枪之外，导流式直流喷雾水枪也可用于喷射水成膜泡沫，这样可以显著提高消防枪装备配套的通用化程度。

低倍泡沫枪性能参数见表 2-2-8。

表 2-2-8　低倍泡沫枪性能参数

| 型号 | 额定喷射压力 /MPa | 混合液量 /(L/s) | 泡沫或水射程 /m | 混合比 （自吸状态下） | 发泡倍数 | 25%析液时间 /s | 使用压力范围 /MPa |
|---|---|---|---|---|---|---|---|
| PQ 4 | | 4±0.2 | ≥24 | | | | |
| PQ 8 | 0.7 | 8±0.4 | ≥28 | 6%～7% | ≥5 | ≥120 | 0.6～0.8 |
| PQ 16 | | 16±0.8 | ≥32 | | | | |

（2）中倍泡沫枪

中倍泡沫枪适用于扑灭一般 A、B 类火灾，泡沫倍数在 20～50 倍的范围。

中倍泡沫枪（图 2-2-16）由导流式直流喷雾水枪和端部的泡沫筒组合而成，泡沫筒内设双层金属发泡网,向中倍泡沫枪提供规定比例的水-高倍泡沫混合液时,即可形成中倍泡沫。

使用时可以根据扑灭需要调节多功能水枪的喷雾角,以选择泡沫倍数较低、射程远或泡沫倍数较高、射程较近的不同喷射工况。

图 2-2-16　中倍泡沫枪

图 2-2-17　高倍泡沫发生器

（3）高倍泡沫发生器

高倍泡沫的泡沫倍数为 100～1 000 倍,过高的泡沫倍数将导致灭火能力的下降以致不能灭火。在实际应用中泡沫倍数一般不超过 700 倍。

高倍泡沫发生器(图 2-2-17)灭火耗水量小,水渍损失也小,适用于扑灭船舶、机库、动力机房、矿道等有限空间的立体火灾。

高倍泡沫发生器主要由产生器、轴流风机和支架等部分组成,供给的混合液在产生器中经喷嘴均匀地喷洒在产生器的发泡网上,风机提供的正压鼓风与混合液在发泡网上形成高倍泡沫。

高倍泡沫发生器产生的泡沫倍数较高,使用时可在受灾空间的上方灌填,或者由通道向远距离输送。

移动式高倍泡沫发生器的轴流风机动力包括水轮机、内燃机和电机三种形式。在通常情况下提供较低的风压即可满足使用要求,其中反力驱动的水轮机做风机动力的移动式高倍泡沫产生器动力安全、整机轻便、操作简单、机动性强,是一般需高倍泡沫灭火场所使用较普遍的型式。

（4）泡沫钩管

泡沫钩管(图 2-2-18)是一种移动式低倍泡沫灭火设备,由钩管和泡沫产生器组成,适用于扑灭未设固定泡沫灭火装置的小型油罐火灾。

混合液进入泡沫钩管,在泡沫产生器喷射并吸入空气,在钩管中进行两相混合形成泡沫输入着火油罐。由于泡沫钩管的长度有限,其在使用中与消防拉梯结合,可以达到油罐顶部。

国产泡沫钩管的流量为 16 L/s。

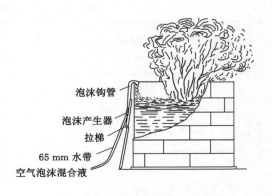

泡沫钩管
泡沫产生器
拉梯
65 mm 水带
空气泡沫混合液

图 2-2-18　泡沫钩管应用示意图

（二）消防水带

消防水带是一种用于输送水或其他液态灭火药剂的软管。20 世纪 30 年代,国内主要生产以棉纱为原料的消防水带。这类产品质量差,耐压性能低。50 年代,国内开发了以苎麻为原料的消防水带。这类消防水带没有衬里,存在着水渍损失大、水流阻力大、耐磨性能差、易发霉、使用寿命短等缺点。60 年代中后期,国内自主开发了乳胶衬里消防水带,产品性能有了一定改善。80 年代初期,随着高强度合成纤维涤纶材料的应用,上海成功试制橡胶衬里高压消防水带,有衬里消防水带具有耐磨、耐腐蚀、耐寒、耐高温、不渗水、水流阻力小、爆破压力高、出水快、轻便柔软、使用寿命长等优点。到了 90 年代初,在引进国外先进技术、设备的基础上,我国开发生产出了聚氨酯衬里消防水带,大大缩短了与国外发达国家的差距。

近年来,国外先进消防水带的代表,主要有合成橡胶内外层消防水带和高性能聚氨酯衬里消防水带等。同时,高耐压性、超大口径、质量轻、抗静电以及外层具有反光性能等各类新型消防水带纷纷面世。

消防水带的种类繁多,具体见表 2-2-9。

表 2-2-9　消防水带分类

| 名称 | | 消防水带 | | | | | | | | | | | | | | | | | |
|---|---|---|---|---|---|---|---|---|---|---|---|---|---|---|---|---|---|---|---|
| 分类 | | 通用消防水带 | | | | | | | | | 消防湿水带 | | | | 抗静电、水幕消防水带 | | | | |
| 衬里材料 | | 橡胶（合成橡胶）　乳胶　聚氨酯 PVC | | | | | | | | | 橡胶　乳胶 | | | | 橡胶　聚氨酯 | | | | |
| 直径 | (mm) | 25 | 40 | 50 | 65 | 80 | 100 | 125 | 150 | 300 | 40 | 50 | 65 | 80 | 40 | 50 | 65 | 80 | 100 |
| 承受工作压力 | (MPa) | 0.8 | 1.0 | | 1.3 | 1.6 | 2.0 | 2.5 | | 2.5 | 0.8 | 1.0 | | 1.3 | 1.3 | 1.6 | | 2.0 | 2.5 |
| 编织方式 | | 平纹 | | | 斜纹 | | | | | | 平纹 | | 斜纹 | | 平纹 | | 斜纹 | | |

（三）消防软管卷盘

消防软管卷盘是一种输送水、干粉、泡沫等灭火剂,供一般人员自救或消防员进行灭火作业的一种消防装置,它广泛用于建筑楼宇、工矿企业、消防车等场所和装备上。其优点是无须拉出全部软管,就能在迅速展开软管的过程中喷射灭火剂进行灭火。近年来,随着科学技术的发展,消防软管卷盘的生产技术及工艺也不断发展。消防软管卷盘的性能日益完善,其口径、长度在不断扩展,输送的介质从液体、气体扩展至固态物质,胶管承受的压力也在不断提高。目前国外已经出现可承受超高压的消防软管(承受压力 300 MPa 或更高)。消防软管卷盘已由一种输送水、干粉、泡沫等灭火剂消防装置扩展至一种新型的抢险救援设备,被广泛地运用于建筑消防器材配置和消防车灭火器材的配置中。

按使用灭火剂种类消防软管卷盘可分为水软管卷盘、干粉软管卷盘、泡沫软管卷盘、水和泡沫联用软管卷盘、水和干粉联用软管卷盘、干粉和泡沫联用软管卷盘等;按使用场合可分为车用软管卷盘、非车用软管卷盘。

消防软管卷盘由输入阀门、卷盘、输入管路、支承架、摇臂、软管及喷枪等部件组成,具体结构型式如图 2-2-19 所示。

 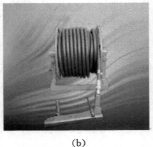 

(a)　　　　　　　　　(b)　　　　　　　　　(c)

图 2-2-19　消防软管卷盘结构型式

（a）非车用软管卷盘；（b）车用软管卷盘；（c）干粉软管卷盘

消防软管卷盘规格如表 2-2-10 所示。

表 2-2-10　消防软管卷盘规格

| 软管卷盘类别 | 额定工作压力 /MPa | 喷射性能试验时软管卷盘 进口压力/MPa | 射程 /m | 流量 | | 使用场合 |
|---|---|---|---|---|---|---|
| | | | | （L/min） | （kg/min） | |
| 水软管卷盘 | 0.8 | 0.4 | ≥6 | ≥24 | | 非车载式 |
| | 1.0 | | | | | 非车载式 |
| | 1.6 | | | | | 非车载式 |
| | 1.0 | 额定工作压力 | ≥12 | ≥120 | | 车载式 |
| | 1.6 | | | | | |
| | 2.5 | | | | | |
| | 4.0 | | | | | |
| 干粉软管卷盘 | 1.6 | | ≥8 | | ≥45 | 非车载式 |
| | | | ≥10 | | ≥150 | 车载式 |
| 泡沫软管卷盘 | 0.8 | | ≥10 | ≥60 | | 非车载式 |

## （四）消防管路附件

火场供水作业中有很多重要的供水管路附件。它们结构简单，工作原理易于理解，下文简要介绍集水器和分水器这两个供水附件。

### 1. 集水器

集水器是将消防水带输送的两股或两股以上的正压水流合成一股所必需的连接器具。目前国内使用的集水器如图 2-2-20 所示，其型式和规格如表 2-2-11 所示。

图 2-2-20　集水器

集水器主要由本体、进水口的控制阀门（单向阀或球阀）、进水口连接用的管牙接口、出水口连接用的螺纹式接口、密封圈等组成。

表 2-2-11　集水器的型式和规格

| 进水口 | | | 出水口 | | | 公称压力/MPa |
|---|---|---|---|---|---|---|
| 接口型式 | 公称通径/mm | 个数 | 接口型式 | 公称通径/mm | 连接尺寸/mm | |
| 管牙接口 | 65 | 2 | 螺纹式接口 | 100 | M125×6 | 1.6 |
| | | 3 | | 125 | M150×6 | |
| | | 4 | | 150 | M170×6 | |
| 管牙接口 | 80 | 2 | 螺纹式接口 | 125 | M150×6 | |
| | | 3 | | 150 | M170×6 | |

注:1. 进水口管牙接口可根据具体情况选用内扣式管牙接口和卡式管牙接口。

2. 出水口接口也可使用相应规格的内扣式接口或卡式接口。

3. 公称压力可根据需要定制中高压的产品。

2. 分水器

分水器是将消防供水干线的水流分出若干支线水流所必需的连接器具。目前,国内使用的分水器主要有二分水器和三分水器,如图 2-2-21 所示,其型式和规格如表 2-2-12 所示。

分水器主要有本体、出水口的控制阀门、进水口和出水口连接用的管牙接口、密封圈等组成。

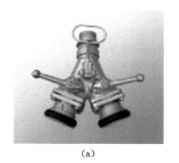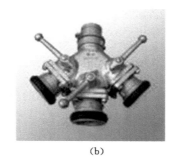

(a)　　　　　　　　　　　　　(b)

图 2-2-21　分水器

(a) 二分水器;(b) 三分水器

表 2-2-12　分水器的型式和规格

| 名称 | 进水口 | | 出水口 | | 公称压力/MPa |
|---|---|---|---|---|---|
| | 接口型式 | 公称通径/mm | 接口型式 | 公称通径/mm | |
| 二分水器 | 内扣式管牙接口 | 65 | 管牙接口 | 50×2 | 1.6 |
| | | 80 | | 65×2 | |
| 三分水器 | 内扣式管牙接口 | 65 | 管牙接口 | 50×2 65×1 | |
| | | 80 | | 65×3 | |

注:1. 管牙接口可根据具体情况选用内扣式管牙接口和卡式管牙接口。

2. 公称压力可根据需要定制中高压的产品。

### 三、消火栓、消防水鹤、水泵接合器

#### （一）消火栓

消火栓按照安装位置可分为室内消火栓和室外消火栓。室内消火栓是扑救建筑内火灾的主要设施，通常安装在消火栓箱内，与消防水带和水枪等器材配套使用。室外消火栓是安装在室外，专门供消防救援人员灭火取水的装置。

#### 1. 室内消火栓

室内消火栓按出水口型式可分为单出口室内消火栓［图 2-2-22（a）］、双出口室内消火栓［图 2-2-22（b）、图 2-2-22（c）］；按栓阀数量可分为单栓阀室内消火栓、双栓阀室内消火栓；按结构型式又可分为直角出口型室内消火栓、45°出口型室内消火栓、减压型室内消火栓、旋转型室内消火栓、旋转减压型室内消火栓、减压稳压型室内消火栓、旋转减压稳压型室内消火栓。

（a）　　　　　　　　　　（b）　　　　　　　　　　（c）

图 2-2-22　常见室内消火栓形式

（a）单出口（单栓阀）室内消火栓；（b）双出口（双栓阀）室内消火栓；（c）双出口（单栓阀）室内消火栓

不同型号的室内消火栓都以不同的代号表示，其型号编制如图 2-2-23 所示。

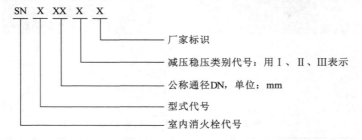

图 2-2-23　室内消火栓型号编制

室内消火栓适用于高低层建筑，一般布置在楼梯间附近，供居民在初期火灾期间灭火使用，当火势扩大，消防救援队到达后，也为消防救援队使用。其基本参数见表 2-2-13，基本尺寸见表 2-2-14。

表 2-2-13　基本参数

| 公称通径/mm | 公称压力/MPa | 适用介质 |
| --- | --- | --- |
| 25、50、65、80 | 1.6 | 水、泡沫混合液 |

表 2-2-14　基本尺寸

| 公称通径 /mm | 型号 | 进水口 | | 基本尺寸 | | |
|---|---|---|---|---|---|---|
| | | 管螺纹 | 螺纹深度 /mm | 关闭后高度 /mm | 出水口中心 高度/mm | 阀杆中心距接 口外沿距离/mm |
| 25 | SN 25 | Rp1 | 18 | ≤135 | 48 | ≤82 |
| 50 | SN 50 | Rp2 | 22 | ≤185 | 65 | ≤110 |
| | SNZ 50 | | | ≤205 | 65～71 | |
| | SNS 50 | Rp2 1/2 | 25 | ≤205 | 71 | ≤120 |
| | SNSS 50 | | | ≤230 | 100 | ≤112 |
| 65 | SN 65 | Rp2 1/2 | 25 | ≤205 | 71 | ≤120 |
| | SNZ 65 | | | ≤225 | 71～100 | |
| | SNZJ 65 | | | | | ≤126 |
| | SNZW 65 | | | | | |
| | SNJ 65 | | | | | |
| | SNW 65 | | | | | |
| | SNS 65 | Rp3 | | | 75 | |
| | SNSS 65 | | | ≤270 | 110 | |
| 80 | SN 80 | Rp3 | 25 | ≤225 | 80 | ≤126 |

2. 室外消火栓

室外消火栓按其安装场合可分为地上式和地下式(图 2-2-23);按其进水口连接形式可分为承插式和法兰式;按其进水口的公称通径可分为 100 mm 和 150 mm;按其公称压力可分为 1.0 MPa 和 1.6 MPa,其中承插式的消火栓为 1.0 MPa,法兰式的消火栓为 1.6 MPa。

其型号编制如图 2-2-24 所示。

（a）　　　　　　（b）

图 2-2-23　室外消火栓形式

（a）地下式室外消火栓；（b）地上式室外消火栓

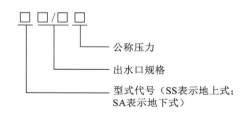

图 2-2-24　室外消火栓型号编制

（二）消防水鹤

消防水鹤是给消防车供水的专用装置,具有防冻、出水口可旋转、出水口径大、开启迅速等特点。

消防水鹤由壳体、可伸缩出口弯管、排水阀、控制阀和接口等零部件组成（图2-2-25）。其地上部分高度为2.7～4.0 m，采用钢质球阀操纵开启，开启角度为90°，开启灵活。消防水鹤出水口可360°手动旋转。

图 2-2-25　消防水鹤

**（三）水泵接合器**

消防水泵接合器是当室内消防泵发生故障或灭火用水不足时，通过消防车给室内消防给水管网供水的装置，由本体、弯管、止回阀、安全阀、截止阀、排水阀和接口等零部件组成。消防水泵接合器早在20世纪70年代就在我国被广泛使用，当时的水泵接合器主要分为地上式、地下式和墙壁式，工作压力为1.6 MPa。到了90年代，我国开始生产多用式和工作压力为2.5 MPa的水泵接合器。多功能阀门的应用和结构设计的更新，使水泵接合器向轻型化和小型化方向发展。

水泵接合器按其安装型式可分为地上式、地下式、墙壁式和多用式；按其出口的公称通径可分为100 mm和150 mm两个规格；按公称压力可分为1.6 MPa和2.5 MPa两个规格。

各种消防水泵接合器如图2-2-26所示。消防水泵接合器型号编制如图2-2-27所示。

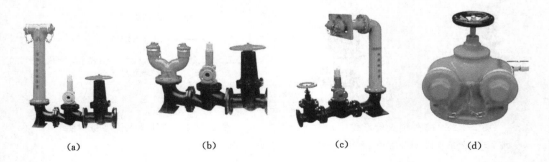

(a)　　　　　　　　(b)　　　　　　　　(c)　　　　　　　　(d)

图 2-2-26　消防水泵接合器常见形式
(a) 地上式；(b) 地下式；(c) 墙壁式；(d) 多用式

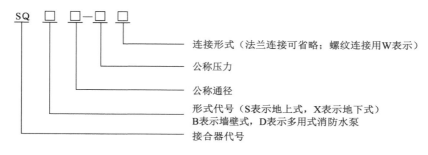

图 2-2-27 消防水泵接合器型号编制

# 第三节　火场供水方案

火场供水,对于在灭火战斗中及时控制火势,扑救火灾和抢救人员具有重要作用,它是完成灭火任务的重要保证。

火场供水的基本要求:供水迅速、保证不间断,并根据燃烧情况,保证足够的用水量和水枪的有效射程。

火场供水工作应由主管队负责组织、统筹安排消防车停靠水源位置和供水方法,避免各自占领水源盲目射水,造成火场供水混乱。

## 一、火场供水方法

火场供水的方法与形式有三种:直接供水、接力(串联)供水、运水。

（一）直接供水

消防车利用水泵将水箱或水源地的水输送到火场,这一过程称为直接供水。直接供水的形式有两种,即水平直接供水和垂直直接供水。

有关消防车直接供水的计算有三个方面内容:已知供水距离求铺设水带数量,已知水带数量求供水距离,已知消防泵扬程和水枪流量求消防车最大供水距离。

水平供水和垂直供水原理类似,这里仅介绍水平供水计算。

1. 已知供水距离求铺设水带数量

已知水平供水距离 $S_x$,求水平铺设水带数量 $n_x$,可按公式(2-3-1)计算。

$$n_x = S_x/aL \tag{2-3-1}$$

式中　$a$——水平铺设水带系数;

$L$——水带长度。

**例 2-3-1**　消防车距供水目标的水平距离为 180 m,利用 D65 mm 胶里水带出 1 支 $S_K$15 m 的 $\phi$19 mm 水枪(一盘水带长度为 20 m,取水平铺设系数为 0.9),求铺设水带的数量。

**解:**

$$n_x = S_x/aL = \frac{180}{0.9 \times 20} = 10（盘）$$

同理,可得垂直直接供水的计算方法,在这里就不再阐述。

2. 已知水带数量求供水距离

已知消防车配备水带数量 $n_备$,求水平铺设水带距离 $S_x$,可按公式(2-3-2)计算。

$$S_x = aL\left(n_备 - \frac{n_备}{10}\right) \qquad (2\text{-}3\text{-}2)$$

式中 $\frac{n_备}{10}$——消防车备用水带的条数。

**例 2-3-2** 消防车配备 $15 \times D65$ mm 胶里水带,如出一支 $S_K 15$ m 的 $\phi 19$ mm 水枪,求水平供水距离。

**解**:由公式(2-3-2)可知:

$$S_x = aL\left(n_备 - \frac{n_备}{10}\right) = 0.9 \times 15 \times 15 = 202.5 \ (\text{m})$$

3. 已知消防泵扬程和水枪流量求消防车最大供水距离

已知消防泵的性能,求水平最大供水距离,可按公式(2-3-3)计算。

$$S_x = aL\left(\frac{\gamma P_N - P_Q - P_g}{P_{dx}}\right) \qquad (2\text{-}3\text{-}3)$$

式中 $\gamma$——消防泵扬程使用系数;

$P_N$——消防泵额定扬程,$10^4$ Pa;

$P_Q$——水枪工作压力或分水器处压力,一般取 $27 \times 10^4$ Pa;

$P_g$——水枪出口处与水泵出口处的压强差,$10^4$ Pa;

$P_{dx}$——$P_{dx} = P_d + P_x$,每条水平铺设水带的压力损失,$10^4$ Pa。其中,$P_d$ 为水带阻抗系数(见表 2-3-1)与过水流量平方的乘积,$10^4$ Pa;$P_x$ 为水平铺设水带修正系数,仅适用于中压部分的修正,一般取 $0.5 \times 10^4$ Pa(非中压情况下取 0)。

表 2-3-1 水带阻抗系数

| 水带类型 | 水带直径 | | | |
|---|---|---|---|---|
| | 50 mm | 65 mm | 80 mm | 90 mm |
| 胶里水带 | 0.15 | 0.035 | 0.015 | 0.008 |
| 麻质水带 | 0.30 | 0.086 | 0.03 | 0.016 |

**例 2-3-3** BS30 泵(低压消防泵)在额定工况下工作,如果铺设 D65 mm 胶里水带,出 1 支 $S_K 15$ m 的 $\phi 19$ mm 水枪,水枪出口与水泵出口标高差为 5 m,求水平最大供水距离。(1 m 水柱的压力为 0.01 MPa,下文同)

**解**:BS30 泵额定扬程为 110 m,流量为 6.5 L/s,则

$$S_x = aL\left(\frac{\gamma P_N - P_Q - P_g}{P_{dx}}\right) = 0.9 \times 20 \times \left(\frac{1 \times 110 - 27 - 5}{0.035 \times 6.5^2 + 0}\right) = 954 \ (\text{m})$$

**(二)接力(串联)供水**

消防车利用水带将水源地的水输送给战斗车,这一过程称为接力供水。接力供水的形式有两种,即利用消防车水罐接力供水和利用消防车水泵接力供水。接力供水与战斗车供水量、接力供水距离和水源地上水量等因素有关。

水源距火场在 150~1 500 m 之间,易采用多车接力供水。采用泵偶合法供水,最大供水距离每部车双干线可达 280 m。

该部分的计算主要分为三个方面:单车接力供水距离的计算、多车组合接力供水距离的

计算、接力供水消防车数量的计算。

1. 单车接力供水距离的计算

求单车水平接力供水距离，可按公式(2-3-4)计算。

$$S_x = aL\left(\frac{P_b - P_z - P_g}{P_{dx}}\right) \qquad (2\text{-}3\text{-}4)$$

式中  $P_b$——消防泵额定扬程，$10^4$ Pa；

$P_z$——转输供水出口压力，一般取 $10 \times 10^4$ Pa。

**例 2-3-4** SG36/30 消防车，在额定工况下，利用 D65 mm 胶里水带接力供水，供水流量 13 L/s，水带出口高于水泵出口 10 m，求水平接力供水距离。

**解**：SG36/30 消防车的额定工况扬程为 110 m。

$$S_x = aL\left(\frac{P_b - P_z - P_g}{P_{dx}}\right) = 0.9 \times 20 \times \left(\frac{110 - 10 - 10}{0.035 \times 13^2 + 0}\right) = 270 \ (\text{m})$$

2. 多车组合接力供水距离的计算

求多车组合的水平接力供水距离，可按公式(2-3-5)计算。

$$S_x = \sum_{i=1}^{n} S_{xi} \qquad (2\text{-}3\text{-}5)$$

式中  $S_{xi}$——一辆消防车的水平接力供水距离。

**例 2-3-5** SG36/30 消防车 3 辆，均在额定工况下工作，利用 D80 mm 胶里水带接力供水，供水流量为 19.5 L/s，每条供水线水带出口高于水泵出口 10 m，计算水平接力供水距离。

**解**：

$$S_x = 3aL\left(\frac{P_b - P_z - P_g}{P_{dx}}\right) = 3 \times 0.9 \times 20 \times \left(\frac{110 - 10 - 10}{0.015 \times 19.5^2 + 0}\right) = 864 \ (\text{m})$$

3. 接力供水消防车数量的计算

求水平接力供水消防车的数量，可按公式(2-3-6)计算。

$$n_{接} = \frac{S_x - S_{战}}{aLn_x} \qquad (2\text{-}3\text{-}6)$$

式中  $S_x$——水源到火场的水平距离，m；

$S_{战}$——战斗车距供水目标的距离，m；

$n_x$——接力车水平铺设水带数量，盘。

**例 2-3-6** 水源至燃烧区之间的水平距离为 1 500 m，战斗车供水距离为 54 m，接力车利用 18×D80 mm 胶里水带供水，求接力消防车数量。

**解**：

$$n_{接} = \frac{S_x - S_{战}}{aLn_x} = \frac{1\ 500 - 54}{0.9 \times 20 \times 18} \approx 5 \ (\text{辆})$$

（三）运水

消防车利用水罐将水源地的水运送到火场输送给战斗车，这一过程称为运水。运水消防车的工作状态有三种：向战斗车供水，在运水途中行驶和在水源地上水。因此运水供水与战斗车供水流量、运水行驶路程和水源地上水流量等因素有关。

水源距火场大于 1 500 m 的易采取运水，但需有开阔的场地便于车辆转弯，即使水源距火场不大于 1 500 m 也可采用运水方法。该部分的计算主要分为两个方面：已知运水距离计算运水消防车的数量，已知运水消防车的数量计算运水距离。

1. 已知运水距离计算运水消防车的数量

已知运水距离，确定必要相关因素，可按公式(2-3-7)计算运水消防车的数量。

$$n_{运} = \frac{Sq_1}{\overline{v}\,\overline{V}} + 2 \qquad (2\text{-}3\text{-}7)$$

式中　$n_{运}$——运水消防车数量，辆；

　　　$S$——运水行驶路程，m；

　　　$q_1$——向战斗车输水流量，L/min；

　　　$\overline{v}$——消防车平均行驶速度，m/min；

　　　$\overline{V}$——运水消防车水罐的平均容量，L。

**例 2-3-7**　战斗车距水源地往返路程为 6 000 m，运水车平均行驶速度为 550 m/min，水罐容量为 3 600 L，向战斗车输水量为 780 L/min，求运水消防车数量。

**解：**

$$n_{运} = \frac{Sq_1}{\overline{v}\,\overline{V}} + 2 = \frac{6\ 000 \times 780}{550 \times 3\ 600} + 2 \approx 5 \text{（辆）}$$

2. 已知运水消防车的数量计算运水距离

已知运水消防车的数量，可按公式(2-3-8)计算水平运水距离，按公式(2-3-9)计算垂直运水距离。

$$S_x = 0.5\,\frac{\overline{v}\,\overline{V}}{q_1}(n_{运} - 2) \qquad (2\text{-}3\text{-}8)$$

$$S_y = S_x \sin\theta \qquad (2\text{-}3\text{-}9)$$

**例 2-3-8**　6 辆 SG36/30 消防车运水，向火场行驶平均速度为 550 m/min，爬升坡度为 15°，向战斗车输水流量为 390 L/min，求运水距离。

**解：**水平运水距离为

$$S_x = 0.5\,\frac{\overline{v}\,\overline{V}}{q_1}(n_{运} - 2) = 0.5 \times \frac{550 \times 3\ 600}{390}(6 - 2) = 10\ 153.8 \text{（m）}$$

垂直运水距离为

$$S_y = S_x \sin\theta = 10\ 153.8 \times 0.259 = 2\ 629.8 \text{（m）}$$

## 二、火场供水指挥

火场供水指挥，可分为计划供水指挥和临场供水指挥两种形式。

（一）计划供水指挥

按照火场供水计划指挥供水的形式，称为计划供水指挥。计划供水指挥运用于实际情况与供水计划相符合或基本符合的火灾现场。

计划供水指挥，可以减少或避免盲目性，指挥员争取时机赢得灭火主动权，提高火场上的应变能力。但这绝不意味着指挥员要按供水计划，一成不变地机械处理火场供水问题。复杂的火场情况，要求指挥员必须根据具体情况机动灵活地做出符合实际的变更或调整。如根据燃烧物的特点，选用合适的灭火剂；根据障碍物的情况，决定延伸铺设水带的长度；根据起火点的垂直高度，决定垂直铺设水带的数量，以及消防车水泵出口压力等。

（二）临场供水指挥

根据火灾现场的具体情况,确定灭火的指挥形式,称为临场供水指挥。

临场供水指挥适用于没有制订供水计划的火场,供水计划与实际情况不相符合的火场,以及火场情况突变,部分情况与原供水计划不符的火场。

实施临场供水指挥,应有大量的战前准备工作给予保障。

按照责任分工,掌握责任区范围内各种与火场供水有关的基础情况和基本数据,如责任区的地理状况、交通道路状况、灭火剂储量、建筑结构特点等。掌握灭火力量分工及战备状态,如可出动力量、消防装备情况,主管队和增援队到场时间等。掌握处理各种类型火灾的有效办法,如针对不同的燃烧物质选用相适应的灭火剂,针对不同的燃烧方式选用相适应的灭火方法,针对灭火剂的特点决定使用的先后顺序等。掌握灭火战斗模式,如灭火剂供给数量及强度处于优势或绝对优势,应采用进攻控制或进攻消灭模式;如灭火剂供给数量及强度处于劣势或绝对劣势,应采用防御控制或防御消灭模式。

**三、火场供水强度计算**

灭火战斗说到底是灭火剂与燃料两种物质的较量。灭火剂供给量占优势,燃料就处于劣势;灭火剂供给量处于劣势,燃料就占优势。在灭火战斗中,可用固定灭火设施、半固定灭火设施和移动灭火装备输送灭火剂。不管使用何种灭火设施输送灭火剂,其最小使用单位都是消防喷射器具。因此喷射器具的数量,决定了灭火剂供给的数量。

供给灭火剂力量可分为人力、物力两个方面。使用固定灭火设施输送灭火剂,其人力多数为企业专职消防人员,物力为固定灭火设施;使用半固定灭火设施输送灭火剂,其人力既可是企业专职消防人员,又可是消防救援人员,物力为移动灭火设施。

不同类型的火灾,客观条件不同,对消防技术装备性能的影响较大,计算火场供灭火剂力量的方法不同;同一类型的火灾,其规律性较为明显,对消防技术装备性能的影响不大,计算火场供灭火剂力量的方法大同小异。不管各种类型的火灾,计算火场供灭火剂力量的步骤完全相同,即首先确定灭火对象的控制面积或周长,其次确定灭火剂供给强度,再次确定灭火剂供给数量,最后确定消防枪、炮数量和战斗车数量。

下面以民用建筑为例来计算火场供灭火剂力量。

（一）确定建筑火灾的火场控制面积

建筑火灾火场的控制面积可分为两个方面,即灭火面积和冷却面积。灭火面积是指完全在喷射器具控制下的燃烧面积,可由建筑的使用面积、燃烧面积以及现场消防救援队伍的战斗力确定。冷却面积是指在喷射器具控制下的燃烧可能蔓延的面积或可能破坏的面积,它可根据灭火面积、建筑高度以及实际需要确定。一般情况下可按公式（2-3-10）计算灭火面积,按公式（2-3-11）计算冷却面积。

$$A_{\mathtext{灭}} = \alpha\pi(vt)^2 \tag{2-3-10}$$

式中　$A_{灭}$——灭火面积,m²;

　　$\alpha$——燃烧面积扩散系统;

　　$\pi$——圆周率;

　　$v$——火灾蔓延平均速度,m/min;

　　$t$——起火至出水的时间,min。

$$A_冷 = \beta A_灭 \qquad\qquad (2\text{-}3\text{-}11)$$

式中　$A_冷$——冷却面积，$m^2$；

　　　$\beta$——冷却面积系数。

燃烧面积扩散系数见表 2-3-2，冷却面积系数见表 2-3-3。

表 2-3-2　燃烧面积扩散系数

| $\alpha$ | 条　件 |
|---|---|
| 1 | 起火点在建筑物内防火分区中心 |
| 0.5 | 起火点在建筑物内防火分区一侧中心 |
| 0.25 | 起火点在建筑物内防火分区一角 |

表 2-3-3　冷却面积系数

| $\beta$ | 条　件 |
|---|---|
| 0.25 | 单层建筑 |
| 0.5 | 2 层及 2 层以上至 50 m 以下的建筑 |
| 1 | 50 m 以上的高层建筑 |

### （二）确定建筑火灾的供水强度

建筑火灾的控制面积分为灭火面积和冷却面积两个方面，火场供水强度也分为两个方面，即灭火供水强度和冷却供水强度。灭火供水强度和冷却供水强度可按表 2-3-4 确定。

表 2-3-4　建筑火灾供水强度

| 项目 | 计算公式 | 说　明 |
|---|---|---|
| 灭火供水强度 | $q = \dfrac{Q_火}{\eta Q_水}$<br><br>$q_m = 0.5\left[1 + \dfrac{W}{48}\right]q$ | 式中，$Q_火$ 为火热流密度，$J/(s \cdot m^2)$；$Q_水$ 为水的吸热能力，$J/L$；$\eta$ 为喷射器具的供水效率；$q_m$ 为最小供水强度，$L/(s \cdot m^2)$；$W$ 为火灾载荷密度，$kg/m^2$，$W/48$ 通常取整数。灭火供水强度可由公式确定，也可为固定灭火系统设计强度的 1.2 倍至 1.5 倍 |
| 冷却供水强度 | $q = \dfrac{q_1}{0.008\ 3(S_K^2 - S_e^2)\theta}$<br><br>$q = \dfrac{q_1}{0.017\ 45(S_K - h_s)\theta}$<br><br>$q = \dfrac{q_1}{0.017\ 45(S_N - h_s)\theta + D_枪}$<br><br>$q = nq_1$ | 式中，$q_1$ 为水枪流量，$L/s$；$S_K$ 为水枪充实水柱的长度，$m$；$S_e$ 为水枪手距火场的安全距离，$m$；$S_N$ 为水枪的射程，$m$；$h_s$ 为水枪的控制纵深，$m$；$\theta$ 为喷射器具的水平控制角度；$D_枪$ 为射流宽度冷却供水强度，可根据使用供水器具的类型和数量以及冷却对象的要求分别确定，也可按固定灭火系统设计强度确定 |

### （三）确定建筑火灾的火场供水量

建筑火灾的火场供水量包括灭火供水量和冷却供水量两个方面。灭火供水量按照公式（2-3-12）计算。指定火场供水计划时，灭火时间可由公式（2-3-13）确定，灭火战斗中，应根据火灾现场的具体情况确定。

$$Q = 60Aqt \qquad (2\text{-}3\text{-}12)$$

式中　$Q$——灭火供水量,L;

　　　　$A$——灭火时的控制面积,$m^2$;

　　　　$q$——灭火供水强度,L/(min·$m^2$);

　　　　$t$——灭火时间,min。

$$t = \frac{W}{v_重} - \frac{W}{4.8}t_全 \qquad (2\text{-}3\text{-}13)$$

式中　$v_重$——可燃物的质量燃烧速度,kg/(min·$m^2$);

　　　　$t_全$——全面燃烧时间,min。

（四）确定建筑火灾火场所需的水枪数量

确定建筑火灾火场所需的水枪数量时,应充分考虑固定、半固定灭火系统所能承担的任务。在没有设置固定、半固定灭火系统的场所,或虽有设置但部分或全部不能发挥作用时,可按公式(2-3-14)计算灭火水枪数量和冷却水枪数量。

$$n_{灭、冷} = \frac{A_{灭、冷} - A_固}{\overline{A_枪}} \qquad (2\text{-}3\text{-}14)$$

式中　$n_{灭、冷}$——灭火所需的水枪数量或冷却所需的水枪数量,支;

　　　　$A_{灭、冷}$——灭火面积或冷却面积,$m^2$;

　　　　$A_固$——固定和半固定系统控制的面积,$m^2$;

　　　　$\overline{A_枪}$——平均每支水枪控制的面积,$m^2$。

（五）确定建筑火灾火场所需的战斗车数量

建筑火灾火场所需的战斗车数量包括灭火战斗车数量和冷却战斗车数量,可按公式(2-3-15)和公式(2-3-16)确定。

$$N_{灭、冷} = \frac{A_{灭、冷} - A_固}{\overline{A_车}} \qquad (2\text{-}3\text{-}15)$$

$$N_{灭、冷} = \frac{n_{灭、冷}}{K} \qquad (2\text{-}3\text{-}16)$$

式中　$K$——平均每辆战斗车的出枪数量;

　　　　$\overline{A_车}$——平均每辆战斗车控制的面积,$m^2$。

# 【思考与练习】

1. 联系生活实际举例说明火场供水的重要性。

2. 寻找生活区域周围的供水器具、消火栓等,看是否满足规范。

3. SG36/30 消防车接力供水,每车配备 D65 mm 胶里水带,供水流量 19.5 L/s,水带出口高于水泵出口 3 m,消防泵扬程使用系数 0.8,求水平接力供水距离。

4. SG36/30 消防车,比较该车利用 D65 mm 麻质水带和 D65 mm 胶里水带出 $S_K$15 m 的 $\phi$19 mm 水枪的供水距离。

5. 六辆 SG36/30 消防车运水,向火场行驶平均速度为 550 m/min,爬升坡度为 12°,向战斗车输水量为 400 L/min,求运水距离。

6. 战斗车距水源地往返路程为 7 000 m,运水车平均行驶速度为 550 m/min,水罐容量为 4 500 L,战斗车出 2 支 $S_K$15 m 的 $\phi$19 mm 水枪,求运水消防车数量。

7. 某高层建筑,中间层某客房起火,该房间面积为 180 m²,设有自动喷头 8 个,火灾荷载密度 36 kg/m²,4 个喷头动作,每个喷头保护面积 21 m²,发生火灾后使用室内消火栓 2 个,36 min 灭火,计算火场供水力量。

# 第三章　消防员个体防护技术与装备

【本章学习目标】

1. 熟悉经典池火热辐射的计算方法。
2. 了解火灾对于人体的热伤害准则。
3. 熟悉消防员个体防护的技术，掌握防护装备的分类及使用方法。
4. 掌握各项防护装备的性能指标。

火灾现场情况复杂多变，存在各种各样的危险因素，消防员想要开展灭火及抢险救援工作，就必须佩戴、穿着和使用可靠的防护装备或专用装备。消防员个体防护装备包括个体呼吸保护装备、防护服、防坠落装备及其他防护装备。这些属于安全类技术装备，是消防装备中不可缺少的重要组成部分。

## 第一节　火灾热辐射防护理论

### 一、池火灾热辐射计算

可燃液体一旦着火并完成液面上的传播过程之后，就进入稳定燃烧的状态。液体的稳定燃烧一般呈水平平面的池状燃烧形式，这就是所谓的池火。

（一）池火灾的特点

常见的池火灾有油罐火灾、油井火灾和可燃液体或低熔点可燃固体泄漏到地面或者水面遇到点火源形成的火灾。形成池火灾的液体可以是高闪点的，也可以是低闪点的；既可以是溶于水的，也可以是不溶于水的。大多数池火灾都发生在室外，由于氧气供应充足，燃烧比较完全，产生的有毒、有害烟气也容易消散掉，从这个角度来看，室外池火灾的伤害力比室内火灾小。但是，池火灾产生的火焰能够向四周发出强烈的热辐射，强度比室内火灾大得多。因此，火焰产生的热辐射是室外池火灾的主要危害。在研究池火灾危害后果时，以圆柱形池火为研究对象，首先计算其火焰高度，以确定火灾表面的热辐射通量，在此基础上研究热辐射的传播规律，确定对人体伤害及建构筑物的破坏后果。

（二）燃烧速率

当液池中的可燃液体的沸点高于周围环境温度时，液体表面上单位面积的质量燃烧速率的计算如公式(3-1-1)所示。当液池中的可燃液体的沸点低于周围环境温度时,液体表面上单位面积的质量燃烧速率的计算如公式(3-1-2)所示。

$$m_f = \frac{0.001\Delta H_c}{c_p(T_b - T_0) + H} \tag{3-1-1}$$

$$m_f = \frac{0.001\Delta H_c}{H} \tag{3-1-2}$$

式中　$m_f$——可燃液体表面单位面积的质量燃烧速率,$kg/(m^2 \cdot s)$;

　　　$\Delta H_c$——液体燃烧热,$kJ/kg$;

　　　$H$——液体的汽化热容,$kJ/kg$;

　　　$c_p$——液体的比定压热容,$kJ/(kg \cdot K)$;

　　　$T_b$——液体常压沸点,$K$;

　　　$T_0$——环境温度,$K$。

（三）火焰高度

通常假设液池是圆形的,池火火焰为圆柱形,池火火焰的直径为液池的直径,应用Thomas 的经验公式,在无风的情况下,池火的火焰高度 $L$ 的计算见公式(3-1-3)。

$$L = 84R\left[\frac{m_f}{\rho_a(2gR)^{0.5}}\right]^{0.61} \tag{3-1-3}$$

式中　$L$——火焰高度,$m$;

　　　$R$——火焰半径(即液池半径),$m$;

　　　$m_f$——可燃液体表面单位面积的质量燃烧速率,$kg/(m^2 \cdot s)$;

　　　$\rho_a$——环境空气密度,环境温度20 ℃时,取 $1.205\ kg/m^3$;

　　　$g$——重力加速度,取 $9.81\ m/s^2$。

对于非圆形的液池,采用当量半径的方法计算。液池的有效半径 $R$ 的计算见公式(3-1-4)。

$$R = \sqrt{\frac{S}{\pi}} \tag{3-1-4}$$

式中　$S$——非圆形液池的面积,$m^2$。

用公式(3-1-3)预测的火焰高度比池火火焰的实际高度稍高,且只适用于无风的情况。在有风情况下火焰会倾斜,火焰高度随风速的增大将下降。

（四）总辐射能量

假定能量由圆柱形火焰侧面和顶部向周围均匀辐射,则火焰表面的总辐射能量的计算如公式(3-1-5)所示。

$$Q = \frac{(\pi R^2 + 2\pi RL)m_f \eta \Delta H_c}{72m_f^{0.61} + 1} \tag{3-1-5}$$

式中　$Q$——总辐射能量,$kW$;

　　　$L$——火焰高度,$m$;

　　　$R$——液池半径,$m$;

　　　$\pi$——圆周率,取 $3.14$;

　　　$\Delta H_c$——液体燃烧热,$kJ/kg$;

　　　$\eta$——效率因子,取 $0.24$;

$m_f$——可燃液体表面单位面积的质量燃烧速率,kg/(m² • s)。

（五）池火火焰表面平均热辐射通量

池火火焰表面平均热辐射通量是指单位火焰表面积在单位时间内辐射出的热能。根据液池半径选取不同的火焰表面辐射通量 $E$。对于圆柱形火焰模型,火焰表面的平均热辐射通量计算如公式(3-1-6)所示。

$$E = \frac{2m_f R \Delta H_c f}{2R + 4L} \tag{3-1-6}$$

式中　$E$——火焰表面平均热辐射通量,kW/m²;

　　　$f$——热辐射系数,可取 $f=0.3$;

　　　$R$——液池半径,m;

　　　$m_f$——可燃液体表面单位面积的质量燃烧速率,kg/(m² • s);

　　　$L$——火焰高度,m;

　　　$\Delta H_c$——液体燃烧热,kJ/kg。

（六）目标接收热辐射通量

目标接收的热辐射通量是基于池火模型的火灾危害计算的关键内容,通过计算目标接收的热辐射通量来判断火灾危害的范围和程度、目标的受损程度以及人员伤亡情况。在现实的情况下,影响目标接收热辐射通量的因素很多,主要有地理位置、目标到池火中心的距离、火焰高度、液体燃烧热、火焰宽度等,所以计算过程比较复杂。但是,在各种理论模型的约束条件下,考虑的因素相对较少,为目标接收热辐射通量的计算提供了简便途径。

1. 点火源模型

池火生成的火焰锋面在几何形状上呈不规则状,很难使用经典的辐射换热计算公式确定其辐射通量大小。在消防安全工程领域通常将池火火焰整体假设成一个具有辐射发射性的几何点,称之为点火源,如图 3-1-1 所示。应用点火源的模型思想,假设池火灾生成的火焰的总辐射能量由液池中心的点火源辐射出来,则在距离池中心某一段距离处,目标接收到的热辐射通量的计算,如公式(3-1-7)所示。

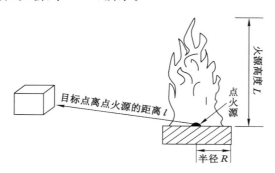

图 3-1-1　点火源辐射模型

$$I = \frac{Qt_c}{4\pi l^2} \tag{3-1-7}$$

式中　$I$——目标接收热辐射通量,kW/m²;

$Q$——总辐射能量,kW;

$t_c$——热传导系数,可取 $t_c=1.0$;

$l$——目标点到液池中心的距离,m。

2. Mudan 计算法

Mudan 提出了估算目标接收池火的热辐射通量的计算,如公式(3-1-8)所示。

$$q = EF\tau \qquad (3\text{-}1\text{-}8)$$

式中 $q$——池火火焰对距离池中心水平距离为 $x$ 处目标点的热辐射通量,kW/m$^2$;

$E$——池火火焰表面平均热辐射通量,kW/m$^2$;

$F$——视角系数;

$\tau$——大气透射系数,可取 $\tau=1-0.058\ln x$,$x$ 为目标点到液池中心的水平距离,m。

视角系数 $F$ 的计算,如公式(3-1-9)所示。

$$
\begin{cases}
F = \sqrt{v_v + \left(\dfrac{A-B}{\pi}\right)^2} \\[2mm]
v_v = \dfrac{\tan^{-1}\left[\dfrac{h}{(s^2-1)^{0.5}}\right]}{\pi s} + \dfrac{h(J-K)}{\pi s} \\[2mm]
A = \left[\dfrac{b-1}{s(b^2-1)^{0.5}}\right]\tan^{-1}\left[\dfrac{(b+1)(s-1)}{(b-1)(s+1)}\right]^{0.5} \\[2mm]
B = \left[\dfrac{a-1}{s(a^2-1)^{0.5}}\right]\tan^{-1}\left[\dfrac{(a+1)(s-1)}{(a-1)(s+1)}\right]^{0.5} \\[2mm]
J = \left[\dfrac{a}{s(a^2-1)^{0.5}}\right]\tan^{-1}\dfrac{(a+1)(s-1)}{(a-1)(s+1)} \\[2mm]
K = \tan^{-1}\left(\dfrac{s-1}{s+2}\right)^{0.5} \\[2mm]
a = \dfrac{h^2+s^2+1}{2s},\ b = \dfrac{s^2+1}{2s}
\end{cases} \qquad (3\text{-}1\text{-}9)
$$

式中 $s$——目标到火焰垂直轴的距离与火焰半径 $R$ 的比值;

$h$——火焰高度 $L$ 与火焰半径 $R$ 的比值;

$a,b,K,v_v,A,B,J$——中间变量。

## 二、热伤害准则与热损伤机理

人员生命安全的可耐受条件将通过以下具体参数进行度量。

研究表明,人体对烟气层等火灾环境的辐射热的耐受极限为 2.5 kW/m$^2$,即相当于上部烟气层的温度为 180~200 ℃。表 3-1-1 给出了人体对辐射热的耐受极限。

表 3-1-1 人体对辐射热的耐受极限

| 热辐射强度 | <2.5 kW/m$^2$ | 2.5 kW/m$^2$ | 10 kW/m$^2$ |
| --- | --- | --- | --- |
| 耐受时间 | >5 min | 30 s | 1 min |

试验表明,人体呼吸过热的空气会导致热冲击(中暑)和皮肤烧伤。空气中的水分含量对这两种危害都有显著影响,详见表 3-1-2。对于大多数建筑环境而言,人体可以短时间承

受 100 ℃环境的对流热。

表 3-1-2　人员对热气的耐受极限

| 温度和湿度条件 | <60 ℃,水分饱和 | 100 ℃,水分含量<10% | 180 ℃,水分含量<10% |
|---|---|---|---|
| 耐受时间 | >30 min | 12 min | 1 min |

以上标准参考《建筑物性能化防火设计技术通则》和《SFPE 消防工程师手册》的相关内容。

常见的热辐射危害标准可以归纳为热辐射破坏和伤害准则,热辐射破坏和伤害准则具体内容如表 3-1-3 所示。

表 3-1-3　热辐射破坏和伤害准则

| 热辐射强度/(kW/m²) | 对设备的破坏 | 对人的伤害 |
|---|---|---|
| 37.5 | 生产设备遭受严重损坏 | 1 min 内死亡率 100%,10 s 内死亡率 1% |
| 25 | 无明火时木材长时间暴露而被引燃所需要的最小能量;设备设施的钢结构开始变形 | 1 min 内死亡率 100%,10 s 内严重烧伤 |
| 12.5 | 有明火时木材被点燃所需的最小能量;塑料管及合成材料熔化 | 1 min 内死亡率 1%,10 s 内一度烧伤 |
| 4 | 玻璃暴露 30 min 后破裂 | 超过 20 s 引起疼痛,但不会起水泡 |
| 1.6 | — | 长时间暴露,不会有不适感 |

热辐射对人的伤害形式主要有皮肤伤害和视网膜烧伤,伤害严重时可以致死。常用的热辐射伤害准则主要包括热通量准则、热剂量准则、热通量-热剂量准则。通常用 $q$ 和 $Q$ 分别表示热通量和热剂量,因此上述准则又分别称为 $q$ 准则、$Q$ 准则和 $q$-$Q$ 准则。热通量是指单位时间内、单位面积上传递的热量,单位是 $W/m^2$,通常可表示为:

$$q = c_p(T)\rho(T)vT \tag{3-1-10}$$

式中 $c_p(T)$,$\rho(T)$,$v$,$T$ 分别为比定压热容、密度、热传播速度及温度。热剂量可看作是在一定时间段内单位面积上的热流密度的积累,其单位是 $J/m^2$,可表示为:

$$Q = \int_0^t c_p(T)\rho(T)vT\,\mathrm{d}t \tag{3-1-11}$$

$q$ 准则以热流密度作为衡量目标是否被破坏的参数,其适用范围为:热流密度作用时间比目标达到热平衡所需的时间长。$Q$ 准则以目标接收到的热剂量作为目标是否被破坏的参数,其适应范围为:作用于目标的热流密度持续时间非常短,以至目标接收到的热量来不及散失。当 $q$ 准则或 $Q$ 准则的适应条件均不具备时,应使用 $q$-$Q$ 准则,该准则认为,目标能否被破坏应该由 $q$ 和 $Q$ 的组合来决定。

# 第二节　呼吸防护装备

在有害于人体呼吸的环境中进行作业时,必须采取人身呼吸保护措施,以保证工作人员的健康和安全。

## 一、人体呼吸生理

人体吸收氧主要是通过肺部的呼吸作用,其次是通过皮肤吸收氧,通过皮肤吸收的氧仅占人体耗氧量的 1% 到 2%。

当肺部呼吸时,空气由鼻腔进入鼻咽腔,然后再经过咽喉进入总气管,通往左、右肺的分支器官、毛细支气管,最终进入肺泡内。气体在肺泡内通过血液循环进行交换。血液循环时,流向肺部血液中的二氧化碳的张力大于肺泡内二氧化碳的分压力,氧气的张力则小于肺泡内氧气的分压力。按照扩散作用原理,血液中的二氧化碳便进入肺泡,然后通过肺的呼气把它从体内排出;而肺泡中的氧气按同一原理则进入血液,与血液中的红细胞结合而传向全身机体组织。这样就完成了人体吸氧排碳的呼吸生理。

当人体处于静止休息时,呼吸次数每分钟约为 13 到 15 次,肺活量约为 500 cm³。如果进行深呼吸时,肺活量可达 3 000 到 5 000 cm³,但是不论如何加强呼吸,在肺中还会剩余约 1 000 cm³ 的所谓剩余空气不能排出。当进行体力劳动时,呼吸次数即行增多,肺活量亦随之增大,以吸取更多的氧气来满足活动能量的需要。人体需要的氧气量视其劳动强度而不同:休息时每分钟约需要 0.25~1.00 L 氧气;工作时则每分钟约需要 1.00~3.00 L 氧气。

## 二、个体呼吸保护装备

消防员呼吸保护装备是消防员进行消防作业时佩戴的,是用于保护呼吸系统免受伤害的个人防护装备。

消防员配备的呼吸保护装备主要有正压式消防空气呼吸器、正压式消防氧气呼吸器、消防过滤式综合防毒面具等几种,可根据消防作业现场环境的不同需要选用。

### (一)正压式消防空气呼吸器

正压式消防空气呼吸器主要在缺氧、有毒有害气体的环境中使用,不能在水下使用。其使用温度为 −30~60 ℃。使用气瓶存储高压空气,依次经过气瓶阀、减压器,进行一级减压后,输出不大于 1 MPa 的中压气体,再经中压导气管送至供气阀,供气阀将中压气体按照佩戴者的吸气量,进行二级减压至人体可以呼吸的压力进入面罩,供佩戴者呼吸使用,呼气则通过呼气阀排出面罩外。工作原理如图 3-2-1 所示。

1. 组成与结构

正压式消防空气呼吸器(图 3-2-2)由面罩总成、供气阀总成、气瓶总成、减压器总成、背托总成等五个部分组成。

(1)面罩总成

面罩总成(图 3-2-3)由颈带、传声器、吸气阀、头带、头罩组件、视窗、扣环组件、口鼻罩、视窗密封圈、凹形接口等组成。

(2)供气阀总成

供气阀总成(图 3-2-4)由节气开关、应急冲泄阀、插板、凸形接口、密封垫圈等组成。

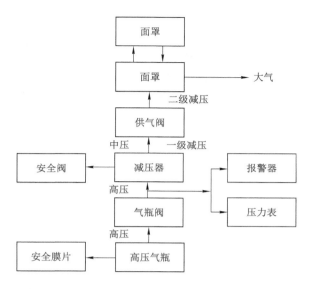

图 3-2-1　正压式消防空气呼吸器工作原理示意图

1—面罩总成；2—供气阀总成；3—气瓶总成；4—减压器总成；5—背托总成。

图 3-2-2　正压式消防空气呼吸器组成

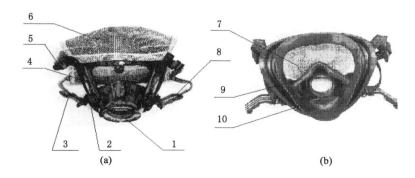

1—凹形接口；2—传声器；3—颈带；4—吸气阀；5—头带；6—头罩组件；

7—视窗；8—扣环组件；9—视窗密封圈；10—口鼻罩。

图 3-2-3　面罩总成

（a）正视图；（b）后视图

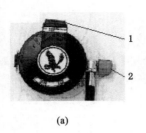 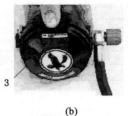 

(a) (b) (c)

1—节气开关;2—应急冲泄阀;3—插板;4—凸形接口;5—密封垫圈

图 3-2-4　供气阀总成

(a) 正视图;(b) 上视图;(c) 后视图

（3）气瓶总成

气瓶总成(图 3-2-5)由气瓶和瓶阀等组成。

（4）减压器总成

减压器总成(图 3-2-6)由手轮、压力表、报警器、安全阀和中压导气管等组成。

（5）背托总成

背托总成(图 3-2-7)由背架、上肩带、下肩带、腰带、腰扣和固定气瓶的瓶箍带、瓶箍卡扣等组成。

1—气瓶;2—瓶阀。

图 3-2-5　气瓶总成

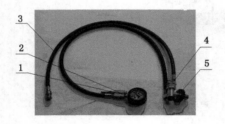

1—压力表;2—报警器;

3—中压导气管;4—安全阀;5—手轮。

图 3-2-6　减压器总成

1—腰扣 A;2—腰带;3—下肩带;

4—背架;5—上肩带;

6—瓶箍带;7—瓶箍卡扣;8—腰扣。

图 3-2-7　背托总成

2. 型号与规格

（1）型号

正压式消防空气呼吸器型号编制方法如图 3-2-8 所示。

示例:RHZKF6.8/30 表示气瓶为复合瓶,公称容积为 6.8 L,额定工作压力为 30 MPa 的正压式消防空气呼吸器。

（2）规格

正压式消防空气呼吸器系列按照气瓶公称容积划分为 2 L、3 L、4.7 L、6.8 L、9 L 等规格。

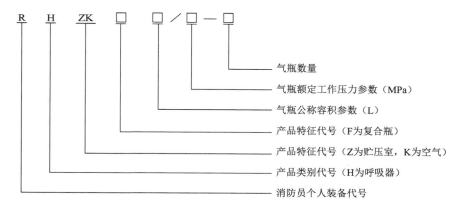

图 3-2-8　正压式消防空气呼吸器型号编制

3. 主要技术性能

（1）佩戴质量

不大于 18 kg（气瓶内气体压力处于额定工作压力状态）。

（2）整体气密性能

在气密性能试验后，其压力表的压力指示值 1 min 内的下降不大于 2 MPa。

（3）动态呼吸阻力

在气瓶额定工作压力至 2 MPa 的范围内，以呼吸频率 40 次/min、呼吸流量 100 L/min 呼吸，呼吸器的面罩内始终保持正压，且吸气阻力不大于 500 Pa，呼气阻力不大于 1000 Pa；在 1～2 MPa 的范围内，以呼吸频率 25 次/min、呼吸流量 50 L/min 呼吸，呼吸器的面罩内仍保持正压，且吸气阻力不大于 500 Pa，呼气阻力不大于 700 Pa。

（4）耐高温性能

呼吸器（气瓶内压力为 10 MPa）经 60 ℃±3 ℃，4 h 的高温试验后，各零部件无异常变形、粘着、脱胶等现象；以呼吸频率 40 次/min、呼吸流量 100 L/min 呼吸，呼吸器的面罩内保持正压，且呼气阻力不大于 1 000 Pa。

（5）耐低温性能

呼吸器（气瓶内压力为 30 MPa）经 −30 ℃±3 ℃，4 h 的低温试验后，各零部件无开裂、异常收缩、发脆等现象；以呼吸频率 25 次/min、呼吸流量 50 L/min 呼吸，呼吸器的面罩内保持正压，且呼气阻力不大于 1 000 Pa。

（6）静态压力

不大于 500 Pa，且不大于排气阀的开启压力。

（7）警报器性能

当气瓶内压力下降至 5.5 MPa±0.5 MPa 时，警报器发出连续声响报警或间歇声响报警，且连续声响时间不少于 15 s，间歇声响时间不少于 60 s，发声声级不小于 90 dB（A）；从警报发出至气瓶压力为 1 MPa 时，警报器平均耗气量不大于 5 L/min 或总耗气量不大于 85 L。

（8）减压器性能

在气瓶额定工作压力至 2 MPa 范围内,减压器输出压力在设计值范围内;减压器输出压力调整部分设置锁紧装置;减压器输出端设置安全阀。

(9) 安全阀性能

安全阀的开启压力与全排气压力在减压器输出压力最大设计值的 110%～170% 范围内;安全阀的关闭压力不小于减压器输出压力最大设计值。

4. 使用方法

(1) 将器材箱放在地上,打开箱盖,解开装具固定带。

(2) 检查气瓶压力及系统气密性。逆时针方向旋转瓶阀手轮,至少 2 圈。如果发现有气体从供气阀中流出,则按下节气开关,气流应停止。30 s 后,观察压力表的读数,气瓶内空气压力应不小于 28 MPa。顺时针旋转瓶阀手轮,关闭瓶阀,继续观察压力表读数 1 min,如果压力降低不超过 0.5 MPa,且不继续降低,则系统气密性良好。带自锁手轮瓶阀使用方法:开启时用右手逆时针旋转手轮至少两圈,以完全打开瓶阀,关闭时用右手沿瓶阀体方向推进手轮,同时顺时针转动手轮,一次关闭不了,可重复关闭几次,直至完全关闭瓶阀。如果供气阀上的节气开关在瓶阀打开之前没有被按下关闭,空气将从面罩内自由流出。如果气瓶未充满压缩空气,使用前须换上充满空气的气瓶。

(3) 检测报警器。顺时针旋转瓶阀手轮,关闭瓶阀。然后,略微打开供气阀上冲泄阀旋钮,将系统管路中的气体缓慢放出,当气瓶压力降到 5.5 MPa±0.5 MPa 时,报警器应开始启鸣报警,并持续到气瓶内压力小于 1 MPa 时止。待气流停止时,完全关闭冲泄阀。当气瓶压力降到 5.5 MPa±0.5 MPa 时,如果报警器不能正常报警,则该呼吸器暂停使用,并做好标记等待授权人员修理。

(4) 检查瓶箍带是否收紧。用手沿气瓶轴向上下拨动瓶箍带,瓶箍带应不易在气瓶上移动,说明瓶箍带已收紧。如果未收紧,应重新调节瓶箍带的长度,将其收紧。

(5) 将气瓶底部朝向自己;然后展开肩带,并将其分别置于气瓶两边。两手同时抓住背架体两侧,将呼吸器举过头顶;同时,两肘内收贴近身体,身体稍微前倾,使呼吸器自然滑落于背部,同时确保肩带环顺着手臂滑落在肩膀上;然后,站直身体,向下拉下肩带,将呼吸器调整到舒适的位置,使臀部承重。

(6) 将腰带上的腰扣 B 插入腰扣 A 内,然后将腰带左右两侧的伸出端同时向侧后方拉动,将腰带收紧。

(7) 检查面罩组件,确认口鼻罩上已装配了吸气阀,且口鼻罩位于下巴罩后面及两个传声器的中间,把头罩上的带子翻至视窗外面。一只手将面罩罩在面部,同时用另一只手外翻并后拉将头罩戴在头上。带子应平顺无缠绕。确保下巴位于面罩的下巴罩内。向后拉动颈带(下方带子)两端,收紧颈带。向后拉动头带(上方带子)两端,收紧头带。颈带、头带都不要收得过紧,否则会引起不适。如有必要,重新收紧颈带。当使用者的面部条件妨碍了脸部与面罩的良好密封时,不应佩戴呼吸器。这样的条件包括胡须、鬓角或眼镜架等。使用者面部和面罩间密封性不好会减少呼吸器的使用时间或导致使用者本应由呼吸器防护的部分暴露于空气中。

(8) 检查面罩密封性。用手掌心捂住面罩接口处,深吸气并屏住呼吸 5 s,应感到视窗始终向面部贴紧(即面罩内产生负压并保持),说明面罩与脸部的密封性良好。否则需重新收紧头带和颈带或重新佩戴面罩。检查面罩和面部密封性能时,如果发现有空气泄漏进面罩,可移开面罩,重复上述佩戴步骤。如果面罩调节后,仍不能与面部保持良好密封,则应更换另一个面罩重新检查。

（9）打开瓶阀。逆时针方向旋转瓶阀手轮,至少2圈。

（10）安装供气阀。将供气阀的凸形接口插入面罩上相对应的凹形接口,然后逆时针旋转,使节气开关转至12点钟位置,并伴有"喀嗒"一声。此时,供气阀上的插板将滑入面罩上的卡槽中锁紧供气阀。如果供气阀不能安装到面罩上,则应检查供气阀上密封圈是否损坏及检查面罩上与供气阀对接的密封面是否损坏。

（11）检查呼吸器呼吸性能。供气阀安装好后,深吸一口气打开供气阀,随后的吸气过程中将有空气自动供给。吸气和呼气都应舒畅,而无不适感觉。可通过几次深呼吸来检查供气阀的性能。如果首次吸气时没有空气自动供给,应检查瓶阀是否已打开及面罩是否同脸部密封良好,并观察压力表确认气瓶内是否有压力。如果面罩没有正确佩戴将会影响与脸部的密封效果,当吸气时,供气阀可能不会自动打开。请重新佩戴面罩。

（12）呼吸器经上述步骤认真检查合格并正确佩戴即可投入使用。使用过程中要随时注意报警器发出的报警信号,当听到报警声响时应立即撤离现场。

（13）确信已离开受污染或空气成分不明的环境或已处于不再要求呼吸保护的环境中。捏住下面左右两侧的颈带扣环向前拉,即可松开颈带,然后同样再松开头带,将面罩从面部由下向上脱下。按下供气阀上部的橡胶保护罩节气开关,关闭供气阀。面罩内应没有空气再流出。

（14）用拇指和食指压住插扣中间的凹口处,轻轻用力压下将插扣分开。两手勾住肩带上的扣环,向上轻提即可放松肩带,然后将呼吸器从肩背上卸下。

（15）关闭瓶阀。顺时针旋转瓶阀手轮,关闭瓶阀。

（16）系统放气。打开冲泄阀放掉呼吸器系统管路中压缩空气。等到不再有气流后,关闭冲泄阀。

（二）正压式消防氧气呼吸器

正压式消防氧气呼吸器是消防员和抢险救援人员在有毒、缺氧、烟雾、悬浮于空气中的有害污染物等恶劣环境中,进行抢险救灾或从事灾情处理工作时佩戴使用的呼吸保护器具。它适用于身体健康,并通过规定培训的人员佩戴使用。正压式消防氧气呼吸器的设计,着重考虑正压机构的动作能实现三个目的:一是在不同的劳动强度下均能提供充足的氧气,保证正常工作;二是舒适,即在整个使用过程中保持稳定的、较低的呼气阻力;三是安全,即在整个使用过程中始终保持相对正压,即大于工作地点大气压。

1. 组成与结构

正压式消防氧气呼吸器(图3-2-9)以高压氧气瓶充填压缩氧气作为氧源(额定工作压力为20 MPa),低压储气部分有气囊式和呼吸舱式两种。该呼吸器按额定防护时间划分为60、120、180、240型四种类型。正压式消防氧气呼吸器由供氧系统、正压呼吸循环系统、安全及报警系统和壳体背带系统等四部分组成。

（1）供氧系统

供氧系统由高压氧气瓶、减压阀(主减压器)、定量供氧阀(含二级稳压器)、手动补给阀、自动补给阀等部件通过高、中压管路连接组成。

（2）正压呼吸循环系统

正压呼吸循环系统由面罩、呼气阀、呼气软管、清净罐、呼吸舱(或气囊)、稳压膜片、正压弹簧、排气阀、连接软管、冷却罐(内含蓄冷器)、吸气阀、吸气软管等组成。

（3）安全及报警系统

安全及报警系统由氧气瓶压力表、气瓶阀(内含安全膜片)、安全阀、胸前压力表、高压单向限流阀、报警器(开、关提示报警及余压报警)等组成。

（4）壳体背带系统

壳体背带系统由上、下壳体背带及锁定销等组成。

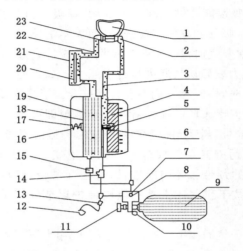

1—面罩；2—呼气阀；3—呼气软管；4—清净罐；5—定量供氧阀；6—自动补给阀；7—安全阀；
8—减压阀；9—高压氧气瓶；10—氧气瓶压力表；11—气瓶阀；12—胸前压力表；13—高压单向限流阀；
14—报警器；15—手动补给阀；16—正压弹簧；17—排气阀；18—呼吸舱或气囊；19—稳压膜片；
20—蓄冷器；21—冷却罐；22—吸气软管；23—吸气阀。

图 3-2-9　正压式消防氧气呼吸器组成示意图

2. 型号

正压式消防氧气呼吸器型号编制方法如图 3-2-10 所示。

图 3-2-10　正压式消防氧气呼吸器型号编制

示例：RHZYN240 表示一具额定防护时间为 240 min 气囊式的正压式消防氧气呼吸器。

3. 主要技术性能

（1）佩戴质量

呼吸器的佩戴质量应符合表 3-2-1 的规定。

表 3-2-1　佩戴质量　　　　　　　　　　　　　　　单位：kg

| 类型 | 佩戴质量 |
|------|----------|
| 60 | ≤12 |
| 120 | ≤14 |
| 180 | ≤15 |
| 240 | ≤16 |

（2）高压系统气密性

高压系统经气密性试验，在 30 min 内不漏气。

（3）低压系统气密性

低压系统经正压气密性试验，在 1 min 内其压力下降值不大于 30 Pa。

（4）额定防护时间内的防护性能

额定防护时间内的防护性能应符合表 3-2-2 的规定。

表 3-2-2　额定防护时间内的防护性能

| 项　目 | 要求 |
|--------|------|
| 吸气中氧气浓度/% | ≥21 |
| 吸气中二氧化碳浓度/% | ≤2.0 |
| 吸气温度/℃ | ≤38 |
| 呼气阻力/Pa | ≤600 |
| 吸气阻力/Pa | ≤500 |

（5）重型劳动强度下的防护性能

重型劳动强度下的防护性能应符合表 3-2-3 的规定。

表 3-2-3　重型劳动强度下的防护性能

| 项　目 | 要求 |
|--------|------|
| 吸气中氧气浓度/% | ≥21 |
| 吸气中二氧化碳浓度/% | ≤1.0 |
| 吸气温度/℃ | ≤42 |
| 呼气阻力/Pa | ≤700 |
| 吸气阻力/Pa | ≤600 |

（6）定量供氧量

当呼吸器高压系统压力为 2～20 MPa 时，定量供氧量不小于 1.4 L/min。

（7）自动补给供氧量

当呼吸器高压系统压力为 3～20 MPa 时，自动补给供氧量不小于 80 L/min。

（8）手动补给供氧量

当呼吸器高压系统压力为 3～20 MPa 时，手动补给供氧量不小于 80 L/min。

（9）自动补给阀开启压力

呼吸器自动补给阀开启时，其低压系统中的压力为 50～250 Pa。

（10）排气阀开启压力

当向气囊或呼吸舱内通入流量为 1.4 L/min 的稳定气流时，排气阀的开启压力为 400～700 Pa。

（11）正压性能

在呼吸频率为 25 次/min、呼吸流量为 50 L/min 时，呼吸器的面罩内始终保持正压。

（12）气囊或呼吸舱的有效容积

气囊或呼吸舱的有效容积不小于 5 L。

（13）压力报警

当气瓶在开启、关闭及余压为 5.5 MPa±0.5 MPa 时发出警示声响，余压报警声级强度大于 70 dB(A)，声响时间在 30～60 s 范围内，且报警最大耗气量不大于 5 L/min。

（14）呼吸阀和吸气阀的逆向漏气量及通气阻力

呼吸阀、吸气阀的逆向漏气量不大于 0.3 L/min，通气阻力不大于 30 Pa。

4. 使用方法

（1）使用前检查

① 确认氧气瓶阀上系有日常维护记录卡，证明检修日期在 3 个月之内，该记录卡上的记录表明进行过下列检修：

（a）呼吸器已经清洗干净，并消过毒。

（b）清净罐内已重新装上新的 $CO_2$ 吸收剂，并装入呼吸舱内。

（c）氧气瓶气压已充至 18～20 MPa。

（d）已经过流量检验。

（e）蓄冷器已置入冰柜内。

（f）报警器工作正常。

（g）如果呼吸器上日常维护记录卡丢失，必须全部重新检查，以确保日常检修所规定的项目都已严格完成，而且必须更换 $CO_2$ 吸收剂。

② 将冷冻好的蓄冷器放入呼吸舱中。

③ 呼吸器常规检查：

（a）所有气路连接部位气密性完好。

（b）呼吸软管、接头及面罩连接正确到位。

注意：如果日常检修记录卡系在呼吸器上，但检查呼吸器时发现气密性不好，应更换 $Ca(OH)_2$。如果软管口向大气开着，则必须更换 $Ca(OH)_2$。

④ 确认呼吸器氧气瓶压力表读数为 18～20 MPa。

⑤ 面罩玻璃窗上贴上保明片或涂上防雾剂或用防雾布擦面罩视窗内侧,轻擦透镜,直到清晰可见。

⑥ 此时呼吸器已处于备用状态。

（2）应急操作

① 自补阀和定量供氧装置出现故障时,表现为供气不足,吸气阻力增大,此时可按手动补给阀按钮,每次按 1～2 s,所补给的氧气直接进入呼吸舱。手动补给阀只用于紧急情况,不能用于冲刷面罩雾气。过多使用手动补给阀将浪费氧气,严重降低呼吸器的有效防护时间。

② 呼吸器发生供气故障时,使用手动补给阀供氧,撤离灾区,更换呼吸器。

③ 呼吸舱内自补阀"动作过频"时,有两种可能:

（a）呼吸系统泄漏——退出灾区,更换呼吸器。

（b）面罩密封不好——调整面罩的适配或更换面罩。

④ 出现下述任何一种症状,必须立即撤出灾区:

（a）感到恶心、头晕或有不舒服的感觉。

（b）胸前压力表的压力值迅速下降。

（c）吸气或呼气感到困难。

（d）面罩内有烟雾或其他污染物。

（3）使用方法

① 把呼吸器背部朝上,顶部朝向自己,将肩带放长 50～70 mm。

② 握住呼吸器外壳两侧,使肩带位于手臂外侧,背部朝向使用者,同时顶部朝下,把呼吸器举过头顶,绕到后背并使肩带划到肩膀上。应注意当心碰伤背部。

③ 上身稍向前倾,背好呼吸器,两手向下拉住肩带调整端,身体直立,把肩带拉紧。

④ 调整肩带,使呼吸器的重量落在臀部而不是肩部。

⑤ 根据个人情况调整腰带并扣紧。

⑥ 连接胸带,但不要拉得过紧,以免限制呼吸。

⑦ 佩戴面罩:

（a）佩戴前完全松开顶带和侧带。

（b）将面罩颚窝对准下巴,然后把头带从头顶套下。

（c）用一只手托住面罩贴紧脸,另一只手拉紧顶带和侧带。

注意:不要把面罩拉得太紧,否则会导致面罩泄漏或使使用者感到不舒服,而且会明显减少有效防护时间。

⑧ 检查面罩与面罩连接件气密性:

（a）检查负压气密性。用手堵住面罩吸气端并用力吸气,如果不能吸入空气,说明面罩佩戴合适,否则应调整面罩达到适配或检查呼气阀是否漏气。

（b）检查正压气密性。用手堵住呼气端进行呼气,面罩应被呼气的压力从脸上向外推面罩。如果面罩不被推开,则应调整面罩达到适配或检查吸气阀是否漏气。

（c）如果上述两项都不合格,还应检查面罩与面罩接口之间的 O 型密封圈是否装好,是否能保证气密。

⑨ 连接面罩。把连接管从呼吸器上取下,放回包装箱中,吸气软管与面罩吸气端相连

接,呼气软管与面罩呼气端相连接。

⑩ 面罩连接好后,逆时针方向完全打开氧气瓶阀门,并回旋 1/4 圈,当听到报警器的瞬间鸣叫声,表示瓶阀开启。如果报警器不工作,应更换一台呼吸器。核实胸前压力表的压力为 18～20 MPa。应注意压力表因管路内设高压限流阀,在 1～3 min 后才达到满压指示,这是正常现象。扯下日常维护记录卡,投入使用。

（4）呼吸器的摘脱

① 关闭氧气瓶瓶阀。

② 把面罩两条底带松开,再把面罩向上推举过头顶摘下。

③ 放开胸带和腰带,腰部稍向前挺。

④ 松开一个肩带,使另一个肩带从肩膀上滑下,把呼吸器转到身前。

⑤ 取下呼吸器把它放在台面上。

（三）消防过滤式综合防毒面具

消防过滤式综合防毒面具包括各种防毒面具,是一种用来保护人体呼吸器官不受外界有毒有害气体侵害的专用器具。它利用滤毒装置内的化学药剂和过滤材料,转化和过滤掉灾害事故场所被污染的空气中的有毒有害成分,使之成为较清洁的空气,供佩戴者呼吸。消防过滤式自救呼吸器是消防过滤式综合防毒面具中的一种,适用于发生火灾时空气中氧气浓度不低于 17% 的场所,一般可配置于宾馆、办公楼、医院、商场、银行、邮电、娱乐场所等公共场所和住宅中。

1. 组成与结构

消防过滤式自救呼吸器由防护头罩、过滤装置和面罩组成,或由防护头罩和过滤装置组成。面罩可以是全面罩或半面罩。消防过滤式自救呼吸器的结构具有以下特点:

（1）使用人员不需培训,经阅读使用说明书后即能正确使用。

（2）防护头罩的额部设有环绕头部一周的发光标志。有的防护头罩采用具有反光特性的材料制造,不设反光标志。

（3）过滤装置与防护头罩连接牢固可靠,在不借助工具的情况下不易拆开。

（4）密封一经打开,无法恢复原样。

2. 型号

消防过滤式自救呼吸器型号（图 3-2-11）可表示为 XHZLC30,XH 表示消防呼吸器,Z 表示自救,L 表示过滤式,C 表示存放型,30 表示防护时间为 30 min。

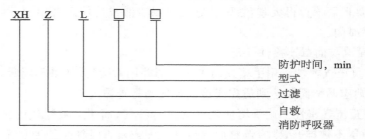

图 3-2-11　消防过滤式自救呼吸器型号编制

示例:XHZLC15 表示防护时间为 15 min 的存放型消防过滤式自救呼吸器。

3. 主要技术性能

（1）防护对象：一氧化碳（CO）、氰化氢（HCN）、毒烟、毒雾。

（2）防护时间：以生产厂公布值为准，最短的防护时间不小于 15 min。

（3）在整个防护时间内，透过过滤装置的一氧化碳浓度不大于 200 mL/m³，且透过过滤装置的一氧化碳总累积量不大于 200 mL；透过过滤装置的氰化氢浓度不大于 10 mL/m³；过滤装置油雾透过系数不大于 5％；吸气温度不大于 65 ℃；吸气阻力不大于 800 Pa；呼气阻力不大于 300 Pa。

（4）视野：防护头罩的双目视野不小于 60％，下方视野不小于 35°。

（5）吸入气体中的二氧化碳含量：按体积计算不大于 2％。

（6）防护头罩漏气系数：防护头罩眼区的漏气系数不大于 20％，呼吸区的漏气系数不大于 5％。如果呼吸器中不设面罩，则防护头罩的漏气系数不大于 5％。

（7）佩戴质量：不大于 1 000 g。

4. 使用方法

（1）打开包装盒盖，取出真空包装袋。

（2）撕开真空包装袋，拔掉过滤罐前后二个罐塞（若外包装盒为密封包装，里面可能无真空包装袋）。

（3）戴上头罩，拉紧头带。

（4）选择合适的路径，果断逃生。

# 第三节　服装防护装备

消防员的服装防护主要通过消防员防护服来实现。消防员防护服是用于保护消防员身体免受各种伤害的防护装备。通常防护服与其他防护装具如头盔、手套、靴子等配合使用，共同组成消防员个人防护装备系统，统称为消防员防护服装。

## 一、消防员灭火防护服

消防员灭火防护服适用于消防员在灭火救援时穿着，对消防员的上下躯干、头颈、手臂、腿进行热防护，阻止水向隔热层渗透同时在人体大运动量活动时能够顺利排出汗气。但它不适用于在高温环境中例如丛林火灾、荒野火灾和森林火灾穿着，也不适用于对头、手和脚的防护。消防员灭火防护服执行《消防员灭火防护服》（XF 10—2014）标准。

（一）组成与结构

消防员灭火防护服（图 3-3-1）为分体式结构，由防护上衣、防护裤子组成。防护服是由外层、防水透气层、隔热层、舒适层等多层织物复合而成，采用内外层可脱卸式设计。多层织物的复合物可允许制成单衣或夹衣，还设有黄白相间的反光标志带，能满足基本服装制作工艺要求和辅料相对应标准的性能要求。

图 3-3-1　消防员灭火防护服

1. 面料

消防员灭火防护服的面料由四层材料组成:

(1)外层:一般采用芳纶纤维织物,具有阻燃性能,不受多次洗涤影响,耐磨性能好,强度高等特点。

(2)防水透气层:一般采用纯棉布复合聚四氟乙烯薄膜(PTFE),具有防水、透气功能。

(3)隔热层:一般采用芳纶纤维无纺布或碳纤维毡,具有保暖、隔热、阻燃功能。

(4)舒适层:一般采用高支数纯棉布,穿着更为舒适。

2. 辅料

消防员灭火防护服的辅料包括反光标志带、标签、强检标志、阻燃缝纫线、魔术贴、PU胶条、拉链、螺纹口、松紧带等。这些辅料应满足以下要求:

(1)所有五金件无斑点、结节或尖利的边缘,并经防腐蚀处理。

(2)选用具有阻燃性能的缝纫线和搭扣,颜色与外层面料相匹配。

(3)防护上衣的前门襟处选用不小于8号的拉链,颜色与外层面料相匹配。

(4)防护裤子的背带选用松紧带。

(二)型号与规格

消防员灭火防护服的规格按《服装号型 男子》(GB/T 1335.1—2008)中5.4、5.2A号型进行设计制作。其防护上衣规格见表3-3-1,防护裤子规格见表3-3-2。如有特殊需要,可根据需求设计制作。

**表 3-3-1　消防员灭火防护服防护上衣规格**　　　　　　　　　　单位:cm

| 号型 | S | M | L | XL | 备 注 |
|---|---|---|---|---|---|
| 尺寸 | 165/84 A | 170/88 A | 175/92 A | 180/96 A | |
| 衣长 | 77 | 79 | 81 | 83 | 后中量 |
| 袖长 | 59 | 60.5 | 62 | 63.5 | 袖中点量至袖口 |
| 胸围 | 125 | 129 | 133 | 137 | 腋下量 |
| 肩阔 | 52.6 | 53.8 | 55 | 56.2 | 后肩点量至肩点 |
| 领围 | 54 | 55 | 56 | 57 | 摊平量 |

**表 3-3-2　消防员灭火防护服防护裤子规格**　　　　　　　　　　单位:cm

| 号型 | S | M | L | XL | 备注 |
|---|---|---|---|---|---|
| 尺寸 | 165/72 A | 170/76 A | 175/78 A | 180/80 A | |
| 裤长 | 100 | 103 | 106 | 109 | 前中挺缝线量 |
| 腰围 | 74 | 78 | 80 | 82 | 沿腰阔中间量 |
| 臀围 | 117.2 | 120.4 | 122 | 123.6 | 腰节下 20 cm |
| 下裆 | 68 | 70 | 72 | 74 | 下裆量至脚口 |
| 脚口 | 24 | 25 | 26 | 27 | 沿脚口下口量 |

(三)主要技术性能

消防员灭火防护服的技术性能如下。

1. 面料性能

(1) 外层

① 阻燃性能:续燃时间不大于 2 s,损毁长度不大于 100 mm,且无熔融、滴落现象。

② 表面抗湿性能:沾水等级不小于 3 级。

③ 断裂强力:经、纬向干态断裂强力不小于 650 N。

④ 撕破强力:经、纬向撕破强力不小于 100 N。

⑤ 热稳定性能:试样放置在温度为 260 ℃±5 ℃干燥箱内,5 min 后取出,沿经、纬方向尺寸变化率不大于 10%,试样表面无明显变化。

⑥ 单位面积质量:为面料供应方提供额定量的±5%。

⑦ 色牢度:耐洗沾色不小于 3 级,耐水摩擦不小于 3 级。

(2) 防水透气层

① 耐静水压性能:耐静水压不小于 17 kPa。

② 透水蒸气性能:水蒸气透过量不小于 5 000 g/(m² · 24 h)。

③ 热稳定性能:试样放置在温度为 180 ℃±5 ℃干燥箱内,5 min 后取出,沿经、纬方向尺寸变化率不大于 5%,试样表面无明显变化。

(3) 隔热层

① 阻燃性能:续燃时间不大于 2 s,损毁长度不大于 100 mm,且无熔融、滴落现象。

② 热稳定性能:试样放置在温度为 180 ℃±5 ℃干燥箱内,5 min 后取出,沿经、纬方向尺寸变化率不大于 5%,试样表面无明显变化。

(4) 舒适层

舒适层阻燃性能:无熔融、滴落现象。

2. 整体热防护性能

热防护能力(TPP 值)不小于 28.0 cal/cm²。

3. 针距密度

各部位缝制线路顺直、整齐、平服、牢固、松紧适宜,明暗线每 3 cm 不小于 12 针,包缝线每 3 cm 不小于 9 针。

4. 色差

防护服的领与前身、袖与前身、袋与前身、左右前身不小于 4 级,其他表面部位不小于 4 级。

5. 接缝断裂强力

防护服外层接缝断裂强力不小于 650 N。

6. 反光标志带

(1) 逆反射系数:逆反射系数符合表 3-3-3 的要求。

(2) 耐热性能:在温度为 260 ℃±5 ℃条件下试验 5 min 后,反光材料表面无炭化、脱落现象。其逆反射系数不小于表 3-3-3 规定值的 70%。

(3) 阻燃性能:续燃时间不大于 2 s,且无熔融、滴落现象。

(4) 耐洗涤性能:洗涤 25 次后,不出现破损、脱落、变色的现象。

(5) 高低温性能:试样在 50 ℃±2 ℃环境中连续放置 12 h,取出后立即转至−30 ℃±2 ℃的环境中连续放置 20 h 后取出,反光标志带不出现断裂、起皱、扭曲的现象。

表 3-3-3　逆反射系数　　　　　　　　　　　单位：cd/(lx·m²)

| 观察角 | 入　射　角 | | | |
|---|---|---|---|---|
| | 5° | 20° | 30° | 40° |
| 12′ | 330 | 290 | 180 | 65 |
| 20′ | 250 | 200 | 170 | 60 |
| 1° | 25 | 15 | 12 | 10 |
| 1°30′ | 10 | 7 | 5 | 4 |

7. 五金件耐高温性能

试样放置在温度为 260 ℃±5 ℃干燥箱内，5 min 后取出，保持其原有的功能。

8. 缝纫线耐高温性能

试样放置在温度为 260 ℃±5 ℃干燥箱内，5 min 后取出，无融熔、烧焦的现象。

9. 质量

整套防护服质量不大于 3.5 kg。

10. 外观质量

(1) 各部位整烫平服、整洁、无烫黄、水渍、亮光；

(2) 衣领平服、不翻翘；

(3) 对称部位基本一致；

(4) 粘合衬不准有脱胶及表面渗胶；

(5) 标签位置正确，号型标志准确清晰。

（四）使用与维护

消防员灭火防护服使用与维护的要求如下。

1. 穿着要求

(1) 穿着前应进行检查，发现有损坏，不得使用。

(2) 穿着中不宜接触明火以及有锐角的坚硬物体。

(3) 穿着后应及时检查，发现破损，应报废，及时更换。

2. 维护保养

(1) 沾污的防护服可放入温水中用肥皂水擦洗，再用清水漂净晾干，不允许用沸水或火烘烤。

(2) 应贮存在通风、干燥、清洁的库房内，避免雨淋、受潮、曝晒，且不得与油、酸、碱等易燃、易爆物品或化学腐蚀性气体接触。

(3) 在正常贮存条件下，每一年检查一次，检查合格后方可投入使用，防护服使用后应用水冲洗干净后，晾干贮存。

(4) 在正常保管条件下，贮存期为两年。

**二、消防员隔热防护服**

消防员隔热防护服是消防员在灭火救援靠近火焰区受到强辐射热侵害时穿着的防护服，也适用于工矿企业工作人员在高温作业时穿着。但它不适用于消防员在灭火救援时进入火焰区与火焰有接触时，或处置放射性物质、生物物质及危险化学品时穿着。

消防员隔热防护服面料由外层、隔热层、舒适层等多层织物复合制成。外层采用具有反射辐射热的金属铝箔复合阻燃织物材料制成,隔热层用于提供隔热保护,多采用阻燃粘胶或阻燃纤维毡制成。采用多层织物复合的结构,防护服防辐射渗透性能以及隔热性能得到提高。消防员隔热防护服执行《消防员隔热防护服》(XF 634—2015)标准。

（一）组成与结构

消防员隔热防护服的款式分为分体式和连体式两种。分体式消防员隔热防护服(图 3-3-2)由隔热上衣、隔热裤、隔热头罩、隔热手套以及隔热脚盖等单体部分组成。连体式消防员隔热防护服(图 3-3-3)由连体隔热衣裤、隔热头罩、隔热手套以及隔热脚盖等单体部分组成。

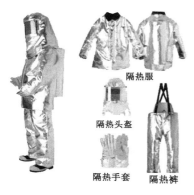

隔热服

隔热头盔

隔热手套　隔热裤

图 3-3-2　分体式消防员隔热防护服

图 3-3-3　连体式消防员隔热防护服

1. 隔热头罩

隔热头罩是用于头面部防护的部分,它与隔热上衣多层面料之间应有不小于 200 mm 的重叠部分。隔热头罩上面配有视窗,视窗采用无色或浅色透明的具有一定强度和刚性的耐热工程塑料注塑制成,视野宽,透光率好。

2. 隔热上衣

隔热上衣是用于对上部躯干、颈部、手臂和手腕提供保护的部分,它与隔热裤多层面料之间有不小于 200 mm 的重叠部分。隔热上衣背部设有背囊,空气呼吸器的储气瓶放在背囊部位。隔热上衣袖口部位与隔热手套配合紧密,防止杂物进入衣袖中。

3. 隔热裤

隔热裤是用于对下肢和腿部提供保护的部分。裤腿覆盖到灭火防护靴靴筒外部,防止杂物进入靴子中。

4. 隔热手套

隔热手套用于对手部提供保护,通常应穿戴在消防员抢险救援手套外部。它与隔热上衣衣袖多层面料之间应有 200 mm 的重叠部分。

5. 隔热脚盖

隔热脚盖穿戴在消防员灭火防护靴外,覆盖防护靴整个靴面,用于对脚部提供保护。它与隔热裤多层面料之间有 300 mm 的重叠部分。

（二）型号与规格

消防员隔热防护服的型号与规格如下。

1. 型号

消防员隔热防护服的型号编制方法如图 3-3-4 所示。

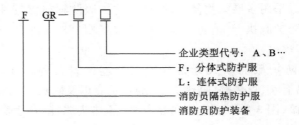

图 3-3-4　消防员隔热防护服的型号编制

示例:FGR-F/A 表示分体式消防员隔热防护服。

2. 规格

消防员隔热防护服的号型与主要规格按《服装号型 男子》(GB/T 1335.1—2008)的有关规定设置。

(三)主要技术性能

消防员隔热防护服主要技术性能如下。

1. 面料性能

(1)外层

① 阻燃性能:续燃时间不大于 2 s,损毁长度不大于 100 mm,且无熔融、滴落现象。

② 断裂强力:经、纬向干态断裂强力不小于 650 N。

③ 撕破强力:经、纬向撕破强力不小于 100 N。

④ 剥离强力:经、纬向剥离强力不小于 9 N/30 mm。

⑤ 耐静水压性能:耐静水压不小于 17 kPa。

⑥ 热稳定性能:试样放置在温度为 260 ℃±5 ℃干燥箱内,5 min 后取出,沿经、纬向尺寸变化率不大于 10%,试样表面无明显变化。

(2)隔热层

① 阻燃性能:续燃时间不大于 2 s,损毁长度不大于 100 mm,且无熔融、滴落现象。

② 热稳定性能:试样放置在温度为 180 ℃±5 ℃干燥箱内,5 min 后取出,沿经、纬向尺寸变化率不大于 10%,无变色、脱层、炭化、熔融和滴落现象。

(3)舒适层

舒适层阻燃性能:损毁长度不大于 100 mm,续燃时间不大于 2 s,且无熔融滴落现象。

2. 隔热头罩性能

① 耐高温性能:经耐高温性能试验后,隔热头罩不应有炭化、熔融和滴落现象,视窗不应有明显变形或损坏的现象。

② 视野:左、右水平视野应不小于 105°,上视野应不小于 7°,下视野应不小于 45%。

③ 视窗透光率:无色透明视窗透光率不应小于 85%,浅色透明视窗透光率不应小于 18%。

3. 隔热手套性能

① 面料性能:当隔热手套与隔热上衣采用的不是同一种面料或组合时,应符合隔热防

护服面料性能要求。

② 隔热手套灵巧性能:隔热手套灵巧性能不应低于 XF 7—2004 规定的 3 级要求。

4. 隔热脚盖性能

当隔热脚盖与隔热上衣采用的不是同一种面料或组合时,应符合隔热防护服面料性能要求。

5. 硬质附件耐高温性能

经耐高温性能试验后,硬质附件应保持其原有的功能。

6. 缝纫线耐高温性能

经耐高温性能试验后,缝纫线不应有熔融、炭化和滴落现象。

7. 整体性能

① 火焰和辐射热防护性能:隔热服火焰和辐射热防护能力的 TPP 值不应小于 28.0。

② 接缝断裂强力:隔热服外层的接缝断裂强力不应小于 650 N。

③ 针距密度:隔热服明暗线每 3 cm 不应小于 9 针,包缝线每 3 cm 不应小于 7 针。

④ 质量:隔热服的质量(包括隔热衣裤、隔热头罩、隔热手套和隔热脚盖)不应大于 6 000 g。

8. 外观要求

① 各部位缝制应平整,不应有脱线、跳针现象,表面不应有裂纹、脱层以及破损等缺陷;

② 各对称部位应基本一致;

③ 粘合衬不应有脱胶及表面渗胶;

④ 标志设置位置应正确,号型标志应准确清晰;

⑤ 隔热头罩的视窗应无明显擦伤或打毛痕迹。

（四）使用与维护

消防员隔热防护服使用与维护的要求如下。

1. 穿着要求

（1）穿着前,应检查消防员隔热防护服表面和面罩是否有裂痕、炭化等损伤,接缝部位是否有脱线、开缝等损伤,衣扣、背带是否牢固齐全。如有损伤,应停止使用。

（2）穿着时,首先应佩戴好防护头盔、防护手套、防护靴和空气呼吸器。然后穿着消防员隔热防护服,并将隔热头罩、隔热手套、隔热脚盖分别穿戴在防护头盔、防护手套和防护靴的外部,将空气呼吸器储气瓶放在背囊中。

（3）穿着者应选择合适规格的消防员隔热防护服,并应与防护头盔、防护手套、防护靴和空气呼吸器等防护装具配合使用。在灭火战斗中,穿着消防员隔热防护服不得进入火焰区或与火焰直接接触。

2. 维护保养

（1）灭火或训练后,消防员隔热防护服应及时清洗、擦净、晾干。隔热层和外层应分开清洗。清洗时不能使用硬刷或用强碱,以免影响防水性能。晾干时不能在加热设备上烘烤。若使用中受到灼烧,应检查各部位是否损坏。如无损坏,可继续使用。

（2）消防员隔热防护服在运输中应避免与油、酸、碱等易燃、易爆物品或化学药品混装。

（3）消防员隔热防护服应贮存在干燥、通风的仓库中。贮存和使用期不宜超过三年。

### 三、消防员避火防护服

消防员避火防护服是消防员进入火场,短时间穿越火区或短时间在火焰区进行灭火战斗和抢险救援时为保护自身免遭火焰和强辐射热的伤害而穿着的防护服装,也适用于玻璃、水泥、陶瓷等行业中的高温抢修时穿着,但不适用于在有化学和放射性伤害的环境中使用。

(一)组成与结构

消防员避火防护服(图3-3-5)采用分体式结构,由头罩、带呼吸器背囊的防护上衣、防护裤子、防护手套和靴子等五个部分组成。头罩上配有的镀金视窗,宽大明亮且反射辐射热效果好,内置防护头盔,用于防砸,还设有护胸布和腋下固定带。防护上衣后背上设有背囊,用于内置正压式空气呼吸器,保护其不被火焰烧烤。防护裤子采用背带式,穿着方便,不易脱落。手套为大拇指和四指合并的二指式。靴子底部具有耐高温和防刺穿功能。消防员避火防护服的主要材料包括:耐高温防火面料、碳纤维毡、阻燃粘胶毡、阻燃纯棉复合铝箔布、阻燃纯棉布等。辅料包括:挂扣、二连钩、三道棱、拉链、魔术贴(粘扣)、头罩视窗、内置头盔、背带等。

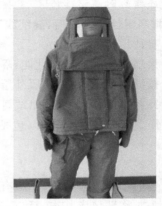

图 3-3-5 消防员避火防护服

消防员避火防护服由八层材料经分层缝纫、组合套制而成。

第一、二层为耐高温防火层,该层面料的主要成分为具有极高热稳定性和化学稳定性的二氧化硅(含量大于96%),在火焰温度1 000 ℃的状况下长期使用仍有较高强力保留率,能很好地保护和支持里层材料。该层面料也有用相同性能的其他耐高温织物。为防止火场中的钩挂、戳破、磨损等情况,更好地提高该服装的安全性,表面层采用双层结构,即使外层损坏后仍有第二层支持。

第三、四层为耐火隔热层,该层材料的主要成分为氧化纤维毡。其耐火隔热性能及服用性能较好,价格低。由于空气的导热系数低,通常选用双层毡,两层毡之间的空气层,可以进一步提高服装的隔热性能。

第五层为防水反射层,通常选用阻燃纯棉复合铝箔布,不仅具有防水和抗高温热蒸汽的功能,还具有抵御辐射热的作用。

第六、七层为阻燃隔热层,该层采用成本较低、双层结构的阻燃粘胶毡,隔热效果较好。增加了两层隔热层,以进一步提高服装的隔热性能。

第八层为舒适层,该层采用具有一定强力的阻燃纯棉布,穿着舒适,并对阻燃隔热层有一定的支撑作用,

(二)规格

消防员避火防护服的规格如表3-3-4所示。

表 3-3-4　消防员避火防护服的规格　　　　　　　　　　　　　　　单位:cm

| 规格 | 适合身高 |
| --- | --- |
| L | 176~180 |
| M | 171~175 |
| S | 165~170 |

（三）主要技术性能

消防员避火防护服技术性能如下。

1. 外层面料阻燃性能

续燃时间不大于 1 s,阴燃时间不大于 2 s,损毁长度不大于 20 mm。

2. 外层面料撕破强力

经、纬向撕破强力不小于 32 N。

3. 整体组合层面料抗辐射热渗透性能

在 13.6 kW/$m^2$ 辐射热通量辐照 120 s 后,其内表面温升不超过 25 ℃。

4. 整体组合层面料抗火焰燃烧性能

在温度为 1 000 ℃火焰上燃烧 30 s 后,其内表面温升不超过 25 ℃。

5. 整体抗热性能

人体模型着装在模拟火场温度 1 000 ℃条件下,30 s 后其表面温升不超过 13 ℃。

6. 外观质量

不得有污染、开线及破损现象,附件应装配牢固,不得有松动、脱落。

（四）使用与维护

消防员避火防护服使用与维护的要求如下。

1. 穿着要求

（1）穿着前应认真检查消防员避火防护服有无破损,如服装破损严禁使用。消防员避火防护服较其他衣服稍重,穿时需要人员协助。穿着消防员避火防护服必须佩戴空气呼吸器和通信器材,保证在高温状态下的正常呼吸,以及与指挥人员的联系。

（2）穿着步骤:先穿上裤子和靴子,系好背带,扎好裤口;背好空气呼吸器;穿上衣,粘牢搭扣,将重叠部分盖严,然后将钩扣扣牢;戴空气呼吸器面罩,打开开关;戴上头罩,头盔戴好后,把腋下固定带固定好;戴手套,将手套套在袖子里面,扎紧袖口。

（3）脱卸步骤:先脱去手套,卸下头罩,然后脱去上衣,卸下空气呼吸器面罩及气瓶,脱去防火靴,最后脱去裤子。

（4）消防员穿着该服装在进行长时间消防作业时,必须用水枪、水炮保护。穿着消防员避火防护服进行实战的消防员应是穿着消防员避火防护服进行模拟火场战训演练的合格者。穿着消防员避火防护服的消防员在抢险过程中人体始终处于高度紧张和高体力消耗状态下,因此穿着消防员避火防护服的消防员必须具备良好的身体素质。

2. 维护保养

（1）使用后可用干棉纱将消防员避火防护服表面烟垢和熏迹擦净,其他污垢可用软毛刷蘸中性洗涤剂刷洗,并用清水冲洗净。消防员避火防护服不能用水浸泡或捶击,冲洗净后悬挂在通风处,自然干燥。镀金视窗应用软布擦拭干净,并覆盖一层 PVC 膜保护,以备再用。

（2）消防员避火防护服应保存在干燥通风处,防止受潮和污染。

**四、消防员抢险救援防护服**

消防员抢险救援防护服是消防员在进行抢险救援作业时穿着的专用防护服,能够对其除头部、手部、踝部和脚部之外的躯干提供保护。不得在灭火作业或处置放射性物质、生物物质及危险化学物品作业时穿着。消防员抢险救援防护服执行《消防员抢险救援防护服装》(XF 633—2006)标准的相关规定。

**（一）组成**

消防员抢险救援防护服由外层、防水透气层和舒适层等多层织物复合而成,可允许制成单衣或夹衣,并能满足服装制作工艺的基本要求和辅料相对应标准的性能要求。

消防员抢险救援防护服可分为连体式救援服和分体式救援服。分体式消防员抢险救援防护服(图 3-3-6)是衣裤分离式样的抢险救援防护服,连体式消防员抢险救援防护服(图 3-3-7)是衣裤一体式样的抢险救援防护服。

图 3-3-6　分体式消防员抢险救援防护服　　　图 3-3-7　连体式消防员抢险救援防护服

**（二）型号与规格**

消防员抢险救援防护服的型号与规格如下。

1. 型号

消防员抢险救援防护服的型号编制方法如图 3-3-8 所示:

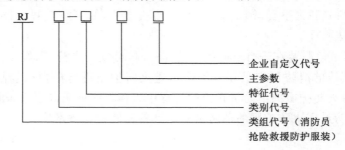

图 3-3-8　消防员抢险救援防护服的型号编制

示例:RJF-F 1 A 表示 A 型 1 号分体式消防员抢险救援防护服。

生产厂商在消防员抢险救援防护服的产品说明书中对其号型代码所代表的具体号型和规格予以说明。

2. 规格

消防员抢险救援防护服的号型和主要规格按《服装号型 男子》(GB/T 1335.1—2008)中 5.4、5.2A 号型进行设计制作。

（三）主要技术性能

消防员抢险救援防护服技术性能如下。

1. 外层面料性能

（1）阻燃性能:续燃时间不应大于 2 s,损毁长度不应大于 100 mm,且无熔融、滴落现象。

（2）表面抗湿性能:沾水等级不应小于 3 级。

（3）断裂强力:经、纬向干态断裂强力不应小于 350 N。

（4）撕破强力:经、纬向撕破强力不应小于 25 N。

（5）热稳定性能:在温度为 180 ℃±5 ℃的条件下,经 5 min 后,沿经、纬方向尺寸变化率不大于 5%,且试样表面无明显变化。

（6）单位面积质量:单位面积质量为面料供应方提供额定量的±5%。

（7）色牢度:耐洗沾色不小于 3 级,耐水摩擦不小于 3 级。

2. 防水透气层性能

（1）耐静水压性能:耐静水压不小于 17 kPa。

（2）透水蒸气性能:水蒸气透过量不小于 5 000 g/(m² · 24 h)。

3. 舒适层性能

在阻燃性能试验中无熔融、滴落现象。

4. 针距密度

明暗线每 3 cm 不小于 12 针,包缝线每 3 cm 不小于 9 针。

5. 色差

不小于 4 级。

6. 接缝断裂强力

外层接缝断裂强力不小于 350 N。

7. 反光标志带性能

（1）逆反射系数:逆反射系数符合表 3-3-5 的要求。

表 3-3-5　逆反射系数　　　　　　　　　　　　单位:cd/(lx · m²)

| 观察角 | 入射角 | | | |
|---|---|---|---|---|
| | 5° | 20° | 30° | 40° |
| 12′ | 330 | 290 | 180 | 65 |
| 20′ | 250 | 200 | 170 | 60 |
| 1° | 25 | 15 | 12 | 10 |
| 1°30′ | 10 | 7 | 5 | 4 |

（2）热稳定性能：在温度为 180 ℃±5 ℃条件下，经 5 min 后，反光材料表面应无炭化、脱落现象。其逆反射系数不小于表 3-3-5 规定值的 70%。

（3）阻燃性能：续燃时间不大于 2 s，且无熔融、滴落现象。

（4）耐洗涤性能：洗涤 25 次后，不出现破损、脱落、变色的现象。

（5）高低温性能：经试验后反光标志带不出现断裂、起皱、扭曲的现象。

8. 硬质附件热稳定性能

在温度为 180 ℃±5 ℃条件下，经 5 min 后，保持其原有的功能。

9. 缝纫线热稳定性能

在温度为 180℃±5 ℃条件下，经 5 min 后，无熔融、烧焦的现象。

10. 防静电性能

整套救援服的带电量不大于 0.6 μC。

11. 质量

整套救援服质量不大于 3 kg。

12. 外观质量

救援服的外观质量符合以下要求：

（1）各部位的缝合顺直、整齐、平服、牢固、松紧适宜，无跳针、开线、断线。

（2）各部位熨烫平整、整齐美观、无水渍、无烫光。

（3）衣领平服、不翻翘。

（4）对称部位基本一致。

（5）粘合衬不准有脱胶及表面渗胶。

（6）标签位置正确，标志准确清晰。

（四）使用与维护

消防员抢险救援防护服使用与维护的要求如下。

1. 穿着要求

（1）穿着者应选择合适规格的消防员抢险救援防护服，并应与防护头盔、防护手套、防护靴等防护服装配合使用。

（2）穿着消防员抢险救援防护服前，应检查其表面是否有损伤，接缝部位是否有脱线、开缝等损伤。如有损伤，应停止使用。

2. 维护保养

（1）每次抢险救援作业或训练后，消防员抢险救援防护服应及时清洗、擦净、晾干。清洗时不要硬刷或用强碱，以免影响防水性能。晾干时不能在加热设备上烘烤。

（2）消防员抢险救援防护服在运输中应避免与油、酸、碱等易燃、易爆物品或化学药品混装。

（3）消防员抢险救援防护服应贮存在干燥、通风的仓库中。贮存和使用期不宜超过三年。

**五、消防员化学防护服**

消防员化学防护服是消防员在处置化学事故时穿着的防护服装，可保护穿着者的头部、躯干、手臂和腿等部位免受化学品的侵害。它不适用于灭火以及处置涉及放射性物品、液化气体、低温液体危险物品和爆炸性气体的事故。在处置各类化学事件时，消防员面临的是易燃易爆化学品,很多场合其危险程度具有未知性。同时化学品对人体的呼吸道及皮肤都会有腐蚀危害作用,其危害程度可能使消防员致残甚至危及生命。根据化学品的危险程度,消防员化学防护服装可分为气密型防护(一级)和液体喷溅致密型防护(二级)两个等级。

一级消防员化学防护服装(图3-3-9)是消防员在短时间内处置高浓度、强渗透性气体化学品事件中穿着的化学防护服装。穿着该套服装可以进入无氧、缺氧和氨气、氯气、烟气等气体现场,汽油、丙酮、醋酸乙酯、苯、甲苯等有机介质气体现场以及硫酸、盐酸、硝酸、氨水、氢氧化钠等腐蚀性液体现场进行抢险救援工作。

二级消防员化学防护服装(图3-3-10)是消防员处置液态化学危险品和腐蚀性物品以及现场缺氧环境下实施救援任务时穿着的化学防护服,为消防员身处含飞溅液体和微粒的环境中提供最低等级防护,能防止液体渗透,但不能防止蒸汽或气体渗透。

图3-3-9　一级消防员化学防护服装　　　　图3-3-10　二级消防员化学防护服装

（一）组成与结构

一级消防员化学防护服装为连体式全密封结构,由带大视窗的连体头罩、化学防护服、内置式正压式消防空气呼吸器背囊、化学防护靴、化学防护手套、密封拉链、超压排气阀和通风系统等组成,同正压式消防空气呼吸器、消防员呼救器及通信器材等设备配合使用。化学防护靴和化学防护手套通过气密紧固连接装置与化学防护服连接。其主要材料和零部件包括:高强锦丝绸涂覆阻燃耐化学介质面料、宽视野大视窗、化学防护靴、化学防护手套、密封拉链以及单向超压排气阀、通风系统分配阀、通气胶管、塑料连接圈、不锈钢箍条等。

二级消防员化学防护服装为连体式结构,由化学防护头罩、化学防护服、化学防护靴、化学防护手套等构成,与外置式正压式消防空气呼吸器配合使用。化学防护靴和化学防护手套通过粘合方式与化学防护服连接。其主要材料和零部件包括:高强锦丝绸涂覆阻燃耐化学介质面料、化学防护靴、化学防护手套以及胶圈、金属大白扣、松紧带等。

（二）型号与规格

消防员化学防护服装的型号与规格如下。

1. 型号

消防员化学防护服装型号编制方法如图3-3-11所示:

示例:RHF-Ⅰ表示一级化学防护服装。

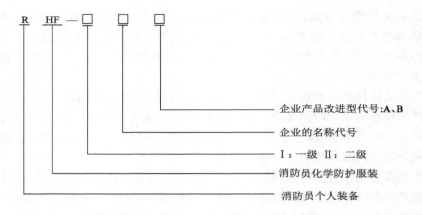

图 3-3-11　消防员化学防护服装型号编制

2. 规格

一级和二级消防员化学防护服装规格见表 3-3-6。

表 3-3-6　一级和二级消防员化学防护服装规格

| 小　号 | 中　号 | 大　号 | 特大号 |
| --- | --- | --- | --- |
| S | M | L | XL |

（三）主要技术性能

消防员化学防护服技术性能如下。

1. 一级消防员化学防护服装

（1）整体性能

① 化学防护服装的整体气密性：≤300 Pa。

② 贴条粘附强度：≥0.78 kN/m。

③ 超压排气阀气密性：≥15 s。

④ 超压排气阀通气阻力：78～118 Pa。

⑤ 通风系统分配阀定量供气量：5 L/min±1 L/min。

⑥ 通风系统分配阀手控最大供气量：≥30 L/min。

（2）面料性能

① 拉伸强度：≥9 kN/m。

② 撕裂强力：≥50 N。

③ 耐热老化性能：经 125 ℃×24 h 后，不粘不脆。

④ 阻燃性能：有焰燃烧时间≤10 s；无焰燃烧时间≤10 s；损毁长度≤10 cm。

⑤ 接缝强力：≥250 N。

⑥ 面料和接缝部位抗化学品平均渗透时间：≥60 min。

⑦ 耐寒性能：在 −25 ℃±1 ℃温度下冷冻 5 min 后，无裂纹。

（3）化学防护手套的性能

① 耐热老化性能：经 125 ℃×24 h 后，不粘不脆。

② 面料和接缝部位抗化学品平均渗透时间:≥60 min。

③ 耐寒性:在－25 ℃±1 ℃温度下冷冻 5 min 后,无裂纹。

④ 耐刺穿力:≥22 N。

⑤ 灵巧性能:30 s 内能 3 次拾取直径 11 mm、长 40 mm 不锈钢棒。

(4) 化学防护靴的性能

① 耐热老化性能:经 125 ℃×24 h 后,不粘不脆。

② 靴面和接缝部位抗化学品平均渗透时间:≥60 min。

③ 耐寒性:在－25 ℃±1 ℃温度下冷冻 5 min 后,无裂纹。

④ 靴底耐刺穿力:≥1 100 N。

⑤ 靴面耐切割性能:经抗切割试验后,不被割穿。

⑥ 电绝缘性能:击穿电压≥5 000 V,且泄漏电流<3 mA。

⑦ 防滑性能:始滑角≥15°。

⑧ 防砸性能:经 10.78 kN 静压力试验和冲击锤质量为 23 kg,落下高度为 300 mm 的冲击试验后,间隙高度≥15 mm。

(5) 大视窗连体头罩的性能

① 使用性能:在使用中不出现起雾的现象。

② 面料和接缝部位抗化学品平均渗透时间:≥60 min。

(6) 质量

质量:≤8 kg。

2. 二级消防员化学防护服装

(1) 整体性能

① 整体抗水渗漏性能:经 20 min 水喷淋后,无渗漏现象。

② 贴条粘附强度:≥0.78 kN/m。

(2) 面料性能

① 拉伸强度:≥9 kN/m。

② 撕裂强力:≥30 N。

③ 耐热老化性能:经 125 ℃×24 h 后,不粘不脆。

④ 阻燃性能:有焰燃烧时间≤10 s;无焰燃烧时间≤10 s;损毁长度≤100 mm。

⑤ 接缝强力:≥200 N。

⑥ 面料和接缝部位抗化学品平均渗透时间:≥60 min。

⑦ 耐寒性能:在－25 ℃±1 ℃温度下冷冻 5 min 后,无裂纹。

(3) 化学防护手套的性能

① 耐热老化性能:经 125 ℃×24 h 后,不粘不脆。

② 面料和接缝部位抗化学品平均渗透时间:≥60 min。

③ 耐寒性:在－25 ℃±1 ℃温度下冷冻 5 min 后,无裂纹。

④ 耐刺穿力:≥22 N。

⑤ 灵巧性能:30 s 内能 3 次拾取直径 11 mm、长 40 mm 不锈钢棒。

(4) 化学防护靴的性能

① 耐热老化性能:经 125 ℃×24 h 后,不粘不脆。

② 靴面和接缝部位抗化学品平均渗透时间:≥60 min。

③ 耐寒性能:在－25 ℃±1 ℃温度下冷冻 5 min 后,无裂纹。

④ 靴底耐刺穿力:≥900 N。

⑤ 靴面抗切割性能:经抗切割试验后,不被割穿。

⑥ 电绝缘性能:击穿电压≥5 000 V,且泄漏电流<3 mA。

⑦ 防滑性能:始滑角≥15°。

⑧ 防砸性能:经 10.78 kN 静压力试验和冲击锤质量为 23 kg,落下高度为 300 mm 的冲击试验后,其间隙高度≥15 mm。

(5)大视窗连体头罩的性能

① 使用性能:在使用中不应出现起雾的现象。

② 面料和接缝部位抗化学品平均渗透时间:≥60 min

(6)质量

质量:≤5 kg。

**(四)使用与维护**

消防员化学防护服装使用与维护方法如下。

**1.一级消防员化学防护服装**

(1)穿着要求

背上正压式消防空气呼吸器压缩气瓶,系好腰带并调整好压力表管子位置,不开气源,把消防空气呼吸器面罩吊挂在脖子上。

挎带自动收发声控转换器,脖子上系上喉头发音器,将对讲机和消防呼救器系在腰带上,然后将发音器接上自动收发转换器和对讲机。

将一级消防员化学防护服密封拉链拉开,先伸入右脚,再伸入左脚,将防护服拉至半腰,然后将压缩空气钢瓶供气管接上分配阀,空气呼吸器面罩供气管也接上分配阀,打开压缩空气瓶瓶头阀门,向分配阀供气。

戴上空气呼吸器面罩,系好面罩带子,调整松紧至舒适。戴上消防头盔,系好下颏带。

辅助人员提起服装,着装者穿上双袖,然后戴好头罩。由辅助人员拉上密封拉链,并把密封拉链外保护层的尼龙搭扣搭好。

(2)脱卸方法

根据服装使用过程中接触污染物质的情况,脱卸前由辅助人员进行必要的清理和冲洗。穿着人员先把双臂从袖子中抽出,交叉在前胸。

由辅助人员把密封拉链拉开,把防护服从头部脱到腰部(注意:脱卸过程中化学防护服外表面始终不要与穿着人员接触),脱下空气呼吸器的面罩,关闭气瓶,脱开分配阀管路,卸下声控对讲装置、消防呼救器、消防头盔和压缩空气瓶。把化学防护服拉至脚筒,着装者双脚脱离化学防护服。

脱卸后,须对化学防护服进行检查和彻底清洗,然后晾干,待下次使用。

(3)使用说明

穿着人员使用前应了解一级消防员化学防护服装使用范围。穿着过程中必须有人帮助才能完成。脱卸过程必须由辅助人员协助和监护。穿着人员需经训练,熟悉穿着、脱卸及使用要点。使用中,服装不得与火焰以及熔化物直接接触;不得与尖锐物接触,避免扎破、损坏。

使用前必须进行下列检查：

① 手套和胶靴安装是否正确；

② 服装里外是否被污染；

③ 服装面料和连接部位是否有孔洞、破裂；

④ 密封拉链操作是否正常，滑动状态是否良好；

⑤ 超压排气阀是否损坏，膜片工作是否正常；

⑥ 视窗是否损坏，是否涂上保明液（涂保明液的视窗应不上雾）；

⑦ 整套服装气密性是否良好。

（4）维护保管

每次使用后，用清水冲洗，并根据污染情况，可用棉布沾肥皂水或 $0.5\%\sim1\%$ 碳酸钠水溶液轻轻擦洗，再用清水冲净。不允许用漂白剂、腐蚀性洗涤剂、有机溶剂擦洗服装。洗净后，服装应放在阴凉通风处晾干，不允许日晒。

一级消防员化学防护服装应储存在温度 $-10\ ℃\sim+40\ ℃$，相对湿度小于 $75\%$，通风良好的库房中；距热源不小于 $1\ m$；避免日光直接照射；不能受压及接触腐蚀性化学物质和各种油类。

可以放入包装箱或倒悬挂储存。放入包装箱折叠时，先将密封拉链拉上，铺于地面，折回双袖（手套刚性塑料环处可错开），将服装纵折，靴套错开，再横折，面罩朝上，放入包装箱内，避免受压。倒悬挂存储时，应拉开密封拉链，将服装胶靴在上倒挂在架子上，外面套上布罩或黑色塑料罩。

一级消防员化学防护服装储存期间，每三个月进行全面检查一次，并摊平停放一段时间，同时密封拉链要打上蜡，完全拉开，再重新折叠，放入包装箱。

2. 二级消防员化学防护服装

（1）穿着方法

先撑开服装的颈口、胸襟，两脚伸进裤子内，将裤子提至腰部，再将两臂伸进两袖，并将内袖口环套在拇指上。

将上衣护胸折叠后，两边胸襟布将护胸布盖严，然后将前胸大白扣揿牢。把腰带收紧后，将大白扣揿牢。

戴好正压式消防空气呼吸器或消防防毒面具后再将头罩罩在头上，并将颈扣带的大白扣揿上。

最后戴上化学防护手套，将内袖压在手套里。

（2）使用说明

二级消防员化学防护服装不得与火焰及熔化物直接接触。使用前必须认真检查服装有无破损，如有破损，严禁使用。

使用时，必须注意头罩与面具的面罩紧密配合，颈扣带、胸部的大白扣必须扣紧，以保证颈部、胸部气密。腰带必须收紧，以减少运动时的"风箱效应"。

（3）维护保管

每次使用后，根据脏污情况用肥皂水或 $0.5\%\sim1\%$ 的碳酸钠水溶液洗涤，然后用清水冲洗，放在阴凉通风处，晾干后包装。

折叠时,将头罩开口向上铺于地面。折回头罩、颈扣带及两袖,再将服装纵折,左右重合,两靴尖朝外一侧,将手套放在中部,靴底相对卷成一卷,横向放入包装袋内。

二级消防员化学防护服装在保存期间严禁受热及阳光照射,不允许接触活性化学物质及各种油类。

### 六、其他消防防护服

#### (一)防核防化服

防核防化服(图3-3-12)是消防员在处置核放射事故、生化毒剂事故和化学事故时穿着的用于保护自身安全的防护服。防核防化服为连体式结构,面料由内、外层材料结合而成。外层使用塑料涂覆织物材料,具有阻燃、防水、抗撕破、抗拉以及抗紫外线等性能。内层使用浸渍有活性炭的聚氨酯压缩泡沫,用于吸附各种生化毒剂和危险化学品。

防核防化服可套在内衣外面穿着,也可以直接穿着。穿着时,首先穿上防护靴,然后将下裤提起,同时将背带搭于肩上,并调整至合适位置,调整好后将两手插入上装的袖筒内,两手举过头顶,将防核防化服的上装完全展开,经整理后拉上拉链,粘好保护粘带,再佩戴好过滤面具,并将防核防化服头罩边沿的搭扣扣于面罩上沿的搭扣中,待粘好面罩部位的粘带后,戴上防护手套,并将手套的护腕塞于防核防化服的袖口内,最后确认服装连接处密封良好,穿戴完毕。

防核防化服洗涤时,应使用常规中性洗涤剂手工洗涤,自然风干。在核放射性区域使用时,考虑现场放射强度大小,设定使用时间。防核防化服在污染区域使用后不能再次使用。

#### (二)防蜂服

防蜂服(图3-3-13)是消防员在执行摧毁蜂巢任务时为保护自身安全而穿着的防护服装。防蜂服质量较重,与消防员化学防护服相近,可以作为化学防护训练服,代替化学防护服进行日常的防化训练。防蜂服采用连体式结构,面料为涂塑复合织物,配有头罩、手套和靴子。防蜂服面罩有的使用聚碳酸酯材料,有的使用金属丝网材料,都具有良好的防蜂性能和透气性。

图3-3-12 防核防化服

图3-3-13 防蜂服

#### (三)防爆服

防爆服(图3-3-14)是消防员人工拆除爆炸装置时穿着的用于保护自身安全的个人防护服装。防爆服由有领防护外套、防护裤、胸甲、腹甲、头盔、排气扇、内置整体式无线电耳机和麦克风等部分组成。根据防止爆炸破片以及冲击波伤害的要求，防爆服面料主要由防弹层和外层两层材料构成。防弹层采用高性能纤维织物材料多层复合制成，通常使用凯夫拉纤维织物，具有优异的吸收破片冲击能量的性能。防爆服外层使用诺梅克斯阻燃织物材料，具有耐磨、耐撕破等性能。防爆头盔的面罩采用整块防弹玻璃制成，为佩戴者的面部和颈部提供防护，并配有耳塞提供听力保护。防爆头盔内部配有无线电耳机和麦克风，便于通信联络。

图 3-3-14　防爆服

防爆服的主要性能如下：

① 防爆服（不包括防爆头盔）质量为 19.4 kg。

② 防爆头盔及面罩重 4.3 kg。

③ 防爆服系统中冲击速度最大为 920 m/s，最小为 400 m/s。

④ 防爆服通信系统电源电压为 9 V。

穿着时，首先将防爆服展于地面。需要两人协助穿着者先穿好裤子，然后穿上衣，并在上衣上安装好腹甲、胸甲、通风和通信系统，最后戴上头盔。

防爆服长期不使用时，应定期更换电池，定期进行清洁保养，维护各系统的功能。防爆服不能在阳光下曝晒，放置包内时要按折叠的要求放置。防爆头盔的最佳储存条件：温度为 20～30 ℃，湿度 40%～70%。

（四）电绝缘服

电绝缘服（图 3-3-15）是消防员在具有 7 000 V 以下高压电现场作业时穿着的用于保护自身安全的防护服，具有耐高电压、阻燃、耐酸碱等性能。

电绝缘服由上衣和背带裤两部分组成。服装面料包括三层材料，外层采用防化耐电尼龙涂覆 PVC 材料制成；中层采用防静电绝缘材料；内层使用锦丝涂覆织物材料。其他辅料包括：尼龙织带、防静电扣和防静电插扣等。

电绝缘服主要技术性能如下。

① 整体性能：以每 20 s 升压 2 000 V 的速度施加电压，在 16 000 V 时不被击穿。

图 3-3-15　电绝缘服

② 阻燃性能：续燃时间≤2 s；阻燃时间≤10 s；损毁长度≤10 cm。

③ 耐酸碱性能：1 h 内不渗透。

电绝缘服具有优良的耐电压性能，但不能与火焰及熔化物直接接触。

电绝缘服在使用前，要认真检查有无破损，如有破损及漏电现象，严禁使用。

穿着电绝缘服必须另配耐电等级相同或高于电绝缘服的电绝缘手套和电绝缘鞋。穿戴齐全，才能进入带电作业现场。

电绝缘服在保存期间，严禁受热及阳光照射，不许洗涤，不许接触活性化学物质及各种油类。

电绝缘服在符合标准规定的条件下保存,保质期为二年。

（五）防静电服

防静电服(图 3-3-16)是消防员在易燃易爆事故现场进行抢险救援作业时穿着的防止静电积聚的防护服装。在易燃易爆的环境下,特别是在石油化工现场,防静电服能够防止衣服静电积聚,避免静电放电火花引发的爆炸和火灾危险。防静电服通常采用单层连体式,上衣为"三紧式"（即紧领口、紧下摆和紧袖口）结构,下裤为直筒裤。防静电服选用的防静电织物,在纺织时大致等间隔或均匀地混入导电性纤维或防静电合成纤维,或由两者混合交织而成,也有选用具有较小电场强度的特种面料,经染整、抗静电处理制成。防静电服一般不允许使用金属附件,如必须使用时（如纽扣、拉锁等）,需要保证穿着时金属附件不能直接外露。

图 3-3-16　防静电服

防静电内衣与防静电服的设计功能和防护原理相同。防静电内衣一般选用纯棉纱、混纺纱线或化纤线与金属导电纤维丝并线,经过织布、染整和抗静电处理制成,具有较好的吸湿和透气性能。

防静电服的主要性能如下:

① 防静电服的带电电荷量:0.6 $\mu$C/件。

② 耐洗涤时间:A 级:≥33 h;B 级≥16.5 h。

③ 接缝断裂强力:≥98 N。

防静电服必须与防静电鞋配套穿用,不允许在易燃易爆的场所穿脱。穿着时,先穿好裤子,然后穿上衣,再把帽子、手套、脚套全部依次戴好,除面部外其余皮肤尽可能减少外露。使用时,禁止在防静电服上附加或佩戴任何金属物件,并应保持防静电服清洁。穿用一段时间后,应对防静电服进行防静电性能检验,不符合要求的防静电服不允许继续使用。

防静电服应用清水洗涤,必要时可以加适量的皂液,然后晾干。洗涤时应小心,不可损伤服装纤维。

（六）救生衣

救生衣(图 3-3-17)是消防员在进行水上抢险救援作业时穿着的防止溺水的防护装具。救生衣由尼龙布衣套和浮力材料组成。其中浮力材料采用聚乙烯等材质的泡沫塑料,具有良好的物理性能,不受海水和油类的侵蚀。尼龙布衣套具有防水、增加浮力和自然保温的功能,并配有反光织物、哨笛和救生衣灯,牢固耐用,穿着方便。有的救生衣具有保温层,采用上衣下裤连体式设计,适合于消防员在寒冷的水中进行抢险救援等消防作业。救生衣通常具有两种规格,即 L 型:适合于身高 1.75 m 以上者穿着;S 型:适合于身高不足 1.75 m 的人穿着。

救生衣的主要性能如下。

图 3-3-17　救生衣

① 浮力：≥110 N。

② 使用温度：−1～30 ℃。

③ 浮力损失：在水中浸 24 h,浮力损失下降小于 5%。

④ 进水性能：穿着者在水中漂浮 1 h,服装内的进水量小于 200 g。

穿着救生衣时,将救生衣哨笛袋朝外穿在身上,拉好拉链;然后拉紧前领系带和颈带;最后将下系带在前身左右交叉系牢。穿好后应检查救生衣每一处系带是否系牢。救生衣应贮存在干燥、通风的仓库中,保存温度为−30～66 ℃。

（七）消防阻燃毛衣

消防阻燃毛衣(图 3-3-18)是消防员在寒冷气候条件下进行消防作业时,用作保暖的防护内衣,也具有一定的隔热性能。

消防阻燃毛衣采用永久性阻燃材料针织制成,具有阻燃、保暖、轻便、舒适等特点。肩部和肘部贴合有厚实牢固的阻燃衬布,以增强阻燃毛衣耐磨性和强度。

消防阻燃毛衣的阻燃性能指标如下。

① 续燃时间：经纬向≤2 s;阴燃时间：经纬向≤5 s;损毁长度：经纬向≤100 mm。

② 氧指数(LOI)：≥28%。

图 3-3-18　阻燃毛衣

# 第四节　消防用防坠落装备

消防用防坠落装备是消防员在灭火救援、抢险救灾或日常训练中,用于登高作业防止坠落的设备和装置的统称,是消防员重要的个人防护装备。其由消防安全绳、消防安全带和消防防坠落辅助设备三部分组成。

**一、消防安全绳**

消防安全绳是消防员在灭火、抢险救援作业或日常训练中仅用于自救和救人的绳索。安全绳按设计负载可分为轻型安全绳和通用型安全绳,按延伸率大小可分为动态绳和静态绳。20 世纪 60 年代以前,安全绳主要用剑麻、白棕或棉纱等天然纤维制成,这种绳索强度低,质量重,易霉变。60 年代中期后,安全绳主要采用聚乙烯、聚丙烯、聚氯乙烯、腈纶、锦纶、涤纶等化纤材料制成,这种绳索质量轻、强度高。随着纤维材料的不断发展,现在的安全绳多采用聚酯类和聚酰胺类合成纤维制成,具有良好的综合性能。

国外的发光安全绳,已受到消防界的广泛重视,有自发光和电致发光两种。自发光安全绳采用强力尼龙纤维等材料作为基料,溶入长余辉光致发光材料,并添加阻燃剂制成,在太阳光、普通灯光、环境杂散光中照射 10～30 min 后,能持续发光 5 h 以上。电致发光安全绳由发光二极管、限流电阻、直流电源线和透明塑料套管构成,可以连接单稳态控制电路,使安全绳闪烁发光。

（一）组成与结构

消防安全绳(图 3-4-1)由纤维制成。消防安全绳为连续的夹心绳结构,主承重部分由连续纤维制成,整绳粗细均匀,结构一致。消防安全绳的长度可根据需要裁制,但不宜小于

图 3-4-1　消防安全绳

10 m。每根绳的两端宜采用绳环结构,并用同种材料的细绳扎缝 50 mm,在扎缝处热封,并包以裹紧的橡胶或塑料套管。

（二）主要技术性能

1. 绳索直径

轻型安全绳:9.5～12.5 mm;通用型安全绳:12.5～16.0 mm。

2. 最小破断强度

轻型安全绳:不小于 20 kN;通用型安全绳:不小于 40 kN。

3. 延伸率

承重达到最小破断强度的 10%时,安全绳的延伸率不小于 1%且不大于 10%。

4. 耐高温性能

置于 204 ℃±5 ℃的干燥箱内 5 min 后,安全绳不出现熔融、焦化现象。

（三）使用方法

（1）依据产品说明书中的检查程序定期对安全绳进行检查。

（2）使用安全绳应参阅产品说明书,不遵照产品说明书将会造成严重后果。

（3）若安全绳未能通过检查或其安全性出现问题,应更换安全绳并将旧绳报废。

（4）应保护安全绳不被磨损,在使用中尽可能避免接触尖锐、粗糙或可能对安全绳造成划伤的物体。

（5）安全绳使用时如必须经过墙角、窗框、建筑外沿等凸出部位,应使用绳索护套或便携式固定装置、墙角护轮等设备以避免绳体与建筑构件直接接触。

（6）不应将安全绳暴露于明火或高温环境。

（7）产品说明书与安全绳分开时,应将其保存并做记录;将安全绳产品说明书备份,将备份件与安全绳放在一起。

（8）使用前后应仔细检查整根绳索外层有无明显破损、高温灼伤,有无被化学品侵蚀,内芯有无明显变形,如出现上述问题,或安全绳已发生剧烈坠落冲击,该安全绳应立即报废。安全绳至使用年限后应立即报废。

**二、消防安全带**

消防安全带是消防安全腰带和消防安全吊带的统称。消防安全腰带固定于人体腰部,结构简洁,佩戴快速,但高空吊挂作业时不能很好地保持作业人员身体平衡,因此仅适合于作为消防员常规个人防护装备,而不适合用于危险性高的救援作业;消防安全吊带固定于作业人员身体躯干部位,高空吊挂作业时能保持作业人员身体平衡,可将作业人员双手解放出来从事相应作业,而且一旦发生坠落,消防安全吊带会将冲击力迅速分散到人体多个部位,减少了人体由于受力冲击而对内部器官产生危害的可能性。

国外安全吊带按其用途主要分为两类:攀登安全吊带和高空作业安全吊带,而救援、户外训练以及探险使用的安全吊带多从攀登安全吊带演变而来。同时,安全吊带按其结构型式可以分为坐式安全吊带、胸式安全吊带和全身式安全吊带,通常国外救援组织常用坐式安全吊带与全身式安全吊带两种,胸式安全吊带不能单独作为救援用安全吊带,只可与坐式安全吊带配合使用。另外救援作业的内容不同则对安全吊带的功能要求也不一样,为达到相应的功能用途,安全吊带具有不同的结构型式设计。

（一）组成与结构

1. 消防安全腰带

消防安全腰带(图 3-4-2)是一种紧扣于腰部的带有必要金属零件的织带,用于承受人体重量以保护其安全,适用于消防员登梯作业和逃生自救。消防安全腰带由织带、内带扣、外带扣、环扣和两个拉环等零部件构成。消防安全腰带的设计负荷为 1.33 kN,其质量不超过 0.85 kg。消防安全腰带的织带为一整根,无接缝,其宽度为 70 mm±1 mm。

1—内带扣；2—环扣；3—织带；4,5—拉环；6—外带扣。

图 3-4-2　消防安全腰带

2. 消防安全吊带

消防安全吊带是一种围于躯干的带有必要金属零件的织带,用于承受人体重量以保护其安全。消防安全吊带的腰部前方或胸剑骨部位至少有一个承载连接部件,其承重织带宽度不小于 40 mm 且不大于 70 mm。

（1）Ⅰ型消防安全吊带(图 3-4-3)

设计负荷为 1.33 kN,固定于腰部、大腿或臀部以下部位,适用于紧急逃生。Ⅰ型消防安全吊带由腰部织带、腿带、腰带带扣、织带拉环等零部件构成,为坐式安全吊带。

（2）Ⅱ型消防安全吊带(图 3-4-4)

图 3-4-3　Ⅰ型消防安全吊带

图 3-4-4　Ⅱ型消防安全吊带

设计负荷为 2.67 kN,固定于腰部、大腿或臀部以下部位,适用于救援。Ⅱ型消防安全吊带由织带、腰带带扣、腿带带扣、拉环等零部件构成,为坐式安全吊带。

(3) Ⅲ型消防安全吊带

设计负荷为 2.67 kN,固定于腰部、大腿或臀部以下部位和上身肩部、胸部等部位,适用于救援,可以为分体或连体结构。Ⅲ型消防安全吊带由织带、前部拉环、后背拉环、后背衬垫和带扣等零部件构成,为全身式安全吊带。

消防安全带可调节尺寸大小以适合体型佩戴。消防安全带的织带和缝线由聚酰胺纤维或聚酯纤维等原纤维制成,其织带边缘通过热封或其他措施来防止织带松脱,其缝线与织带相匹配,缝合接口及缝合末端回缝不少于 13 mm,线路、针迹顺直、整齐,无明显弯曲或堆砌,无跳针、开线、断线。消防安全带的拉环不允许焊接;带扣应使安全带长度调节方便,佩戴快速,且无松脱、滑落现象,其边角半径不小于 6 mm。带扣和拉环无棱角、毛刺、无裂纹、明显压痕和划伤等缺陷。其边缘呈弧形。消防安全带的零部件安装端正,整带平直、整洁,无污油渍、缺损及其他有损外观的缺陷。

(二) 主要技术性能

1. 静负荷性能

消防安全带整带静负荷性能见表 3-4-1。

表 3-4-1　消防安全带整带静负荷性能

单位:kN

| 名称 | 正立方向静负荷性能 | 倒立方向静负荷性能 | 水平方向静负荷性能 |
| --- | --- | --- | --- |
| 消防安全腰带 | 13 | / | 10 |
| Ⅰ型消防安全吊带 | 22 | / | / |
| Ⅱ型消防安全吊带 | 22 | / | 10 |
| Ⅲ型消防安全吊带 | 22 | 10 | 10 |

2. 抗冲击性能

136 kg 冲击物,冲击距离 1 m(用钢丝绳牵引正立放置冲击一次,倒立放置冲击一次)。试验时,安全带不从人体模型上松脱,且不出现影响其安全性能的明显损伤。

3. 耐高温性能

置于温度为 204 ℃±5 ℃的干燥箱内 5 min,安全带的织带和缝线不出现熔融、焦化现象。

4. 金属零件的耐腐蚀性能

经 48 h 中性盐雾试验后保持原有性能。

(三) 使用与检查

1. 使用方法

(1) 使用消防安全带前必须进行专业的训练,熟练消防安全带操作方法。

(2) 为了保持器材状态良好,须做到专人专用。

(3) 使用前后应检查消防安全带,确认其安全状况,若出现影响强度机能的破损,要立即停止使用。

(4) 依据产品说明书中的检查程序定期对消防安全带进行检查。

（5）若消防安全带未能通过检查或其安全性出现问题,应更换并将旧带报废。

（6）不能将消防安全带曝露于明火或高温环境。

（7）按产品说明书中的规定进行维护。

（8）产品说明书与消防安全带分开时,应将其保存并做记录;将消防安全带产品说明书备份,将备份件与消防安全带放在一起。

（9）使用消防安全带应参阅产品说明书,不遵照产品说明书将会造成严重后果。

2. 检查程序与报废准则

每次使用后都应对消防安全带进行检查,检查程序如下:

（1）查织带是否有割口或磨损的地方,是否有变软和变硬的地方,是否褪色以及是否有熔融纤维。

（2）检查缝线是否有磨损和断开,缝合处是否牢固。

（3）检查金属部件有无变形、损坏,是否有锐边。

如出现上述问题,或已发生剧烈冲击、坠落冲击,该消防安全带应报废。消防安全带正常使用寿命为 3 年,但是以下情况会缩短产品寿命:不适当的存放,不适当的使用,作业任务中造成冲击,机械磨损,与酸碱等化学物质接触过,暴露于高温环境。

### 三、消防防坠落辅助装备

消防防坠落辅助设备是与消防安全绳和消防安全吊带、消防安全腰带配套使用的承载部件的统称,包括安全钩、上升器、下降器、抓绳器、便携式固定装置、滑轮装置等。

#### （一）消防安全钩

消防安全钩是消防员高空作业时重要的安全保护装具之一,用于消防安全带与消防安全绳等防坠落装置之间的连接,可与多种装备配合使用。从 20 世纪 50 年代起一直使用的消防安全钩是用直径 14 mm 的低碳钢制作的,开合机构为弹簧舌自动复位式安全钩。这种安全钩体形大,质量重,滑绳时容易脱钩,不安全,逐渐被新的消防安全钩替代。

1. 组成与结构

（1）GX-12 型消防安全钩

GX-12 型消防安全钩（图 3-4-5）为一种自锁式安全钩。开合机构为弹簧舌自动复位式,在锁臂上装有由保险销、压缩弹簧和扳钉等构成的自锁插销。开钩时,用手指提起扳钉,使保险销脱开,向下按锁臂,即打开锁臂。如松开锁臂,在复位弹簧的弹力作用下,锁臂自动复位,而自锁插销通过开合机构的外向弹力使钩口闭合的同时,压缩弹簧将保险销顶紧,将锁臂锁住。

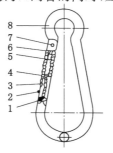

1—保险锁;2—扳钉;3—压缩弹簧;4—锁臂;5—复位弹簧;6—簧舌;7—销钉;8—钩体。

图 3-4-5　GX-12 型消防安全钩

（2）D 型消防安全钩

D 型消防安全钩（图 3-4-6）由钩体、锁臂两部分构成，开合机构为弹簧舌自动复位式，锁臂部分有扭转自锁和螺纹手锁两种保险结构设计，自锁结构锁臂上装有旋转压缩弹簧，锁臂套能够自动复位并锁紧，手锁结构锁臂上有螺纹，旋转锁臂套可打开和锁紧安全钩。

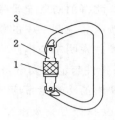

1—锁臂套；2—锁臂；3—钩体。

图 3-4-6　D 型消防安全钩

2. 主要技术性能

（1）开口闭合状态长轴方向破断强度：轻型安全钩不小于 27 kN，通用型安全钩不小于 40 kN。

（2）开口打开状态长轴方向破断强度：轻型安全钩不小于 7 kN，通用型安全钩不小于 11 kN。

（3）短轴方向破断强度：轻型安全钩不小于 7 kN，通用型安全钩不小于 11 kN。

（4）金属零件的耐腐蚀性能：经 48 h 中性盐雾试验后保持原有性能。

3. 使用与维护

（1）使用前，应检查开口动作是否灵活，有无损坏，若有问题，应停止使用。

（2）使用时，安全钩严禁与硬质物品撞击；若安全钩被摔落或经受过冲击负荷，应将其送交生产厂家或专业质检人员/机构进行检查。

（3）使用后，擦拭干净，放置于干燥清洁处备用。长期保存时，应涂上黄油，以免锈蚀；金属件腐蚀或老化时应按厂方使用说明中的要求进行处理。

（4）应依据产品说明书中的检查程序定期对辅助设备进行检查；对安全钩应经常作开闭检查，如发现活动机构障碍，可用轻质油类清洗，并加注少量润滑油。

（5）应按产品说明书中的规定进行维护。

（6）保存产品说明书并做记录，将产品说明书备份，将备份件与安全钩放在一起。

（7）使用安全钩应参阅产品说明书，不遵照产品说明书将会造成严重后果。

（二）其他防坠落辅助装备

1. 组成

其他防坠落辅助装备包括：上升器、抓绳器、下降器、便携式固定装置和滑轮装置。

（1）上升器

上升器（图 3-4-7）是让使用者可沿固定绳索攀爬的摩阻式或机械式装置，主要用于有上升攀登情况的高空救援作业以及提升重物等作业。

（2）抓绳器

抓绳器（图 3-4-8）又称制动器，用于锁紧安全绳，起到将消防员空中定位的作用，或者用于安全绳滑动，发生坠落时自动锁紧。

（3）下降器

下降器（图 3-4-9）是让使用者可沿固定绳索进行可控式下降的摩阻式或机械式装置，适用于逃生

图 3-4-7　上升器

或带人下降、悬空作业等。

图 3-4-8　抓绳器

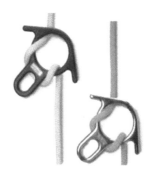

图 3-4-9　下降器

（4）便携式固定装置

便携式固定装置主要包括三脚架、四脚架、A 形架和悬臂等多种型式，其腿脚带有橡胶垫，长度可调节，适用于高空作业和井下作业时的支撑固定。四脚架型式的便携式固定装置如图 3-4-10 所示。

（5）滑轮装置

滑轮装置（图 3-4-11）是改变绳索施力方向和减少拉力的机械装置，适用于高空及井下救援作业。

图 3-4-10　四脚架型式的便携式固定装置

图 3-4-11　滑轮装置

2. 主要技术性能

（1）工作负荷

各种型式的防坠落辅助设备能承受的工作负荷见表 3-4-2。经试验后，设备不出现永久性损伤或明显变形。

表 3-4-2　各种防坠落辅助设备的工作负荷

| 名称 | 性能要求 |
| --- | --- |
| 上升器 | 不小于 5 kN |
| 抓绳器 | 不小于 11 kN |
| 下降器 | 不小于 5 kN |

表 3-4-2(续)

| 名称 | 性能要求 |
|---|---|
| 轻型滑轮 | 不小于 5 kN |
| 通用型滑轮 | 不小于 22 kN |
| 轻型便携式固定装置 | 不小于 5 kN |
| 通用型便携式固定装置 | 不小于 13 kN |

（2）极限负荷

各种型式的防坠落辅助设备能承受的极限负荷见表 3-4-3。经试验后，装置无故障。

表 3-4-3 各种防坠落辅助设备的极限负荷

| 名称 | 性能要求 |
|---|---|
| 轻型下降器 | 不小于 13.5 kN |
| 通用型下降器 | 不小于 22 kN |
| 轻型滑轮装置 | 不小于 22 kN，把手环不小于 12 kN |
| 通用型滑轮装置 | 不小于 36 kN，把手环不小于 19.5 kN |
| 轻型便携式固定装置 | 不小于 22 kN |
| 通用型便携式固定装置 | 不小于 36 kN |

（3）金属零件的耐腐蚀性能

经 48 h 中性盐雾试验后应保持原有性能。

3. 使用与维护

（1）使用防坠落辅助设备前必须进行专业的训练，熟练操作程序。

（2）为了保证防坠落辅助设备安全使用，应做到专人负责。

（3）使用前后应检查防坠落辅助设备，确认其安全状况，若出现影响强度机能的破损，要立即停止使用。

（4）应依据产品说明书中的检查程序定期对防坠落辅助设备进行检查。

（5）若防坠落辅助设备未能通过检查或其安全性出现问题，应更换防坠落辅助设备并将旧件报废。

（6）使用时，防坠落辅助设备严禁与硬质物品撞击。

（7）当防坠落辅助设备的金属件腐蚀或老化时应按厂方使用说明中的要求进行处理。

（8）若防坠落辅助设备曾被摔落或经受过冲击负荷，应将其送交生产厂家或专业质检人员/机构进行检查。

（9）不应将防坠落辅助设备中的柔性部件暴露于明火或高温环境中。

（10）应按产品说明书中的规定进行维护。

（11）产品说明书与防坠落辅助设备分开时，应将其保存并做记录，将产品说明书备份，将备份件与防坠落辅助设备放在一起。

（12）使用防坠落辅助设备应参阅产品说明书，不遵照产品说明书将会造成严重后果。

# 第五节　其他防护装备

## 一、消防员防护头盔

消防员防护头盔是用于保护消防员头部、颈部以及面部的防护装具。我国生产、使用的消防头盔经历了原用型、改进型、84-1 型以及新型消防头盔四个发展阶段。20 世纪 50 年代，主要使用的是原用型消防头盔。这种消防头盔采用玻璃钢帽壳，由六片三块人造革缝制成帽托，用铆钉与帽壳铆合；70 年代末，对原用型消防头盔进行了改进，改用聚乙烯注塑成型的四条双层帽托，仍用铆钉与玻璃钢帽壳铆合，并配有有机玻璃面罩和披肩；80 年代中期，研制出 84-1 型消防头盔，头盔采用改性聚碳酸酯帽壳，帽托由五条双层锦纶织带及高压聚乙烯帽箍构成，用四只高压聚乙烯注塑成型的插脚与帽壳插接，配有面罩和披肩。新标准《消防头盔》(XF 44—2015)颁布实施后，涌现出了多种新型消防头盔。

根据消防作业的不同性质，对防护头盔的性能也提出不同的要求，品种随之增多，专业性也更强。从我国消防救援队伍配备情况看，除消防头盔外，还有抢险救援头盔，并且选配了阻燃头套和消防护目镜等头面部防护装具。

消防员防护头盔正在向提高综合防护功能方向发展。国外已研制成功综合防护功能头盔，这种新型头盔与呼吸器面罩结合为一体，并装有热像仪、组合通信系统、照明系统和有毒有害气体检测装置，不仅具有头部保护功能，而且具有呼吸保护、烟雾环境中可视、通信联络和有毒有害气体自动检测等综合防护功能，大大提高了使用者的安全性。

（一）消防头盔

消防头盔主要适用于消防员在火灾现场作业时佩戴，对消防员头、颈部进行保护，除了能防热辐射、燃烧火焰、电击、侧面挤压外，最主要的是防止坠落物的冲击和穿透。其技术性能应符合《消防头盔》(XF 44—2015)标准规定的要求。

1. 组成与结构

消防头盔由帽壳、缓冲层、舒适衬垫、佩戴装置、面罩、披肩等组成，根据需要可安装附件。

（1）帽壳

帽壳材料和结构应符合以下要求：

① 采用质地坚韧，具有阻燃、防水、绝缘、耐热、耐寒、耐冲击、耐热辐射性能的材料制成；

② 帽顶可制成无筋或有筋的加强结构；

③ 帽壳内表面不应有高度超出 2 mm 且宽度小于 2 mm 的突出物及尖锐物体；

④ 帽壳外表面不应有高度超过 5 mm 的外部突出物，但不包括帽壳外翻转的面罩、帽箍调节装置和安装在头盔外部的附件。

（2）缓冲层

缓冲层材料和结构应符合以下要求：

① 采用能吸收冲击能量，对人体无毒、无刺激性的材料制成；

② 形状、规格尺寸适体，佩戴不移位；

③ 厚度均匀并覆盖头盔最小保护范围。

（3）舒适衬垫

舒适衬垫材料和结构应符合以下要求：

① 使用体感舒适、吸汗、透气，对人体无毒、无刺激性的材料制成；

② 保证头盔佩戴的舒适性。

（4）佩戴装置

佩戴装置材料和结构应符合以下要求：

① 帽箍、帽托和下颚带应采用体感舒适，对人体无毒、无刺激性的材料制成；

② 下颚带的宽度不应小于 20 mm；

③ 下颚带应能灵活方便地调节长短，保证佩戴头盔牢靠舒适，解脱方便；

④ 帽箍应能在 525～597 mm 的头围尺寸范围内灵活方便地调节大小；

⑤ 帽箍对应前额的区域应有吸汗性织物或增加吸汗带，吸汗带宽度不应小于帽箍的宽度；

⑥ 在施加负载的情况下，能用一只手解开佩戴装置。

（5）面罩

面罩材料和结构应符合以下要求：

① 采用透光、耐冲击、耐热和耐刮擦的材料制成；

② 无色透明或浅色透明；

③ 面罩伸缩或翻转应灵活，开合过程应能随意保持定位。

（6）披肩

披肩材料和结构应符合以下要求：

① 披肩为装卸式，采用具有阻燃、耐热和防水性能的纤维织物制成；

② 披肩的缝制线路应顺直、整齐、平服、牢固、松紧适宜，明暗线每 3 cm 不应小于 12 针，包缝线每 3 cm 不应小于 9 针；

③ 披肩脱卸应方便简捷。

2. 型号与规格

消防头盔的型号与规格如下。

（1）型号

消防头盔的型号编制方法如图 3-5-1 所示：

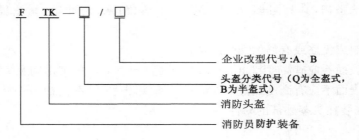

图 3-5-1　消防头盔的型号编制

示例：FTK-Q/A 表示全盔式消防头盔，企业改型代号为 A。

（2）规格

① 帽壳尺寸：分大、小号两种。

② 帽箍尺寸：调节范围小号为 510～570 mm，大号为 560～640 mm。

③ 下颏带：宽度大于 15 mm，调节范围为 350～500 mm。

3. 主要技术性能

消防头盔的主要技术性能如下。

（1）冲击吸收性能

① 冲击力指标：5 kg 钢锤自 1 m 高度自由下落冲击头盔，头模所受冲击力的最大值不超过 3 780 N。帽壳无碎片脱落，帽托、帽箍与帽壳的连接机构无损坏或断裂。

② 冲击加速度指标：头盔佩戴在总重为 5.2 kg 的坠落装置上自由下落，冲击砧座，头模所受最大冲击加速度不超过表 3-5-1 规定。加速度超过 $200g_n$，其持续时间小于 3 ms；超过 $150g_n$，其持续时间小于 6 ms。

表 3-5-1　头盔冲击加速度性能指标

| 冲击位置 | 最大冲击加速度 |
| --- | --- |
| 帽壳顶部 | $150g_n$ |
| 帽壳前部 | $400g_n$ |
| 帽壳侧部 | $400g_n$ |
| 帽壳后部 | $400g_n$ |

（2）耐穿透性能

3 kg 钢锥自 1 m 高度自由下落冲击头盔，钢锥不能触及头模。

（3）耐燃烧性能

$10 kW/m^2 \pm 1 kW/m^2$ 辐射热通量辐照 60 s，在不移去辐射热源的条件下，用火焰燃烧帽壳 15 s，火源离开帽壳后，帽壳火焰在 5 s 内自熄，并无火焰烧透到帽壳内部的明显迹象。

（4）耐热性能

头盔在 260 ℃±5 ℃ 环境中放置 5 min 后，符合下列要求：

① 帽壳不能触及头模；

② 帽箍调节装置，下颏带锁紧装置、附件和五金件应保持其原有功能；

③ 头盔的任何部件不应被引燃或熔化；

④ 面罩应无明显的变形和损坏。

（5）电绝缘性能

交流电 2 200 V，耐压 1 min，帽壳泄漏电流不超过 3 mA。

（6）侧向刚性

帽壳侧向加压 430 N，帽壳最大变形不超过 40 mm，卸载后残余变形不超过 15 mm，且帽壳无碎片脱落。

（7）下颏带抗拉强度

下颏带受 450 N±5 N 拉力，不发生断裂、连接件脱落及搭扣松脱现象，延伸长度不超过 20 mm。

（8）视野

头盔的左、右水平视野大于 105°。上视野不应小于 7°，下视野不应小于 45°。

（9）质量

全盔式头盔的质量（不包括披肩及附件）不大于 1.8 kg，半盔式头盔的质量（不包括披肩及附件）不大于 1.5 kg。

4. 使用与维护

消防头盔的佩戴方法和维护保养如下：

（1）佩戴方法

① 佩戴前，应检查消防头盔的帽壳、面罩有否裂痕、烧融等损伤；帽箍上的插脚是否插入帽壳的插槽内；披肩是否有炭化、撕破等损伤。如有损伤，应停止使用。

② 佩戴时，首先应根据消防员自身情况调节调幅带，然后装上披肩呈自然垂挂状态。戴帽后，将下颏带搭扣扣紧，然后调节环扣，使下颏带紧贴面部系紧。再调节棘轮，将帽箍系紧，最后拉下面罩。尤其是在灭火战斗中，不要随意推上面罩或卸下披肩，以防面部、颈部烧伤或损伤。消防头盔应轻拿轻放，不能在头盔上坐或站立，避免与坚硬物质相互摩擦、碰撞，以免划伤或损坏帽壳和面罩。

③ 佩戴后，应将各部件清洗、擦净、晾干。清洗帽壳和面罩可用适宜的塑料清洗剂或清洗液，不要使用溶剂、汽油、酒精等有机溶液或酸性物质来清洗。若使用中头盔受到较重的冲击或灼烧，应检查各部件是否损坏。如无损坏，可继续使用，并将头盔各部件恢复于贮存状态。

（2）维护保养

① 消防头盔各部件不要随意拆卸，检查和维修工作必须由经过培训的技术人员来执行，以免影响结构的完整性和各部件的配合精度，使防护性能变差。

② 消防头盔在运输中应轻装轻卸，避免雨淋、受潮、曝晒，避免与油、酸、碱等易燃、腐蚀物品或化学药品混装。

③ 消防头盔应贮存在干燥、通风的仓库中，不得接触高温、明火、强酸和尖锐的坚硬物体，应避免阳光直射。

（二）抢险救援头盔

抢险救援头盔适用于消防员执行抢险救援作业时佩戴。抢险救援头盔一般不考虑耐热性能，而对头盔的冲击吸收性能、耐穿透性、电绝缘性、侧向刚性、下颏带拉伸强度等性能的要求则与消防头盔相同。其技术性能应符合《消防员抢险救援防护服装》（XF 633—2006）标准中相关规定的要求。

1. 组成与结构

抢险救援头盔的结构与消防头盔相似，由帽壳、帽箍、帽托、缓冲层和下颏带等组成，还可选配面罩及披肩等附件。其结构特点包括以下几个方面：

① 顶部设计成无筋或有筋结构，并可设计安装通信、照明等配件的结构。

② 帽箍能灵活方便地调节大小，接触头前额的部分具有透气、吸汗功能，佩戴舒适。

③ 面罩颜色为无色或浅色透明，采用具有一定强度和刚性的耐热材料注塑制成。

④ 披肩为装卸式，采用具有阻燃防水性能的纤维织物缝制而成。

⑤ 下颚带可以灵活方便地调节长短,保证佩戴头盔稳定舒适,解脱方便。

**2. 型号与规格**

抢险救援头盔的型号与规格如下。

(1) 型号

抢险救援头盔的型号编制方法如图 3-5-2 所示:

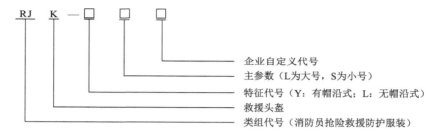

图 3-5-2　抢险救援头盔的型号编制

示例:RJK-YLA 表示 A 型大号有帽檐抢险救援头盔。

(2) 规格

① 帽壳尺寸:分大、小号两种。

② 帽箍尺寸:调节范围小号为 510～570 mm,大号为 560～640 mm。

③ 下颚带:宽度大于 15 mm,调节范围为 350～500 mm。

**3. 主要技术性能**

抢险救援头盔的主要技术性能如下。

(1) 冲击吸收性能

5 kg 钢锤自 1 m 高度自由下落冲击头盔,头模所受冲击力的最大值不大于 3 780 N。

(2) 耐穿透性能

3 kg 钢锥自 1 m 高度自由下落冲击头盔,钢锥不能触及头模。

(3) 阻燃性能

火焰燃烧帽壳 15 s,火源离开帽壳后,帽壳火焰在 5 s 内自熄。

(4) 热稳定性能

在温度为 180 ℃±5 ℃条件下,5 min 后,救援头盔边沿无明显变形;硬质附件须保持功能完好;反光材料表面无炭化、脱落现象。

(5) 电绝缘性能

交流电 2 200 V,耐压 1 min,帽壳泄漏电流不大于 3 mA。

(6) 侧向刚性

帽壳侧向加压 430 N,帽壳最大变形不超过 40 mm,卸载后变形不大于 15 mm。

(7) 下颚带抗拉强度

下颚带受 450 N±5 N 拉力,不发生断裂、滑脱,延伸长度不大于 20 mm。

(8) 质量

救援头盔的质量(不包括面罩和披肩等附件)不大于 800 g。

**4. 使用与维护**

抢险救援头盔的使用与维护的主要要求与消防头盔相同。

## 二、消防员防护手套

消防员防护手套是用于消防员手部保护的防护装备。按防护要求其可分为消防手套、消防救援手套、消防防化手套和消防耐高温手套。其中,消防手套除了符合阻燃和人类工效学的要求外,按其他性能的最低要求,分为 1、2、3 类。3 类的性能等级最高,2 类次之,1 类相对 2 类减少了防水性能的要求。消防救援手套、防化手套和耐高温手套没有性能等级的分类。

### (一)消防手套

消防手套适用于消防员在一般灭火作业时穿戴,不适合在高风险场合下进行特殊消防作业时使用,也不适用于化学、生物、电气以及电磁、核辐射等危险场所。消防手套执行《消防手套》(XF 7—2004)标准。

消防手套主要是针对消防员在火场作业时,为抵御明火、热辐射、水浸、一般化学品和机械伤害而设计的。手套的面料必须是阻燃的,同时能够抵御一般的机械伤害;手套整体应具有防水性能,使消防员手部能够动作灵活、舒适;手套各层材料的组合,应具有一定的热防护能力。

**1. 组成与结构**

消防手套为分指式,除手套本体外,允许有袖筒。消防手套由外层、防水层、隔热层和衬里等四层材料组合制成。当消防员穿戴手套进行火场灭火作业时,作为手套第一层的外层耐高温阻燃面料首先对热辐射进行初步的抵御,同时高强度的面料又能起到耐磨、耐撕破、抗切割和抗刺穿的作用,保护内层结构免受破坏;第二层为防水层,在一定程度上阻止周围环境中的水或化学液体向内层转移渗透;第三层为隔热层,主要隔绝大部分的热量,防止高温热量对手部皮肤的烧伤;第四层为衬里,既阻燃又吸汗,可提高穿戴者的舒适度。这四层材料组合共同作用,为消防员提供手部保护。

**2. 规格**

消防手套规格至少为 6 种。现不规定标准尺码,由制造商自行确定,但制造商需向最终用户说明如何使用手长和手的周长来确定使用哪个尺码的消防手套。

**3. 主要技术性能**

(1)阻燃性能

手套和袖筒外层材料和隔热层材料的损毁长度不大于 100 mm,续燃时间和阴燃时间均不大于 2.0 s,且无熔融、滴落现象;衬里材料也无熔融、滴落现象。

(2)整体热防护性能

① 手套本体组合材料热防护能力(TPP 值)符合表 3-5-2 的规定。

表 3-5-2　消防手套整体热防护性能

| 类　别 | TPP 值/(cal/cm²) |
|---|---|
| 3 | ≥35.0 |
| 2 | ≥28.0 |
| 1 | ≥20.0 |

② 手套袖筒部分组合材料热防护能力(TPP 值)不小于 20.0 cal/cm²。

（3）耐热性能

整个手套和衬里在表 3-5-3 规定的试验温度下保持 5 min，手套表面无明显变化，且无熔融、脱离和燃烧现象，其收缩率符合表 3-5-3 的规定。

表 3-5-3　消防手套耐热性能

| 类　别 | 试验温度/℃ | 收缩率/％ |
|---|---|---|
| 3 | 260 | ≤8 |
| 2 | 180 | ≤5 |
| 1 | 180 | ≤5 |

（4）耐磨性能

手套本体掌心面和背面外层材料用粒度为 100 目的砂纸，在 9 kPa 压力下，按表 3-5-4 规定的次数循环摩擦后，不被磨穿。

表 3-5-4　消防手套耐磨性能

| 类　别 | 循环磨擦次数 |
|---|---|
| 3 | ≥8 000 |
| 2 | ≥2 000 |
| 1 | ≥2 000 |

（5）耐切割性能

手套本体掌心面和背面外层材料的最小割破力符合表 3-5-5 的规定。

表 3-5-5　消防手套耐切割性能

| 类　别 | 割破力/N |
|---|---|
| 3 | ≥4.0 |
| 2 | ≥2.0 |
| 1 | ≥2.0 |

（6）耐撕破性能

手套本体掌心面和背面外层材料的撕破强力符合表 3-5-6 的规定。

表 3-5-6　消防手套耐撕破性能

| 类　别 | 撕破强力/N |
|---|---|
| 3 | ≥100 |
| 2 | ≥50 |
| 1 | ≥50 |

（7）耐机械刺穿性能

手套本体掌心面和背面外层材料的刺穿力符合表 3-5-7 的规定。

表 3-5-7　消防手套耐机械刺穿性能

| 类　别 | 刺穿力/N |
| --- | --- |
| 3 | ≥120 |
| 2 | ≥60 |
| 1 | ≥60 |

（8）防水性能

手套防水层和其线缝在静水压 7 kPa 下保持 5 min 后，符合表 3-5-8 的规定。

表 3-5-8　消防手套防水性能

| 类　别 | 性　　能 |
| --- | --- |
| 3 | 不出现水滴 |
| 2 | 不出现水滴 |
| 1 | 无要求 |

（9）防化性能

手套防水层和其线缝对温度 20 ℃条件下的 40％氢氧化钠、36％盐酸、37％硫酸、50％甲苯和 50％异辛烷($V/V$)等化学液体具有一定的阻隔作用，其性能应符合表 3-5-9 的规定。

表 3-5-9　消防手套防化性能

| 类　别 | 性　　能 |
| --- | --- |
| 3 | 1 h 内应无渗漏 |
| 2 | 无要求 |
| 1 | 无要求 |

（10）整体防水性能

各类手套均具有一定的防水性，在水中应无渗漏。

（11）灵巧性能

30 s 内 3 次拾取不锈钢棒的直径不小于表 3-5-10 中性能等级 1 级的规定。

表 3-5-10　消防手套灵巧性能

| 性能等级 | 钢棒直径/mm |
| --- | --- |
| 1 | 11.0 |
| 2 | 9.5 |
| 3 | 8.0 |
| 4 | 6.5 |
| 5 | 5.0 |

（12）握紧性能

戴上手套与未戴手套的拉重力比不小于80％。

（13）穿戴性能

手套的穿戴时间不超过25 s。

4．使用与维护

消防手套使用与维护方法如下。

① 消防手套可水洗，使用中性洗涤剂，洗涤后晾干或用烘干机烘干。若采用烘干，烘干温度不宜超过60 ℃。

② 如果消防手套因磨损、撕破、烧毁或化学侵蚀等，其原结构遭到破坏，应使用原制造商提供的专用面料和耐高温缝纫线进行修补，不得任意使用其他未经检验的面料，以免发生危险。

③ 消防手套应放置于通风干燥的室内，尽量避免长时间暴晒，严禁与化学危险品共同存放。整箱存放时，纸箱应放置于木板或货架上，以防地面潮湿。

（二）消防救援手套

消防救援手套是消防员在抢险救援作业时用于对手和腕部提供保护的专用防护手套，不适合在灭火作业时使用，也不适用于化学、生物、电气以及电磁、核辐射等危险场所。消防救援手套执行《消防员抢险救援防护服装》（XF 633—2006）标准中相关规定的要求。

1．组成与结构

消防救援手套为五指分离式，允许有袖筒。消防救援手套由外层、防水层和舒适层等多层织物材料复合而成。这些材料可以是连续的或拼接的单层，也可以是连续的或拼接的多层。并且为了增强外层材料的耐磨性能，可以在掌心、手指及手背部位缝制上一层皮革。

2．型号与规格

消防救援手套的型号与规格如下。

（1）型号

消防救援手套的型号编制方法如图3-5-3所示。

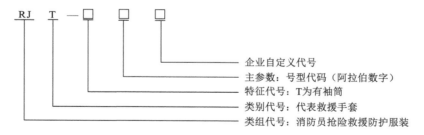

图3-5-3 消防救援手套的型号编制

示例：RJT-T1A 表示 A 型 1 号有袖筒消防救援防护手套。

生产厂商在消防救援手套的产品说明书中对其型号代码所代表的具体号型和规格予以说明。

（2）规格

消防救援手套的号型和主要规格按《皮制手套号型》（QB/T 1583—2005）和《日用皮手

套》(QB/T 1584—2018)规定进行设计制作。

3. 主要技术性能

消防救援手套的主要技术性能如下。

（1）阻燃性能

手套和袖筒外层材料的损毁长度不大于 100 mm，续燃时间不大于 2.0 s，且无熔融、滴落现象。

（2）耐热性能

整个手套和舒适层在 180 ℃±5 ℃温度下保持 5 min，其表面无明显变化，且无熔融、剥离和熔滴现象，其在长度和宽度方向上的收缩率不大于 5%。

（3）耐磨性能

手套本体掌心面组合材料用粒度为 100 目的砂纸，在 9 kPa 压力下，经 8 000 次循环摩擦后，不被磨穿。

（4）抗切割性能

手套本体和袖筒外层材料的最小割破力不小于 4 N。

（5）耐撕破性能

手套本体掌心面和背面外层材料的撕破强力不小于 50 N。

（6）抗机械刺穿性能

手套本体组合材料的抗刺穿力不小于 45 N。

（7）整体防水性能

手套应具有一定的防水性，在水中无渗漏。

（8）灵巧性能

手套的徒手控制百分比不大于 200%。

（9）握紧性能

戴上手套与未戴手套的拉重力比不小于 80%。

（10）穿戴性能

手套的穿戴时间不超过 25 s。

4. 使用与维护

消防救援手套的使用与维护可参照消防手套的要求进行。

（三）消防防化手套

消防防化手套适用于消防员在处置化学品事故时穿戴，而并不适合在高温场合、处理尖硬物品作业时使用，也不适用于电气、电磁以及核辐射等危险场所。

1. 组成与结构

消防防化手套可以是分指式也可以是连指式，结构有单层、双层和多层复合，材料一般有橡胶（如氯丁胶、丁腈胶等）、乳胶、聚氨酯、塑料（如 PVC、PVA）等。双层结构的手套一般以针织棉毛布为衬里，外表面涂覆聚氯乙烯，或以针织布、帆布为基础，上面涂敷 PVC 制成，这类手套称为浸塑手套。另外，还有手套以全棉针织为内衬，外覆氯丁橡胶或丁腈橡胶涂层制成。多层复合结构的手套由多层平膜叠压而成，具有广泛的抗化学品特性。当消防员穿戴手套在事故现场处置化学品时，手套表面材料阻止化学气体或化学液体向手部皮肤渗透，使消防员免受化学品的烧伤、灼伤，为消防员提供手部保护。

**2. 主要技术性能**

消防防化手套的主要技术性能如下。

（1）耐磨性能

手套组合材料经用粒度为 100 目的砂纸,在 9 kPa 压力下,2 000 次循环摩擦后,不被磨穿。

（2）耐撕破性能

手套组合材料的撕破强力不小于 30 N。

（3）抗机械刺穿性能

手套组合材料的抗刺穿力不小于 22 N。

（4）手套面料和接缝部位抗化学品渗透时间:不小于 60 min。

（5）耐热老化性能:经 125 ℃下放置 24 h 后,不粘不脆。

（6）耐寒性:在 −25 ℃±1 ℃温度下冷冻 5 min 后,无裂纹。

（7）灵巧性能:30 s 内能 3 次拾取直径 11 mm、长 40 mm 不锈钢棒。

（8）其他一般耐酸碱手套物理机械性能要求如表 3-5-11 所示。

**表 3-5-11　耐酸碱手套物理机械性能**

| 项目 | | 指标 | | | |
|---|---|---|---|---|---|
| | | 橡胶 | 乳胶 | 塑料 | |
| 扯断强度/MPa | | ≥17.6 | ≥19.6 | ≥8.5 | |
| 扯断伸长率/% | | ≥650 | ≥700 | ≥440 | |
| 扯断永久变形/% | | ≤30 | ≤12 | / | |
| 酸处理后性能（处理条件:68%硫酸 70 ℃,10 h） | 扯断强度/MPa | ≥14 | ≥17.6 | （处理条件:40%硫酸 23 ℃,24 h） | ≥7 |
| | 扯断伸长率/% | ≥520 | ≥650 | | ≥400 |
| 碱处理后性能（处理条件:40%氢氧化钠 70 ℃,10 h） | 扯断强度/MPa | ≥14 | ≥17.6 | （处理条件:35%氢氧化钠 23 ℃,24 h） | ≥7 |
| | 扯断伸长率/% | ≥520 | ≥650 | | ≥400 |

**3. 使用与维护**

消防防化手套使用与维护方法如下:

（1）由于所遇到化学品的多样性,防止受其伤害是一个特别复杂的问题,酸、碱、盐、醇、酮、酯、消毒剂、碳氢化合物、溶剂、油类等具有不同的化学特性,为防止受如此多样的化学品的伤害,手套所需的特性也不同。具体见表 3-5-12。因此,应在明确防护对象后,再进行选择,不可乱用,以免发生意外。

（2）耐酸碱手套使用前应仔细检查,观察其表面是否有破损。简单的检查方法是向手套内吹气,用手捏紧手套口,观察是否漏气,如果有漏气则不能使用。

（3）橡胶、塑料等材质手套用后应冲洗干净、晾干,保存时避免高温,并在手套上撒上滑石粉以防粘连。

（4）接触强氧化酸如硝酸、铬酸等,因强氧化作用会造成耐酸碱手套发脆、变色、早期损坏。高浓度的强氧化酸甚至会引起烧损，应注意观察。

（5）乳胶手套只适用于弱酸、浓度不高的硫酸、盐酸和各种盐类，不得接触强氧化酸（硝酸等）。

表 3-5-12　化学防护手套防化性能

| 分类 | 材质 | PVC 厚手套 | 天然橡胶 | 氯丁橡胶 | 聚氨酯 | 丁腈橡胶 | 氯磺化聚乙烯 | PVA |
|---|---|---|---|---|---|---|---|---|
| | 品名 | 747 | | 850/950 | U-1500 | 275 | H-37/H-65 | 554 |
| 酸类 | 氢氟酸 | × | × | × | × | × | ● | × |
| | 王水 | × | × | × | × | × | ● | × |
| | 盐酸 30% | ● | ▲ | ● | × | ○ | ● | × |
| 酸类 | 硝酸 20% | ● | ○ | ● | × | ○ | ● | × |
| | 硝酸 40% | ● | × | ● | × | ▲ | ● | × |
| | 硫酸 15% | ● | ○ | ● | ● | ○ | ● | × |
| | 硫酸 80% | ○ | × | ○ | × | ▲ | ● | × |
| | 二氧化铬 20% | ● | ○ | ● | × | ▲ | ● | × |
| | 醋酸 20% | ● | ○ | ● | ○ | ● | ● | × |
| 盐类 | 氯化镁 20% | ● | ● | ● | ● | ● | ● | × |
| | 碳酸铵 | ● | ● | ● | ● | ● | ● | ● |
| | 醋酸钙 | ● | ● | ● | ● | ● | ● | ● |
| | 氯化钙 | ● | ● | ● | ● | ● | ● | ○ |
| 碱类 | 氨水 28% | ● | ● | ● | ● | ● | ● | × |
| | 氢氧化钠 20% | ● | ○ | ● | ● | ● | ● | × |
| 醇类 | 甲醇 | × | ● | ● | ● | ● | ● | × |
| | 丙三醇（甘油） | ● | ● | ● | ● | ● | ● | ▲ |
| 酯类 | 醋酸乙酯 | × | ▲ | ▲ | ○ | × | × | ○ |
| | 醋酸戊酯 | × | × | ○ | ● | × | × | ○ |
| 酮类 | 丙酮 | × | ○ | ○ | ▲ | × | × | ▲ |
| | 丁酮 | × | ○ | ○ | ▲ | × | × | ▲ |
| 碳氢化合物 | A 重油 | ● | × | ○ | ● | ● | | ● |
| | 机油 | ● | × | ● | ● | ● | ○ | ● |
| | 苯 | × | × | × | ○ | ▲ | × | ● |
| | 甲苯 | × | × | ▲ | ● | ▲ | × | ● |
| | 二甲苯 | × | × | ▲ | ● | ▲ | × | ● |
| | 汽油 | × | × | ▲ | ● | ● | ○ | ● |
| | 煤油 | ○ | × | ○ | ● | ● | ● | ● |
| | 轻油 | ○ | × | ○ | ● | ● | ○ | ● |
| | ASTM№3 油 | ○ | × | ○ | ● | ○ | ● | ● |

表 3-5-12（续）

| 分类 | 材质 | PVC 厚手套 | 天然橡胶 | 氯丁橡胶 | 聚氨酯 | 丁腈橡胶 | 氯磺化聚乙烯 | PVA |
|---|---|---|---|---|---|---|---|---|
| | 品名 | 747 | | 850/950 | U-1500 | 275 | H-37/H-65 | 554 |
| 其他 | 四氯化碳 | × | × | × | ● | ○ | × | ● |
| | 三氯乙烯 | × | × | × | ○ | ▲ | × | ● |
| | 甲酚 | × | × | ○ | × | ▲ | ▲ | ▲ |
| | 乙醛 40% | ○ | ○ | ○ | ○ | ▲ | ▲ | × |
| | 硝基（代）苯 | × | × | × | × | × | × | ● |
| | ABS 洗剂 | ● | ● | ● | ● | ● | ● | × |
| | 清洁溶剂 | × | × | ▲ | ● | ○ | × | × |
| | 喷漆稀释剂 | × | × | × | ▲ | ▲ | × | ○ |
| 其他 | 涂料稀释剂 | × | × | × | ○ | ▲ | × | ● |
| | 农药 | ● | ○ | ● | ● | ● | ● | × |
| | 胶印油墨 | ● | × | ● | ● | ● | ● | ● |

注："●"表示完全或无异常；"○"表示有若干影响，使用无问题；"▲"表示根据条件可使用；"×"表示不适合使用。

（四）消防耐高温手套

消防耐高温手套适用于消防员在火灾、事故现场处理高温及坚硬物件时穿戴，不适用于化学、生物、电气以及电磁、核辐射等危险场所。

1. 组成与结构

消防耐高温手套可以是分指式也可以是连指式，一般为双层或三层结构，外层为耐高温阻燃面料，内衬里为全棉布。有些手套的表面喷涂上金属，既耐高温阻燃又能反射辐射热，也有的手套外层采用高强度耐高温、耐切割材料制成。当消防员穿戴手套处理高温、灼热物品时，手套外层耐高温阻燃材料隔绝大部分的热量，防止高温热量向内传递而引起手部皮肤的烧伤，同时高强度的面料能够抵御尖锐物品的切割；内层全棉衬里，起到吸汗的作用，可提高穿戴者的舒适度。这些材料的组合，共同抵御高温的伤害，为消防员提供手部防护。

2. 主要技术性能

消防耐高温手套的主要技术性能如下。

（1）阻燃性能

手套组合材料的损毁长度不大于 100 mm，续燃时间不大于 2.0 s，且无熔融、滴落现象；衬里材料也无熔融、滴落现象。

（2）整体热防护性能

手套组合材料热防护能力（TPP 值）不小于 40.0 cal/cm²。

（3）耐热性能

整个手套和衬里在 260 ℃±2 ℃温度下保持 5 min，其表面应无明显变化，且不应有熔融、脱离和燃烧现象，其在长度和宽度方向上的收缩率不大于 5%。

（4）耐磨性能

手套掌心面组合材料用粒度为 100 目的砂纸，在 9 kPa 压力下，经 8 000 次循环摩擦后，不被磨穿。

（5）耐切割性能

手套外层材料的最小割破力不小于 4 N。

3. 使用与维护

消防耐高温手套的使用与维护可参照消防手套的要求进行。

**三、消防员防护靴**

消防员防护靴是消防员进行消防作业时用于保护脚部和小腿部免受伤害的防护装备。消防员防护靴的种类大致可分为消防员灭火防护靴、消防员抢险救援防护靴、消防员化学防护靴三种，并且正在研制一种具有防生化功能的化学防护靴，可在含有生化毒剂、危险化学品和腐蚀性物质事故现场以及在发生生化恐怖袭击等现场穿着使用。

（一）消防员灭火防护靴

消防员灭火防护靴是消防员在灭火作业时用来保护脚部和小腿部免受水浸、外力损伤和热辐射等因素伤害的防护装备。根据材质的不同，消防员灭火防护靴分为消防员灭火防护胶靴和消防员灭火防护皮靴两种。

1. 消防员灭火防护胶靴

消防员灭火防护胶靴有两种：GX-A 型和 RJX-××型。其中，GX-A 型消防员灭火防护胶靴执行的《消防胶靴》（GA 6—1991）标准，已于 2004 年 10 月废止。RJX-××型消防员灭火防护胶靴执行《消防员灭火防护靴》（XF 6—2004）标准，该靴结构设计合理，具有防砸、防割、防刺穿、阻燃、隔热、耐电压、耐油、防滑、耐酸碱等功能，综合防护功能优异。

消防员灭火防护胶靴适用于一般火场、事故现场进行灭火救援作业时穿着，但不能用于有强腐蚀性液体、气体存在的化学事故现场，有强渗透性军用毒剂、生物病毒存在的事故现场，带电的事故现场等。

（1）组成与结构

消防员灭火防护胶靴（图 3-5-4）采用多层结构设计，主体颜色为黑色，配以黄色的围条、沿条等。

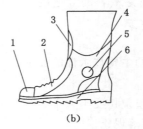

(a)　　　　　　　　　　(b)

1—靴头；2—靴面；3—胫骨防护垫；4—靴筒；5—踝骨防护垫；6—靴底。

图 3-5-4　RJX-××型消防员灭火防护胶靴

（a）消防员灭火防护胶靴；（b）消防员灭火防护胶靴结构简图

为增加靴头的防砸性能，靴头内设置有钢包头层，在钢包头层上下两侧设置防护外层、舒适层、衬里层等。

为提高靴底的防刺穿性、绝缘性以及隔热性，靴底设置有钢中底层，并在钢中底层上下两侧设置绝缘层、舒适层和衬里层等,同时为增加靴底的防滑性,外底采用防滑设计。

（2）型号与规格

消防员灭火防护胶靴型号编制方法如图 3-5-5 所示。

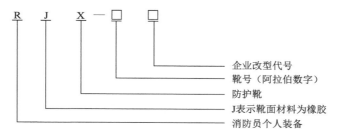

图 3-5-5　RJX-×× 型消防员灭火防护胶靴型号编制

示例:RJX-25A 表示靴号为 25 号的 A 型消防员灭火防护胶靴。

规格:消防员灭火防护胶靴尺寸按《中国鞋楦系列》(GB/T 3293—2017)中成年男子鞋号的规定执行。

（3）主要技术性能

消防员灭火防护胶靴的主要技术性能如下。

① 质量

每双不大于 3 kg。

② 耐油性能

$1^{\#}$ 标准油中浸泡 24 h,体积变化在 −2%～10% 范围内。

③ 耐酸碱性能

在酸碱溶液中浸泡 70 h±2 h 后,物理机械性能无显著变化。

④ 防砸性能

靴头分别经 10.78 kN 静压力试验和冲击锤质量为 23 kg、落下高度为 300 mm 的冲击试验后,其间隙高度均不小于 15 mm。

⑤ 抗刺穿性能

靴底的抗刺穿力不小于 1 100 N。

⑥ 抗切割性能

经总质量为 800 g 的刀头切割后不被割穿。

⑦ 电绝缘性能

击穿电压不小于 5 000 V,且泄漏电流小于 3 mA。

⑧ 隔热性能

加热 30 min 后,靴底内表面的温升不大于 22 ℃。

⑨ 抗热辐射渗透性能

经 10 kW/m²±1 kW/m² 辐射热通量辐照 1 min 后,靴面内表面温升不大于 22 ℃。

⑩ 防水性能

无渗水现象。

⑪ 防滑性能

始滑角不小于 15°。

⑫ 阻燃性能

材料试样阻燃性能达到 GB/T 13488 中 FV-1 级。

（4）使用与维护

消防灭火防护胶靴使用与维护方法如下：

① 消防员穿着时应了解消防员灭火防护胶靴的主要性能及适用范围。

② 穿着前应检查消防员灭火防护胶靴是否完好，例如：靴面是否有破损、靴底是否有被刺穿的痕迹等。

③ 使用中应尽量避免消防员灭火防护胶靴与火焰、熔融物以及尖锐物等直接接触，防止损坏。

④ 每次穿着后应用清水冲洗，洗净后放在阴凉、通风处晾干，不允许直接日晒。

⑤ 严禁在带电场所、有浓酸和浓碱等强烈腐蚀性化学品存在的场所使用。

⑥ 消防员灭火防护胶靴应储存在温度 −10～+40 ℃、相对湿度小于 75%、通风良好的库房中，存放应距地面和墙壁 200 mm 以上；距离热源不小于 1 m；避免日光直接照射、雨淋及受潮；不能受压及接触腐蚀性化学物质和各种油类；每三个月抽查一次。

2. 消防员灭火防护皮靴

消防员灭火防护皮靴执行《消防员灭火防护靴》（XF 6—2004）标准中有关规定的要求，除靴底为橡胶外，其余部分采用皮革，使得防护靴穿着更轻便、舒适。消防员灭火防护皮靴的适用范围与消防员灭火防护胶靴相同。

（1）组成与结构

RPX-××型消防员灭火防护皮靴（见第一章图 1-2-7）由靴头、靴面、靴筒和靴底组成。外底为阻燃橡胶材料，靴头、靴面、靴筒外层材料为防水皮革。

靴头内设置有钢包头层，靴底设置有钢中底层，结构与消防员灭火防护胶靴相似。

（2）型号与规格

消防员灭火防护皮靴型号编制方法如图 3-5-6 所示。

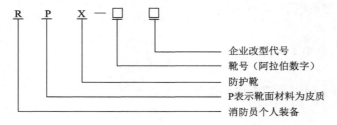

图 3-5-6　RPX-××型消防员灭火防护皮靴型号编制

示例：RPX-26A 表示靴号为 26 号的 A 型消防员灭火防护皮靴。

规格：消防员灭火防护皮靴尺寸，按《中国鞋楦系列》（GB/T 3293—2017）中成年男子鞋号的规定执行。

（3）主要技术性能

除靴面材料无阻燃性能要求外，消防员灭火防护皮靴其他主要防护功能与消防员灭火防护胶靴基本相同，技术指标可参见消防员灭火防护胶靴。

（4）使用与维护

消防员灭火防护胶靴使用与维护方法如下。

① 消防员穿着时应了解消防员灭火防护皮靴的主要性能及适用范围。

② 穿着前应检查消防员灭火防护皮靴是否完好，比如：靴面是否有破损、靴底是否有被刺穿的痕迹等。

③ 使用中应避免消防员灭火防护皮靴与火焰、熔融物以及尖锐物直接接触，防止损坏。

④ 严禁在带电场所、有浓酸和浓碱等强烈腐蚀性化学品存在的场所使用。

⑤ 穿着后应将皮靴放在阴凉、通风处晾干，不允许直接日晒或烘烤。

⑥ 靴面至少每周上一次油，以保证皮革的柔韧和防水性能。

**（二）消防员抢险救援防护靴**

消防员抢险救援防护靴又称救援靴，是消防员在抢险救援作业时用于保护脚部、踝部和小腿部的防护装备，不适用于灭火作业或处置放射性物质、生物物质及危险化学物品作业时穿着，执行《消防员抢险救援防护服装》（XF 633—2006）标准的相关规定。

1. 组成与结构

救援靴（见第一章图 1-2-7）由靴底、靴帮、靴头三部分构成。靴帮材料采用皮革，靴外底材料为橡胶。

靴底由橡胶外底、聚氨酯绝缘层、不锈钢底板、无纺布软底层、海绵层和衬里层等组成。靴底具有阻燃、隔热、耐高温、防滑、抗刺穿、耐电压和耐磨等功能。

靴帮由衬里层、线布层、阻燃防水牛皮层等组成，具有阻燃、耐高温、抗辐射热、保暖、抗切割等功能。并且在靴帮上各块皮革的缝合部位还进行了防水处理。靴帮上可加有防尘网，能有效防止在作业过程中各种液体和杂物溅入靴内。

靴头由衬里层、复合层、钢包头、橡胶衬条、线布层和阻燃防水牛皮层等组成，具有防砸和防切割的功能。

2. 型号与规格

救援靴可分为中帮型和低帮型，其型号编制方法如图 3-5-7 所示：

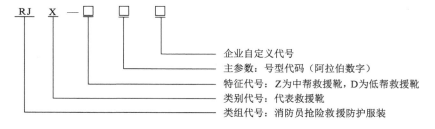

$$\text{RJ}\quad\text{X}\quad-\square\quad\square\quad\square$$

企业自定义代号

主参数：号型代码（阿拉伯数字）

特征代号：Z 为中帮救援靴，D 为低帮救援靴

类别代号：代表救援靴

类组代号：消防员抢险救援防护服装

图 3-5-7　救援靴型号编制

示例：RJX-Z 25 A 表示靴号为 25 号的 A 型中帮救援靴。

救援靴的号型和主要规格按《中国鞋楦系列》（GB/T 3293—2017）中成年男子鞋号的规定执行。

3. 主要技术性能

消防员抢险救援防护靴的主要技术性能如下。

（1）靴帮耐弯折性能

经反复弯折 20 000 次后，无裂纹、松面、掉浆等现象，允许有死折。

（2）靴帮抗切割性能

经抗切割试验后，不被割穿。

（3）靴帮抗刺穿性能

最大刺穿力不小于 45 N。

（4）靴帮抗辐射热渗透性能

经辐射热通量 10 kW/m² ± 1 kW/m² 辐照 1 min 后，内表面温升不大于 22 ℃。

（5）靴头性能

防砸内包头的技术要求符合 HG 3081—1999 中第 3.1.1、3.1.2 条的规定，靴头分别经 10 kN 静压力试验和冲击锤质量为 23 kg、落下高度为 300 mm 的冲击试验后，其间隙度均不小于 15 mm。

（6）靴底抗刺穿性能

靴底与靴跟的抗刺穿力不小于 1 100 N。

（7）防滑性能

救援靴在进行防滑性能试验时，始滑角不小于 15°。

（8）电绝缘性能

救援靴的击穿电压不小于 5 000 V，且泄漏电流小于 3 mA。

（9）阻燃性能

救援靴上各试验点在试验后其损毁长度不大于 100 mm，离火自熄时间不大于 2 s，且无熔融、熔滴或剥离等现象。

（10）热稳定性能

在温度为 180 ℃ ± 5 ℃ 条件下，经 5 min 后，救援靴上任何部件不产生熔滴，所有硬质附件保持性能完好。

（11）隔热性能

在隔热性能试验中被加热 30 min 后，救援靴底内表面的温升不大于 22 ℃。

（12）防水渗透性能

将救援靴浸入注水的容器内，水面距靴口最低点的距离不大于 25 mm，经 4 h 后，靴内无水渗透现象。

（13）金属衬垫耐腐蚀性能

若在救援靴的靴内底中采用金属衬垫，则金属衬垫经腐蚀试验后，试样上无锈斑、锈痕、斑驳、针孔状的斑点等现象发生。

（14）质量

整双救援靴的质量不大于 3 kg。

（15）外观

救援靴的外观质量符合《皮鞋》（QB/T 1002—2015）要求。

4. 使用和维护

消防员抢险救援防护靴使用与维护方法如下：

（1）穿着前，应该先检查其是否有破损。

（2）救援靴不得在灭火作业时，或处置放射性物质、生物物质及危险化学物品作业时穿着。

（3）救援靴受潮后，应放在阴凉通风处晾干，不得用高温烘烤或放在强烈日光下暴晒，沾上污垢后，可干刷或用布擦。

（4）皮质部分应至少每周上油一次，以保持柔软和整体防水性能。

（5）贮存救援靴时，应避免阳光直射、雨淋及受潮，不得与酸碱、油及有腐蚀性物品放在一起。贮存库内要保持干燥通风，存放应距地面和墙壁200 mm以上。

（三）消防员化学防护靴

消防员化学防护靴通常与消防员化学防护服配套使用，适用于消防员在处置一般化学事件时穿着，不适于在灭火和涉及放射性物品、液化气体、低温液体危险物品、爆炸性气体、生化毒剂等事故现场穿着。

1. 组成与结构

消防员化学防护靴（图 3-5-8）由靴头、靴帮、靴底三部分组成。靴头、靴底结构与消防员灭火防护胶靴相似，其中靴头内设置有钢包头层，靴底设置有钢中底层。

1—靴头；2—靴帮；3—靴底。

图 3-5-8　消防员化学防护靴结构简图

2. 主要技术性能

消防员化学防护靴的主要技术性能如下。

（1）耐热老化性能

在125 ℃环境中放置24 h，材料试样均不粘不脆。

（2）耐寒性能

在−25 ℃±1 ℃温度下冷冻5 min后，材料试样无裂纹。

（3）抗化学品渗透性能

材料试样分别与二甲基硫酸盐、氨气、氯气、氰氯化物、羰基氯化物、氢氰化物等化学试剂接触，其平均渗透时间均不低于60 min。

（4）靴底抗刺穿性能

靴底抗刺穿力不低于1 100 N。

（5）抗切割性能

靴面经总质量为800 g的刀头切割后，不被割穿。

（6）电绝缘性能

击穿电压不小于5 000 V，且泄漏电流小于3 mA。

（7）防滑性能

化学防护靴的始滑角不小于15°。

（8）防砸性能

化学防护靴的靴头分别经10.78 kN静压力试验和冲击锤质量为23 kg、落下高度为300 mm的冲击试验后，其间隙高度均不小于15 mm。

3. 使用及维护

（1）消防员穿着时应了解消防员化学防护靴的主要性能及适用范围。

（2）穿着前应该检查消防员化学防护靴是否完好，比如：靴面是否有破损、靴底是否有被刺穿的痕迹等。

（3）禁止在灭火、涉及放射性物品、液化气体、低温液体危险物品、爆炸性气体、生化毒剂等的事故现场使用，并应根据事故现场状况选用更专业的防护靴。

（4）每次穿着后用清水冲洗，洗净后应放在阴凉、通风处晾干，不允许直接日晒。

# 【思考与练习】

1. 假设池火场景为：可燃液体为乙醇，液池为标准圆形液池，半径分别为 5 m、10 m、15 m，在无风条件下，环境温度为 20 ℃，环境气压为 $1.01 \times 10^5$ Pa。乙醇在此条件下的物性参数如题表 1 所示。

题表 1　乙醇物性参数

| 可燃液体 | 密度/(kg/m³) | 沸点/K | 比定压热容/[kJ/(kg·K)] | 燃烧热/(kJ/kg) | 汽化热/(kJ/kg) |
|---|---|---|---|---|---|
| 乙醇 | 789 | 351.4 | 2.38 | 29685 | 954 |

试采用点源法与 Mudan 法计算并绘制目标受到热辐射通量与目标距火源中心距离的关系曲线。

2. 简述热辐射的伤害准则。

3. 试述消防救援相关法律法规包括哪些。

4. 简述消防应急救援装备如何分类。

5. 简述人体呼吸的生理过程。

6. 简述消防员灭火防护服的主要性能指标。

7. 简述消防头盔的主要性能指标。

# 第四章　侦检技术与装备

## 第一节　侦检技术

消防侦检的工作目标为搜寻遇险人员,测定有毒有害物质的种类、扩散范围、浓度,同时测定风向、风速等气象数据,确认可能发生的险情以及可能引发燃烧爆炸的各种危险源,评估事故现场及周边污染情况等。侦检的结果是现场指挥员进行决策的重要依据,在处置各类灾害事故应急救援过程中,现场侦检起决定性作用。

### 一、火场侦检技术

火场侦检技术是指消防员到达火灾现场后,对火场情况进行侦察和检测的方式方法,包括仪器侦检法和人工侦检法。

（一）仪器侦检法

仪器侦检法主要利用各种仪器设备,对火场建筑构件温度及可燃气体(蒸气)进行测量,对浓烟、空心墙体、闷顶及倒塌建筑中被困人员进行搜救。通过侦检,可确定以下内容:

（1）着火点的位置;

（2）可燃气体的种类、浓度及扩散或污染范围;

（3）人员被困情况;

（4）火场建筑构件温度实时变化情况等。

仪器侦检的结果可为灭火战术的制定提供理论数据支撑。

（二）人工侦检法

人工侦检法主要是侦查人员利用除仪器以外的方式方法进行的侦察检测。具体包括以下内容:

（1）看。对于建筑类火灾，主要查看着火建筑内消防设施情况、火焰燃烧和火势蔓延情况、烟雾特征、建筑结构受火势威胁情况等；对于油品类火灾，可通过燃烧时储罐外部干湿分明的界限，判断轻质油品储罐内油位高低情况、可燃液体储罐燃烧情况、周围邻近罐受威胁情况等。通过看到的具体情况，决定采取扑救的措施。

（2）听。主要是听火场中发出的各种声响，如人员的呼救声和反应声，判断人员受困方位及数量；建筑构件坍塌前的断裂声，判断燃烧进入的阶段，会不会发生建筑倒塌事故；可燃液体储罐燃烧发出的响声，判断是否会发生沸溢、喷溅或爆炸。

（3）喊。进入火场中寻找被困人员，除认真观察、倾听呼救外，还应主动呼唤被困人员。进入建筑内部时，要注意搜寻床下、衣橱及卫生间等位置，以便迅速找到被困人员并将其救出。

（4）嗅。在火场外围侦察时，可通过嗅觉来辨别燃烧物质的种类和性质。但在实施内部侦察或有危险化学品的火场侦察时，则不能用嗅的方法。

（5）摸。可通过用手触摸感觉温度的方式，来判断火源隐藏的位置。

（6）叩。使用工具叩击建筑物的墙体，以辨别墙体的性质（不燃的实心墙体或难燃的空心墙体）。对于易燃易爆物质如金属储罐，也可采用不会产生火花的非金属工具叩击罐体的方式，来判定液位的高度。

（7）水枪射流。在不造成水渍损失的情况下，可利用直流水枪射流进行侦察检测。如对可燃液体储罐进行火灾侦检时，可对罐壁实施冷却，通过观察冷却水流在罐壁上的蒸发情况，判定储罐内液位的高度；进入或穿过燃烧区进行火情侦察、灭火、救人或排险前，可先利用直流水枪射流冲击燃烧区建筑构件，检验其强度；在火场视线很差的情况下，如浓烟、夜晚或室内无光线等，可先利用直流水枪射流冲击潜行路线的地面，通过声音判定路面情况，以免发生意外。

**二、化学侦检技术**

在发生化学事故的灾害现场，应当不断监测化学灾害物质的性质和浓度，以便保护抢险救援人员和灾区群众不受伤害。只有掌握灾害物质的性质和浓度，才能确定救援人员的防护水平，也才能够正确确定需要疏散周围群众的范围。救援人员只有熟练掌握侦检技术，科学使用侦检仪器，才能正确确定化学灾害物质的性质和浓度，进而确定防护措施是否正确，评估洗消效果。

化学侦检技术是指消防员到达化学事故现场后，针对空气进行检测，针对人员进行监测的方法和技术。

（一）空气检测

消防救援队进入灾害现场时，首先要对环境空气进行检测，以评估灾害程度和范围。化学事故现场空气检测技术包括感官检测法、动植物检测法和便携式检测仪器侦检法等。

1. 感官检测法

感官检测法是用鼻、眼、口以及皮肤等人体器官感触被检物质的存在，包括察觉危险物质的颜色、气味、状态和刺激性，进而确定危险物质种类的一种方法。感官检测法有以下几种途径。

① 根据盛装危险物品容器的漆色和标识进行判断。盛装危险物品的容器或气瓶一般要求涂有专门的安全色并写有物质名称字样及其字样颜色标识。常见的有毒危险气体气瓶

的漆色和字样颜色如表 4-1-1 所示。

表 4-1-1 常见的有毒危险气体气瓶的漆色和字样颜色

| 序号 | 气瓶名称 | 化学式 | 外表面颜色 | 字样 | 字样颜色 | 色环 |
|---|---|---|---|---|---|---|
| 1 | 氢 | $H_2$ | 深绿 | 氢 | 红 | $P=15$ MPa 不加色环，$P=20$ MPa 黄色环一道，$P=30$ MPa 黄色环二道 |
| 2 | 氧 | $O_2$ | 天蓝 | 氧 | 黑 | $P=15$ MPa 不加色环，$P=20$ MPa 白色环一道，$P=30$ MPa 白色环二道 |
| 3 | 氨 | $NH_3$ | 黄 | 液氨 | 黑 | |
| 4 | 氯 | $Cl_2$ | 草绿 | 液氯 | 黑 | |
| 5 | 空气 | | 黑 | 空气 | 白 | $P=15$ MPa 不加色环，$P=20$ MPa 白色环一道，$P=30$ MPa 白色环两道 |
| 6 | 氮 | $N_2$ | 黑 | 氮 | 黄 | |
| 7 | 硫化氢 | $H_2S$ | 白 | 液化硫化氢 | 红 | |
| 8 | 二氧化碳 | $CO_2$ | 铝白 | 液化二氧化碳 | 黑 | $P=15$ MPa 不加色环，$P=20$ MPa 黑色环一道 |
| 9 | 二氯二氟甲烷 | $CF_2Cl_2$ | 铝白 | 液化氟氯烷-12 | 黑 | |
| 10 | 三氟氯甲烷 | $CF_3Cl$ | 铝白 | 液化氟氯烷-13 | 黑 | $P=12.5$ MPa 草绿色环一道 |
| 11 | 四氟甲烷 | $CF_4$ | 铝白 | 氟氯烷-14 | 黑 | |
| 12 | 二氯氟甲烷 | $CHFCl_2$ | 铝白 | 液化氟氯烷-21 | 黑 | |
| 13 | 二氟氯烷 | $CHF_2Cl$ | 铝白 | 液化氟氯烷-22 | 黑 | |
| 14 | 三氟甲烷 | $CHF_3$ | 铝白 | 液化氟氯烷-23 | 黑 | |
| 15 | 氩 | Ar | 灰 | 氩 | 绿 | $P=15$ MPa 不加色环，$P=20$ MPa 白色环一道，$P=30$ MPa 白色环二道 |
| 16 | 氖 | Ne | 灰 | 氖 | 绿 | |
| 17 | 二氧化硫 | $SO_2$ | 灰 | 液化二氧化硫 | 黑 | |
| 18 | 氟化氢 | HF | 灰 | 液化氟化氢 | 黑 | |
| 19 | 六氟化硫 | $SF_6$ | 灰 | 液化六氟化硫 | 黑 | $P=12.5$ MPa 草绿色环一道 |
| 20 | 煤气 | | 灰 | 煤气 | 红 | $P=15$ MPa 不加色环，$P=20$ MPa 黄色环一道，$P=30$ MPa 黄色环二道 |

② 根据危险物品的物理性质进行判断。危险物品的物理性质包括气味、颜色、沸点等。不同的危险物品，其物理性质不同，在事故现场的表现也有所不同。各种毒物都具有其独特的气味，比如氟化物具有苦杏仁味，氢氟酸可嗅质浓度为 1.0 $\mu$g/L；二氧化硫具有特殊的刺鼻味，含硫基的有机磷农药具有恶臭味，硝基化合物在燃烧时冒黄烟；硫化氢为无色有臭鸡蛋味，浓度达到 1.5 mg/m³ 时就可以嗅出，当浓度为 3 000 mg/m³ 时由于嗅觉神经麻痹，反而嗅不出来。沸点低、挥发性强的物质，如光气和氯化氢等泄漏后迅速气化，在地面无明显的霜状物，光气散发出烂干草味，可嗅质浓度为 4.4 $\mu$g/L，氯化氢为强烈刺激味，可嗅质浓度为 2.5 $\mu$g/L；沸点低、蒸发潜热大的物质，如氰化氢（HCN）、液化石油气泄漏的地面上则有明显的白霜状物等。许多危险物品的形态和颜色相同，无法区别，所以单靠感官监测是不够的，仅可以对事故现场进行初步判断。需要特别注意的是绝不能用感官方法检测剧毒

物质。

③ 根据人或动物中毒的症状进行判断。可以通过观察人员和动物中毒或死亡症状以及引起植物的花、叶颜色变化和枯萎的方法,初步判断危险物品的种类。例如,中毒者呼吸有苦杏仁味、皮肤黏膜鲜红、瞳孔散大,为全身中毒性毒物;中毒者开始有刺激感、咳嗽,经 $2\sim8$ h 后咳嗽加重、吐红色泡痰,为光气;中毒者的眼睛和呼吸道的刺激强烈流泪、打喷嚏、流鼻涕,为刺激性毒物等。

**2. 动植物检测法**

利用动物的嗅觉或敏感性来检测有毒有害化物质,由于狗的嗅觉特别灵敏,国内外利用狗侦查毒品的现象很普遍。美军利用训练狗的嗅觉可检出 6 种化学毒剂,当狗闻到微量化学毒剂时便会发出不同的吠声,其检出最低浓度为 $0.5\sim1$ mg/L。有一些鸟类对有毒有害气体特别敏感,如在农药厂生产车间里养一种金丝鸟或雏鸡,当有微量化学物泄漏时,动物就会立即有不安的表现,以至于挣扎死亡。检测植物表皮的损伤也是一种简易的监测方法,现已逐渐被人们所重视。一些植物对某些大气污染很敏感,如人能闻到二氧化硫气味时其浓度为 $1\sim9$ mg/L,在感到明显刺激如引起咳嗽、流泪等时其浓度为 $10\sim20$ mg/L;而有些敏感植物在二氧化硫浓度为 $0.3\sim0.5$ mg/L 时,其叶片上就会出现肉眼可见的伤斑。HF 污染叶片后其伤斑呈环带状,分布在叶片的边缘和尖端,并逐渐向内发展。光化学烟雾使叶片背面变成古铜色或银白色,叶片正面出现一道横贯全叶的坏死带。利用植物这种特有的"症状",可为环境污染的管理和监测提供旁证。

**3. 便携式检测仪器侦检法**

便携式检测仪器具有携带方便、可靠性高、灵敏性好、安全度高以及选择余地大、测量范围广等特点,能够很好地满足事故现场侦检在准确、快速、灵敏和简便方面的要求,因此便携式检测仪器在事故现场侦检工作中得到了广泛的应用。

现场应用的便携式检测仪器侦检法包括:便携式仪器分析法,如分光光度法、气相色谱法、袖珍式爆炸性气体和有毒有害气体检测器法等;传感器法,如电学类气体传感器、光学类气体传感器、电化学类气体传感器等;光离子化检测器(PID)气体检测技术;红外光谱法(IR),液相色谱法(包括质谱联用技术)以及其他方法。

**(二)人员监测**

在可能受到化学危险品伤害的区域工作的人员,应该配备适当的个人检测仪器,当化学危险品浓度超标时发出警告。另外,对正常工作在化学危险品场所的工人,也要做例行检查,以确定其吸收的化学危险品剂量。

人员检测仪器监测的范围很宽,如可燃气体浓度、氧气浓度及有毒气体浓度。这些仪器应该是小型的、便携的,还应该具有声像报警信号,如果在高噪声区工作,应该配备报警耳机。另外,应该配备充电电池,电池工作时间不应该小于一个班次。

# 第二节  火场侦检装备

由于受烟气、高温等情况的影响,火灾应急救援人员难以直接对火场进行调查,火场侦检装备作为火场调查有效的技术辅助手段,能大大地提高应急救援人员的工作效率。本节主要对常见的火场侦检装备的原理以及应用范围进行了论述。

**一、红外探测装备**

红外探测器是将红外辐射能量转换成电信号、可见光或其他可测量物理量的设备。它的目的是使人类能够利用感官来观察红外辐射的存在,并定量地确定其强度。探测器可以检测整个图像(成像探测器,如夜视系统),也可以只检测图像的一部分,其尺寸需要足够小,使其表面具有均匀的辐射分布(点探测器或探测器元件,基本上是非成像探测器)。

红外探测器广泛应用于军事、科学、工农业生产和医疗卫生等各个领域,尤其在军事领域,其在瞄准系统、精确制导、侦察夜视等方面发挥着不可替代的作用。作为高新技术的红外探测技术在未来的应用将更加广泛,地位更加重要。

(一)红外探测器的分类

红外辐射的电磁辐射波长从 0.75 $\mu m$ 至 1 000 $\mu m$。人们普遍认为,当红外辐射与物质间的相互作用的效应发生在 0.1～1 Ev 范围时,这些效应即可用来制作红外探测器。

红外辐射与物质的相互作用有多种形式,主要可分为光子效应、热效应以及辐射场耦合效应等几类。在光子效应中,光子直接与物质中的电子相互作用。因为电子可以束缚在晶格原子或杂质原子周围,也可以是自由电子,因而可能有各种各样的相互作用。热效应的特点是物质因吸收辐射而产生温度变化,从而导致物质某些性质的变化。辐射场耦合效应是电磁场与物质之间的耦合作用,从而引起物质内部某些属性发生变化。因此,根据上述不同物理效应可制作不同类型的红外探测器,即光子探测器、热探测器以及辐射场探测器等。红外技术和红外系统中最常用到的是光子探测器和热探测器。

对于种类繁多的红外探测器,还可根据其使用条件、作用波段和结构特征等进行种类的划分。如根据工作温度,红外探测器可分为低温探测器、中温探测器和室温探测器;根据响应波长范围,可分为近红外、中红外和远红外探测器;根据结构和用途,可分为单元探测器、多元探测器和阵列成像探测器。为了便于理解红外探测器的工作原理,按物理效应对红外探测器进行分类,用特征参数来描述其工作温度、响应波长和结构类型等是普遍采用的方式。

(二)热探测器

探测器材料吸收红外辐射后温度升高,然后伴随着某些物理性质的变化,测量这些物理性质的变化,可以测量出其吸收的能量和功率,这类探测器就是热探测器。根据热物理性质变化的不同,热探测器可进一步分为测辐射热电偶和热电堆、测辐射热计、热释电探测器、气动探测器以及双材料探测器等。

(1)测辐射热电偶和热电堆:把两种不同的金属或半导体细丝连成一个封闭环路,当一个接头(结点)的温度与另一个接头(结点)的温度不同时,环路内就产生电动势,其大小与冷热两结点处的温差成正比,这种效应称为温差电效应。利用温差电效应制成的感温元件称为热电偶(温差电偶)。如果两结点处的温差是由一端吸收辐射而引起的,则测量热电偶温差电动势的大小,就能测得结点处所吸收的辐射功率,这种热电偶称为测辐射热电偶。

(2)测辐射热计:热敏材料吸收红外辐射后,其温度升高,导致阻值发生变化,其变化的大小与吸收的红外辐射能量成正比。利用材料吸收红外辐射后电阻发生变化而制成的红外探测器叫作测辐射热计。依据所选用的热敏材料不同,测辐射热计可分为金属测辐射热计、半导体测辐射热计、超导测辐射热计以及复合测辐射热计。

（3）热释电探测器：硫酸三甘肽（TGS）等晶体受到红外辐射时，温度升高引起自发极化强度发生变化，结果是在垂直于自发极化方向上的晶体两个外表面之间产生微小电压，电压的大小与吸收的红外辐射功率成正比。利用这一原理制成的红外探测器叫作热释电探测器。

（4）气动探测器：其由一个充满气体的容器构成，容器的一端是涂黑的薄膜，用来吸收聚焦在薄膜上面的红外辐射。薄膜吸收的能量加热了容器内的气体，使容器另一端的柔性薄膜反射镜发生膨胀，这一微小形变可用光学系统检测。

（5）双材料探测器：其热敏单元通常是由两种材料构成某种形式的悬臂梁。由于双材料的热膨胀系数不同，当温度变化时，由双材料组成的悬臂梁会因膨胀而产生形变，该形变可采用电学读出法或光学读出法进行获取。

常见红外探测器种类及其特点如表 4-2-1 所示。

表 4-2-1　常见红外探测器种类及其特点

| 红外探测器种类 | | 工作原理 | 优点 | 缺点 |
|---|---|---|---|---|
| 热探测器 | 测辐射热电偶、热电堆 | 热释电效应 | 简单轻便，成本低，光谱范围宽，可室温工作 | 无选择性，探测率较低，响应速度较慢 |
| | 测辐射热计 | 温差电效应 | | |
| | 热释电探测器 | 电阻温度特性 | | |
| | 气动探测器 | 受热膨胀 | | |
| | 双材料探测器 | 热膨胀系数差异 | | |
| 光子探测器 | 光电子发射器 | 光子使金属表面发射电子 | 灵敏度高 | 大部分只对可见光起作用 |
| | 光电导探测器 | 基于带间跃迁吸收光电导效应，高迁移率半导体带内跃迁，载流子迁移率变化从而引起电导变化 | 应用波长范围宽，技术比较成熟，材料性能优良，成本低，工艺简单，可量产，易于调节响应波长 | 需要合适衬底，吸收系数低，需低温工作 |
| | 光伏探测器 | 光生载流子产生光电压 | 高灵敏度和响应率，噪声小，功耗低 | 薄膜材料生长要求较高 |
| | 光电磁探测器 | 入射光导致光电子的运动，产生电位差 | — | 工作时需增加磁场，应用较少 |

（三）光子探测器

光子探测器吸收光子后，探测器材料的电子状态会发生改变，从而引起电学现象，这些电学现象统称为光电效应。依据所产生的不同电学现象，可制成以下各种光子探测器。

1. 光电子发射（外光电效应）器

当光入射到某些金属、金属氧化物或半导体表面时，如果光子的能量足够大，能使其表面发射电子，这种现象统称为光电子发射效应，也称作外光电效应。利用光电子发射原理制成的器件称为光电子发射器件，如光电倍增管。光电倍增管的灵敏度很高，时间常数较短（约几个毫微秒），在激光通信中常使用特制的光电倍增管。大部分光电子发射器件只对可见光产生作用,目前用于微光及红外的光电阴极只有两种,一种是叫作 S-1 的银氧铯(Ag-O-Cs)光电阴极,另一种是叫作 S-20 的多碱(Na-K-Cs-Sb)光电阴极。

**2. 光电导探测器**

当半导体材料吸收入射光子后,半导体内的部分电子和空穴从原来不导电的束缚状态变成能导电的自由状态,使半导体的电导率增加,这种现象称为光电导效应。利用半导体的光电导效应制成的红外探测器叫作光电导探测器,它是种类最多、应用最广的一类光子探测器。

**3. 光伏探测器**

光伏效应与光电效应不同,光伏效应需要一个内部电势垒,由内部电场把光激发的空穴-电子对分开。PN 结内、外吸收光子后产生电子和空穴,在结区外,它们靠扩散进入结区;在结区内,电子受静电场的作用漂移到 N 区,与之相反,空穴则漂移到 P 区。N 区获得附加电子,P 区获得附加空穴,结区获得附加电势差,它与 PN 结原本存在的势垒方向相反,将降低 PN 结原有的势垒高度,使得扩散电流增加,直到达到新的平衡为止。如果将半导体两端用导线连接起来,电路中就会流过反向电流,用灵敏电流计可以测量出来;如果 PN 结两端开路,可以用高阻毫伏计测量出光生伏特电压,这就是 PN 结的光伏效应。利用光伏效应制成的红外探测器称为光伏探测器。

**4. 光电磁探测器**

当光辐射在置于横向磁场中的半导体样品上时,可通过本征激发产生空穴-电子对。因为辐射被材料所吸收,其强度按其进入材料的深度呈指数关系降低,所以将产生一个载流子浓度梯度,方向垂直于表面。这样一来,光激发载流子由表面向体内扩散,并在扩散中切割磁力线。由于这些带相反电荷的载流子朝相同的方向运动,所以它们在磁场的作用下分别向样品相互对立的两端偏转,从而在样品的两端产生电位差,这种现象叫作光电磁效应。利用光电磁效应制成的探测器称为光电磁探测器。

**(四)辐射场探测器**

利用红外辐射场与物质相互作用时所呈现的某些特性,也可以进行红外辐射探测,这种基于场效应的探测器称为辐射场探测器。

**二、可燃气体探测仪**

燃气的普及使得可燃气体泄漏成为现代生产生活中巨大的安全隐患。在可燃气体生产、运输、存储和使用过程中由于违反操作规程、设备密封质量不好、管路老化等,石油、煤矿、化学工业生产以及居民家中使用燃气等都存在泄露的危险。可燃气体存在爆炸极限,当它在空气中的浓度达到一定范围的时候,一旦遇到火源,就会引发火灾甚至爆炸事故,这类事故危害大、波及面广且难以进行扑救,一旦发生将会给国家和人民的生命财产造成巨大的损失。几种常见的可燃气体爆炸极限值如表 4-2-2 所示。

**(一)可燃气体探测仪主要元件**

可燃气体监测传感装置是可燃气体探测器的核心部件,其性能决定探测器的可靠性。气体传感器的种类很多,应用于可燃气体探测领域的气体传感器按照检测原理的不同大致有以下几类:半导体气体传感器、接触燃烧式气体传感器、电化学气体传感器、光学式气体传感器等。

表 4-2-2　几种常见的可燃气体爆炸极限值

| 物质名称 | 分子式 | 在空气中的爆炸极限(体积浓度)/% | |
|---|---|---|---|
| | | 下限 LEL | 上限 UEL |
| 甲烷 | $CH_4$ | 5 | 15 |
| 乙烷 | $C_2H_6$ | 3 | 15.5 |
| 丙烷 | $C_3H_8$ | 2.1 | 9.5 |
| 丁烷 | $C_4H_{10}$ | 1.9 | 8.5 |
| 乙烯 | $C_2H_4$ | 2.7 | 36 |
| 乙炔 | $C_2H_2$ | 2.3 | 72.3 |
| 甲苯 | $C_6H_5CH_3$ | 1.2 | 7.1 |
| 环氧乙烷 | $C_2H_4O$ | 3 | 100 |
| 甲胺 | $CH_3NH_2$ | 4.9 | 20.1 |
| 苯胺 | $C_6H_5NH_2$ | 1.3 | 11 |
| 二甲胺 | $(CH_3)_2NH$ | 2.8 | 14.4 |
| 甲醛 | HCHO | 7 | 73 |
| 乙醛 | $C_2H_4O$ | 4 | 60 |
| 乙酸甲酯 | $CH_3COOCH_3$ | 3.1 | 16 |
| 氨气 | $NH_3$ | 16 | 25 |
| 硫化氢 | $H_2S$ | 4.3 | 45.5 |
| 一氧化碳 | CO | 12.5 | 74.2 |

1. 半导体式气敏传感器

该类传感器的主要构成材料是金属或金属半导体氧化物,鉴于这些材料本身的物理属性,气体能够在氧化物的表面同其相互作用产生吸附反应,引起以载流子运动为特征的电导率或表面电位或伏安特性的变化。半导体金属氧化物陶瓷气敏传感器产生于 1962 年,发展到现在已成为最具实用价值,应用最普遍的一类传感器,具有成本低廉、灵敏度高、电路简单等优点。其不足之处是必须在高温环境下工作,功率要求高,所以通常应用于可燃有机蒸气气体的探测以及硫化氢、氨、二氧化碳等的探测。

2. 接触燃烧式气敏传感器

该类传感器可分为催化接触燃烧式气敏传感器以及直接接触燃烧式气敏传感器。在通电情况下,可燃性气体会单独或在催化剂的作用下进行氧化燃烧,使气敏材料的电阻值变化。此类传感器在常温环境下性能稳定,输出线性信号,能检测出处于爆炸下限的绝大多数可燃性气体,普遍适用于造船厂、石油化工、浴室厨房和矿井隧道等场所。

3. 电化学气敏传感器

该类传感器根据不同的工作原理分为电位电解式、原电池式、离子电极式等传感器。电位电解式的原理是在外界提供特定电压的状态下,测量电解电流以确定气体体积分数;原电池式确定待检气体体积分数的方式是直接检测电流大小;离子电极式确定待检气体体积分数的方式是检测离子的极化电流的大小,该传感器主要检测尾气、废气、烟气等低含量毒性气体;电量式确定待检气体体积分数的方式是计算待测气体同电解质发生反应所得到的电流大小。电化学气敏传感器结构如图 4-2-1 所示。

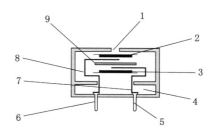

4. 光学式气敏传感器

光学式气敏传感器也分为好几种类型,其中最常用的是红外吸收型传感器,由于不同的气体对于红外波都有各自独特的吸收峰,我们能够通过分析其吸收峰来确定探测气体的类型及浓度。该类传感器经常被嵌套在点型或者线型可燃气体探测器上,优点是抗电磁污染性能强,抗谐振能力高,并且还能够与计算机相互连接,持续检测研究被测气体,缺点是价格较为高昂,一般常用于要求较高的电力、化工等工业现场。

1—进气孔;2—感应电极;3—对电极;4—电解液;
5,6—传感器管脚;7,8—集电器;9—隔离器。

图 4-2-1　电化学气敏传感器的结构图

（二）点型可燃气体探测器

1. 工作原理

当空气中存在可燃气体时,传感器的工作电极上就会产生和可燃气体浓度成比例关系的微弱电信号。探测器主要由放大器、电压-电流转换器等组成。传感器将代表气体浓度的电压信号经输入电路送到放大器输入端。放大器处理后,由电压-电流转换器输出表示气体浓度的电流信号。点型可燃气体探测器主要用于易燃易爆场合的可燃性气体探测,把现场可能泄漏的可燃气体的浓度控制在报警设定值以下,例如爆炸下限（LEL）的 50%（高限报警设定值）以下。当探测浓度超过这一设定值时,便发出报警信号,以便管理人员采取应急措施。

2. 组成和主要部件

点型可燃气体探测器由壳体、前后密封盖、传感器腔体、紧线螺栓、安装螺栓、集气罩以及安装支架等几部分组成,如图 4-2-2 所示。气敏传感器固定在输出电极的底座上,并用塑料外壳或金属网加以保护,或在元件上烧结两层金属加以保护,以构成防爆结构。点型可燃气体探测器的检测电路应具有能将气敏传感器加热到所需温度的加热电源和工作电源。其外壳一般采用金属或耐燃塑料。紧固件一般由安装支架和固定螺栓组成,用于将探测器固定在安装位置上。

（a）

（b）

图 4-2-2　点型可燃气体探测器

（a）气敏传感器固定在底座;（b）防爆结构

### 3. 安装

探测器安装位置应选择在气体可能产生泄漏的点和聚集处，同时探测器的安装高度应根据被检测气体的密度而定。探测器安装位置还应综合可燃气体流量、方向与潜在泄漏的相对位置和通风条件而定，以便于探测器的维护和标定。

当控制器与探测器之间的电缆线穿入壳体后，将探测器压线螺栓旋入，使橡胶密封圈压缩紧固，从而对电缆线起到密封作用。

### 4. 测量 CO 浓度时的要求

由于一氧化碳是一种剧毒气体，对人的危害很大，在其浓度远未达到爆炸下限时就会对人的生命安全构成威胁，所以其报警设定值很小。一氧化碳与血红蛋白的结合能力比氧气与血红蛋白的结合能力强 210～300 倍，一氧化碳能抑制氧气与人体内的血红蛋白结合，阻碍血红蛋白的输氧能力，造成人员窒息死亡。一氧化碳浓度对人体的影响如表 4-2-3 所示。

**表 4-2-3　一氧化碳浓度对人体的影响**

| CO 体积分数/% | 症　状 |
|---|---|
| 0.005 | 一天 8 h 或一周 40 h 的工作环境允许浓度 |
| 0.01 | 8 h 内尚无感觉 |
| 0.04 | 接触 1 h 尚安全，超过 1 h，感觉头痛、恶心 |
| 0.06～0.07 | 呼吸不畅，接触 30～60 min 时，意识模糊 |
| 0.15～0.20 | 昏迷、痉挛，超过 2 h，人即死亡 |
| 0.3～0.5 | 20～30 min，人即死亡 |
| 1 | 1 min 内人便死亡 |

### 5. 性能要求

国家标准《可燃气体探测器 第 1 部分：工业及商业用途点型可燃气体探测器》(GB 15322.1—2019)对可燃气体探测器的主要性能试验要求如下：

（1）性能报警与报警动作值

① 测量范围在 3％LEL～100％LEL 之间的探测器，其报警动作值与报警设定值之差的绝对值不应大于 3％LEL。

② 测量范围在 3％LEL 以下的探测器，其报警动作值与报警设定值之差的绝对值不应大于 3％量程和 $50×10^{-6}$（体积分数）之中的较大值。探测一氧化碳的探测器，其报警动作值与报警设定值之差的绝对值不应大于 $50×10^{-6}$（体积分数）。

③ 测量范围在 100％LEL 以上的探测器，其报警动作值与报警设定值之差的绝对值不应大于 3％量程。

（2）响应时间

向探测器通入流量为 500 mL/min、浓度为满量程的 60％的试验气体，保持 60 s，记录探测器的显示值作为基准值。显示值达到基准值的 90％所需的时间为探测器的响应时间。探测一氧化碳的探测器的响应时间不应大于 60 s，其他气体探测器的响应时间不应大于 30 s。

（三）线型可燃气体探测器

1. 系统构成

目前，线型可燃气体探测器主要有反射式和对射式两种构成方式。

（1）反射式

在同一装置内安装探测器的接收和发射部分。装置发出的红外光束通过反光板折射回到装置内的接收部分，以探测区域泄露可燃气体。因为监测区域内两次经过发射部分发出的红外光，使光通量的衰减比率增加，所以，该模式探测器具有相对较短的有效探测距离。但因为发射和接收部分放置在同一个装置内，探测器的整体成本降低。反射式线型可燃气体探测器如图 4-2-3 所示。

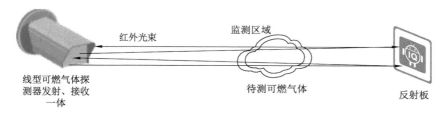

图 4-2-3 反射式线型可燃气体探测器

（2）对射式

探测器的接收器和发射器都是相对独立的。光轴拉开一定的距离，发射器和接收器形成监测区域。发射器发出的红外光通过监测区域到达接收器，探测监测区域泄漏的可燃气体。与反射模式探测器相比，对射模式可燃气体探测器的探测空间更大，但系统的整体成本也相对较高。对射式线型可燃气体探测器如图 4-2-4 所示。

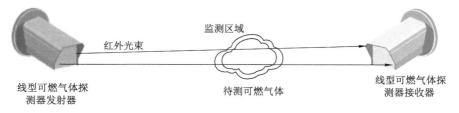

图 4-2-4 对射式线型可燃气体探测器

2. 应用原理

在介质传输过程中，由于介质的散射和吸收作用，光的强度减弱。不同的介质对光的吸收程度也是不同的。在光物理学中，物质的本征吸收是指特定物质对特定波长的光的吸收。物质的本征吸收波长的选择性非常强，每一种物质能选择吸收特定的波长。所以，可以通过物质对特定波长光的吸收作用来实现物质成分的分析。通过对具有官能团—$CH_3$ 的烷烃类气体包括甲烷、乙烷等本征吸收谱带的吸收特性分析和测定，可定量探测区域泄漏烷烃类可燃气体。

3. 使用范围

线型可燃气体探测器能对整个保护区间可燃气体泄漏情况进行检测，实现大空间和大面积的可燃气体泄漏探测。与点型可燃气体探测器不同，不能对小区域可燃气体浓度的变化量进行考察,可对可燃气体的扩散范围以及综合指标浓度进行考察。

4.线型空间探测方式的优点

在实际工程现场可燃气体的泄漏并没有典型的气体云,可燃气体一般在泄漏中心点具有最大的浓度,然后向周围呈现降低的趋势。从泄漏中心点一直到边缘区,由于受空气流动等因素的影响,气体云的形状往往都是不规则的。传统的点型可燃气体探测器因为探测原理的限制,仅仅能对其安装位置的泄漏气体浓度情况进行监测,即只有泄漏的可燃气体浓度达到探测器的报警浓度时,或者是扩散到点型可燃气体探测器的安装位置时,点型可燃气体探测器才能作出报警响应。线型可燃气体探测器探测空间可燃气体浓度分布的方式更能真实地反映泄漏可燃气体的真实情况。

### 三、烟气分析仪

在烟气成分测量中用得较普遍的是测量烟气中氧含量的各种氧量计、测量二氧化碳含量的各种二氧化碳分析仪。但随着色谱分析技术、质谱分析技术、色谱质谱联用技术以及红外光谱分析技术的迅速发展,在烟成分测量中也越来越多地采用这些先进的测试技术。

#### (一)烟气中氧含量的测量

对烟气中氧含量的测量常采用氧化锆氧量计和热磁式氧量计。氧化锆氧量计的原理是以氧化锆作为固体电解质,高温下电解质两侧氧浓度不同时将形成浓度差,而浓度差电池产生的电动势与两侧氧浓度有关,如一侧氧浓度固定,即可通过测量输出电动势来测量另一侧的氧含量。在分析烟气中的氧含量时,常用空气作为参比气体。氧化锆氧量计测量精度高,响应快,维修工作量小,显示仪器可以数字式读数,也可模拟式读数。氧化锆氧量计的工作示意图如图 4-2-5 所示。

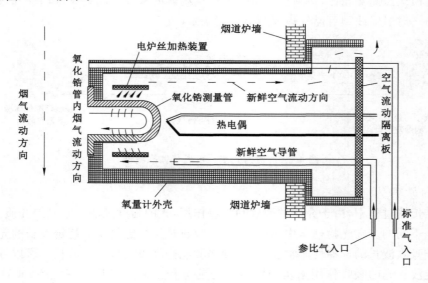

图 4-2-5　氧化锆氧量计的工作示意图

热磁式氧量计的原理是利用烟气组分中氧气的磁化率特别高这一物理特性来测定烟气中含氧量的。氧气作为顺磁性气体(气体能被磁场所吸引的称为顺磁性气体),在不均匀磁场中,由于受到吸引而流向磁场较强处。设在该处的加热丝,使此处氧的温度升高而导致磁化率下降,磁场吸引力减小,受后面磁化率较高的未被加热的氧气分子推挤而排出磁场,由此造成"磁风"现象。在一定的气样压力、温度和流量下,通过测量热磁对流大小就可测得气样中氧气含量。由于热敏元件既作为不平衡电桥的两个桥臂电阻,又作为加热电阻丝,在磁风的作用下产生温度梯度,即进气侧桥臂的温度低于出气侧桥臂的温度。气样中氧气含量不同使得不平衡电桥输出相应的电压值。

热磁式氧分析仪虽然结构简单、便于制造和调整,但由于其测量误差大、反应速度慢、测量环室易发生堵塞和热敏元件腐蚀严重等缺点,已逐渐被氧化锆氧分析仪所取代。

（二）定电位电解法仪器

定电位电解法根据待测组分选择相应的电化学传感器,待测组分通过扩散进入传感器的电解槽,在恒电位电极上发生氧化反应,在一定浓度内,产生的扩散电流和浓度成正比。该类仪器在我国的使用时间较长,大多已国产化,因其功耗低,响应速度快,线性度好,价格适中,便携性好,精度能够满足要求,特别适用于还原性气体,得到了广泛的应用。

电化学传感器具有很高的灵敏度,影响其准确性的因素主要有以下几方面:

（1）组分的选择性差。当测定的是混合气体时,多种传感器会对多种气体同时响应,造成测值明显偏高和产生虚假报警。

（2）仪器的使用条件要求高。气体湿度、温度和流量的变化都会使测定值产生变化。当用其测定标准气时,因标准气的基体纯净且不含有水分,仪器往往获得很高的准确度和很好的重复性;当用于污染源排放的监测时,由于烟气组分的复杂性,加上有大量的颗粒物和很高的水分含量,测定结果产生较大误差而不可用;当需要测定多个组分时,往往把数个传感器串联,样气依次通过各个传感器发生电化学反应,前面的测定对后面的测定也会产生影响。

（3）当测定含有较多颗粒物的火电厂烟气时,滤头容易堵塞从而造成流量波动。

（三）紫外原理的仪器

当气体受到紫外光源这样的高能量辐射时,电子能级发生跃迁,其吸收光谱位于紫外可见光区,通过测定组分在其特征波长处吸收值的大小,依据朗伯-比尔定律进行定量计算。

紫外光通过样品后产生的吸收,既包括组分带来的吸收,也包括颗粒物散射带来的吸收。利用差分算法将光谱分为慢变和快变两部分,慢变部分对应着干扰物质散射带来的消光作用,快变部分的窄带吸收对应着组分的吸收。由差分算法提取出窄带吸收,并反演出气体浓度,消除了颗粒物散射带来的影响。很多气体在紫外区有吸收,而水分在紫外区的吸收非常微弱,因此水分干扰小是紫外差分仪器的一个很大优点,这是其适用于湿基测量的理论基础。

紫外差分仪器可以多组分同时测定,检出限较低,没有水分的干扰,适用于通常的污染源排放监测和环境应急监测时遇到的低浓度测定场合,是美国环境保护署（US EPA）推荐的测定烟气组分浓度的仪器之一。

（四）红外原理的仪器

与非分散紫外吸收法的工作原理类似,光源发出的红外光不分散,经过带通滤波片,截取一个很窄的通带,待测组分受到红外辐射,发生能级跃迁,吸收红外区的波长,不同的组分有着不同的特征吸收波长。在一定条件下,组分的浓度和吸收值之间的关系符合朗伯-比尔定律,从而实现待测组分的定量测定。

该类仪器能够测定的气体种类较多。单原子气体和对称结构的双原子气体以及其他无机气体、烃类气体都具有红外活性,都可以利用该类仪器测定。分散红外仪器测量稳定性和准确性好于定电位电解法仪器,可用于连续监测。其得到广泛应用的同时,针对干扰问题也在进行不断地改进,如应用气体相关滤波法(GFC)和单光束双波长技术消除相关干扰。

# 第三节　化学侦检装备

侦检是化学事故处置的一个关键环节,在化学事故应急决策和处置中具有重要的作用。当前消防救援队配备了许多不同的化学侦检装备,本节主要对这些侦检装备的原理以及使用条件等进行详细论述。

## 一、有毒气体检测仪

有毒有害气体检测已经成为各行各业保护工作人员生命健康、保护国家和个人财产不受损害、保护生产和生活环境不受污染的有效手段。依据各种有毒有害气体主要的危害性质和特有的物理化学性质,我们需要针对性地选择不同原理的传感器技术,并对成本以及精度进行分析。有毒气体检测仪主要由核心板处理器、嵌入式气体传感器、无线通信、电源电路等组成。传感器是有毒气体检测仪的关键元件,目前在实际中广泛使用的有毒气体检测传感器包括半导体式、电化学式、催化燃烧式、光离子化气体传感器等。

### (一)半导体传感器

半导体传感器是由金属半导体氧化物(MOS)制作而成的气体传感器,当它与目标气体互相作用时,表面会产生吸附或反应,进而引起以载流子运动为特征的电导率或伏安特性或表面电位变化。半导体传感器既可以检测百分比浓度的可燃性气体,也可以检测 ppm($10^{-6}$)级别的有毒气体。通过控制传感元件的温度可在一定程度上实现对目标气体的选择。半导体传感器是一种宽范围的检测仪器,同种半导体传感器对不同的气体都有良好的响应。

由于半导体传感器受湿度影响较大,其读数有时难以解释。随着湿度的增加,半导体传感器的电导及输出增加;而当湿度降低时,半导体传感器的电导以及输出降低,极端低湿度环境甚至会导致其对存在的目标气体产生零响应。

### (二)电化学传感器

大部分有毒有害气体都具有电化学活性,能够被电化学氧化或还原。这些反应可以用来分辨气体成分、检测气体浓度。典型的有毒有害气体电化学传感器一般由可以渗透过气体但不能渗透过液体的扩散式隔膜、酸性电解液槽、工作电极、对电极、参比电极等组成。图4-3-1表示一氧化碳定电位电解传感器,其工作原理是当一氧化碳气体通过外壳上的透气孔,经过透气膜扩散到工作电极表面上,在工作电极的催化作用下,一氧化碳在工作电极上发生氧化反应。其化学反应式为:

$$CO + H_2O \longrightarrow CO_2 + 2H^+ + 2e^-$$

在工作电极上发生氧化反应产生的 $H^+$ 和电子,通过电解液转移到与工作电极保持一

定间隔的对电极上,将与空气或水中的氧气发生还原反应。其化学反应式为:

$$O_2+4H^++4e^-\longrightarrow 2H_2O$$

因此,传感器内部就发生了氧化还原的可逆反应。其化学反应式为:

$$2CO+O_2\longrightarrow 2CO_2$$

故在工作电极与对电极之间产生了电流,此电流大小正比于一氧化碳的浓度。

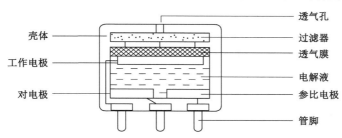

图 4-3-1　定电位电解式传感器

电化学传感器性能比较稳定、寿命较长、耗电很小。它的温度适应范围比较宽,但是它的灵敏度受温度变化的影响也比较大,主要原因是零点随着温度变化会产生少许的波动。在设计上,制造厂家会尽可能地排除或减少其他气体的干扰。但是这种"排除"手段的效果是有限的,无法完全做到传感器对于目标气体以外气体的零响应。

（三）催化燃烧传感器

催化燃烧传感器的关键部件是一个涂有特殊催化物的惠斯通电桥结构。目标气体在催化物上进行无焰燃烧产生的温度强度与目标气体浓度成正比,温度直接改变惠斯通电桥中温感电阻的阻值,通过比较惠斯通电桥的参比桥和测量桥的值即可计算得到目标气体的浓度。

**二、气相色谱-质谱联用仪**

色谱是一种高效分离分析方法,但定性能力差;质谱是一种具有超强定性能力的分析方法,但对混合物的分析无能为力。如果把色谱仪和质谱仪二者结合起来,则能发挥各自专长,使其同时具有分离和鉴定的能力。因此,早在 20 世纪 60 年代就开始了气相色谱-质谱联用技术的研究,并出现了早期的气相色谱-质谱联用仪。在 20 世纪 70 年代末,这种联用仪器已经达到很高的水平。目前,在质谱仪中,除激光解析电离-飞行时间质谱仪和傅立叶变换质谱仪之外,大部分质谱仪都是气相色谱或液相色谱组成的联用仪器,这使质谱仪无论在定性分析还是在定量分析方面都十分方便。因此,气相色谱-质谱联用技术现已成为在分析联用技术中最成功的一种,广泛应用于常规分析。

（一）气相色谱

气相色谱是一种把混合物分离成单个组分的实验技术,被用来对样品组分进行鉴定和定量测定。气相色谱将气化的混合物或气体通入含有某种物质的管,管中物质对不同化合物的保留性能不同,使得混合物或气体得到分离,即基于时间的差别对化合物进行分离。样品经过检测器后,被记录下来的就是色谱图,每一个峰代表最初混合样品中的不同的组分。

峰值出现的时间称为保留时间,其可以用来对每个组分进行定性分析,峰的大小(峰高或峰面积)则是组分含量大小的度量。

一个气相色谱系统包括：可控而纯净的载气源、进样口、色谱柱、检测器和数据处理装置，其中分离在色谱柱中进行。在测定样品时可以选择不同的色谱柱，所以用一台仪器就能够进行许多不同的分析。色谱柱和柱箱如图 4-3-2 所示。

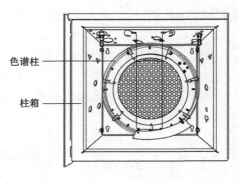

色谱柱

柱箱

图 4-3-2　色谱柱和柱箱

（二）质谱分析

质谱分析是一种测量离子质荷比（质量-电荷比）的分析方法，它的基本原理是使试样中各组分在离子源中发生电离，生成不同质荷比的带电荷的离子，经加速电场的作用，形成离子束，进入质量分析器。在质量分析器中，再利用电场和磁场使发生相反的速度色散，将它们分别聚焦而得到质谱图，进而确定其质量。质谱分析流程图如图 4-3-3 所示。

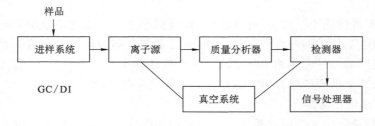

图 4-3-3　质谱分析流程图

（三）气相色谱-质谱联用技术

无论是气相色谱法或是质谱法各有优缺点，气相色谱-质谱联用则能够使两者的优、缺点得到互补，充分发挥气相色谱法高分离效率和质谱法定性的能力。

气相色谱-质谱联用仪工作时是气相色谱分离样品的各个组分，接口把气相色谱流出的各个组分送入质谱仪进行检测，质谱仪对接口引入的各个组分进行分析，成为气相色谱的检测器。计算机系统控制色谱仪、接口、质谱仪，进行数据采集和处理。

气相色谱-质谱联用技术兼有气相色谱和质谱的两者之长，其特点如下：

（1）气相色谱作为进样系统，将待测样品进行分离后直接导入质谱进行检测，既满足质谱分析对样品单一性的要求，还省去样品制备和转移的繁琐过程，不仅避免样品受污染，对质谱进样量也能有效控制，同时也减少质谱仪器的污染，极大地提高了对混合物的分离、定性、定量分析的效率。

（2）质谱作为检测器，检测的是离子质量，可获得化合物的质谱图，解决气相色谱定性的局限性，既是一种通用性检测器，又是一种选择性检测器。质谱法的多种电离方式能够使各种样品分子得到有效的电离，离子经质量分析器分离后均可以被检测。

（3）联用时可以获得更多信息。单独使用气相色谱只能够获得保留时间、强度的二维信息，单独使用质谱也只获得质荷比和强度二维信息，但是气相色谱-质谱联用可得到质量、保留时间、强度的三维信息。仅仅依靠质谱图难以区分质谱特征相似的同分异构体，但是有色谱保留时间就不难鉴别。

（4）气相色谱-质谱联用技术的发展加快了分析技术的计算机化，不仅仅改善了仪器的性能，还极大地提高了工作效率，如控制仪器运行，数据采集和处理，定性定量分析，各种新方法开发的时间和样品运行时间的缩短，实现了高通量、高效率分析的目标。

### 三、酸碱浓度检测仪

目前市场上电子酸碱浓度检测仪（图 4-3-4）主要有电导式浓度计和电磁式浓度计两种。

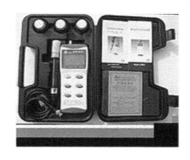

电导式浓度计是利用溶液电导率与其浓度的关系来测量液体浓度的一种仪器。在某一恒定温度时，低浓度电解质的电导率与该溶液的浓度成对应关系，浓度不变而溶液温度发生变化时，电导率也发生变化，即该溶液的浓度是电导率和温度的函数。利用浓度与温度的对应关系将其修正成标准温度下的电导率，就可直接换算成该溶液的浓度。为避免电极极化，仪器在电导池上产生高稳定度的方波信号，流过电导池的电流与被测溶液的浓度成正比，二次表的高阻抗运

图 4-3-4　电子酸碱浓度检测仪

算放大器将电流转化为电压后，程控信号将其放大、检波和滤波后得到反映浓度的电位信号。微处理器对温度信号和电导率信号交替采样，经过运算和温度补偿后，得到恒定温度下的浓度值。

电磁式浓度计是利用电磁感应原理来测量液体电导率与其浓度关系的一种仪器，但是电导池内没有与液体试样相接触的电极。该仪器主要包括两个环形变压器和电测系统等部分。被测溶液构成一短路线圈可作为励磁变压器的次级绕组，当一定频率的交流电通过时，由于电磁感应原理，这个短路线圈中流过与被测溶液浓度成正比的电流，经过运算即可得到待测液体的浓度。

### 四、水质分析仪

水质分析的测定分为定性和定量两部分。定性分析主要是分析鉴定被分析物质是由哪些离子或元素组成的，定量分析则是分析测定被测物质的各组成部分的含量。水质分析仪实物如图 4-3-5 所示。

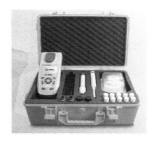

图 4-3-5　水质分析仪

分光光度分析法是常用的水质分析方法。该方法属于分子吸收光谱分析法，根据物质

分子对光的吸收特性和吸收程度,进而对物质进行分析。在生化分析、环境监测以及食品安全等领域,分光光度分析法以其较高的精度和快速的分析过程得到了广泛的应用。

分光光度计主要由光源、单色器、吸收池、检测系统、读数指示器等组成。其中光源需要发出所需波长范围内的连续光谱,需要有足够稳定的光强度。单色器将光源发出的连续光谱分解为单色光,吸收池用于盛装待测液及参比液。检测器是利用光电效应,将光能转换成电流信号。读数指示器的作用是把光电流放大的信号以适当方式显示或记录下来。通常使用悬镜式光电反射检流计测定产生的光电流。检流计光点偏转刻度直接标为吸光度和透光率,测定时一般可直接读出吸光度。

# 第四节　消防救生装备

消防救生装备是消防员在各种灾害、事故现场营救被困人员时不可缺少的技术装备。消防救生装备的发展趋势是多样化、功能化和专业化。其主要有常规救生装备、生命探测装备、现场救护装备和水上救生装备等。

## 一、常规救生装备

常规救生装备主要有消防救生气垫、救援起重气垫、救生抛投器、救援三脚架、救生软梯、救生照明线等、导向绳和光致发光绳等。

### (一)消防救生气垫

消防救生气垫是接救从高处下跳人员的一种充气软垫,可分为通用型消防救生气垫、气柱型消防救生气垫两种类型。

通用型消防救生气垫采用电动机或发动机驱动的通风机向整个气垫内充气,气垫内多分隔为两至三层,待气垫内充至一定压力鼓起后以承接跳下人员,见图4-4-1。

气柱型消防救生气垫采用气瓶或气泵向气垫内四周的气柱内充气,待气柱内充气至一定压力立起后支撑起整个气垫以承接跳下人员,见图4-4-2。

图4-4-1　通用型消防救生气垫

图4-4-2　气柱型消防救生气垫

1. 结构及主要部件

以通用型消防救生气垫(以下简称救生气垫)为例,主要由缓冲气包、安全风门、充气内垫、充气风机组成,其结构如图4-4-3所示。

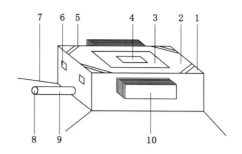

1—垫顶四角识别标志;2—垫顶;3—垫顶中部识别标志;4—垫顶反光标志;5—垫顶四角反光标志;
6—安全风门;7—四角把持绳;8—进气口;9—进气管;10—缓冲气包。

图 4-4-3　救生气垫结构

2. 主要技术性能

(1) 充气时间及最大救生高度(表 4-4-1)。

表 4-4-1　救生气垫充气时间及最大救生高度

| 型　号 | 长/m | 宽/m | 高/m | 充气时间/min | 最大救生高度/m |
|---|---|---|---|---|---|
| A | 6 | 4 | 2 | ≤4 | 15 |
| B | 8 | 6 | 2.2 | ≤5 | 20 |
| C | 7.5 | 6 | 2.7 | ≤5 | 20 |

(2) 阻燃性能:救生气垫材料氧指数大于 28。

(3) 充气风机要求:充气风机目前常用机械离心排烟机代替,其性能见表 4-4-2。

表 4-4-2　充气风机性能

| 名　　称 | 移动式离心风机(排烟机) |
|---|---|
| 风量(排烟量)/(m³/h) | 9 000 |
| 动力方式 | 汽油发动机 |
| 功率/kW | 1.84 |
| 质量/kg | ≤28 |

3. 使用方法

(1) 选择现场疏散口垂直下方地面,地面应是较平整且无尖锐物的场地,平面展开救生气垫,救生气垫四周应留有一定的空地。

(2) 救生气垫上空至疏散口之间应无障碍物。

(3) 将救生气垫进气口紧固在风机排风口上,然后启动发动机使其正常运转,待救生气垫高度标志线自然伸直时,怠速运转,救生气垫进气口软管此时可呈弯曲状,以免逃生人员触及救生气垫时将风机拉翻。

（4）在怠速运转时，救生气垫工作高度的保持可通过开闭风门来控制，不可将救生气垫充气成饱和状态，以免过大增加反弹力，影响正常使用，危及人身安全。

（5）救生气垫充气后可能出现飘移，在使用时，四角应有专人把持，使用时微开安全风门，同时指挥逃生人员要对准救生气垫顶部的垫顶反光标志下跳，下跳人员触垫后必须迅速离开救生气垫，以使救生气垫能继续承接下跳人员。

（6）使用结束后，打开安全风门，待气全部排尽后，按原来的方式折叠存放。

4．使用与维护

（1）救援战斗用救生气垫不应作为训练演习之用。

（2）救生气垫工作时必须打开安全风门。

（3）救生气垫应尽可能远离火源。

（4）应避免锐器硬物钩、扎。

（5）被救人员不可携带尖硬物体和锐器下跳。

（6）救生气垫一次只可接救一人，连续使用时，应注意保持充气工作高度。

（7）使用及存放时不可接近有机溶剂，不可在地面拖拉、摩擦。

（8）在救生气垫使用过程中，不可将其固定在某处，四角把持人员随着气垫的上、下波动收放绳索，不可以死拉硬拽，以免损坏四角部位，影响使用。

（9）救生气垫应贮存在通风、干燥无腐蚀性气体的场所，每半年应进行一次充气试验，检查时如发现有异常，严禁使用。

（二）救援起重气垫

救援起重气垫适用于不规则重物的起重，并能用于普通起重设备难以工作的场合，特别适用于营救被重物压住的遇难人员。救援起重气垫由高强度橡胶及增强性材料制成，靠气垫充气后产生的体积膨胀起到支撑、托举作用。必要时可将多个起重气垫重叠使用，以满足起重高度的要求。

1．结构及主要部件

救援起重气垫由高压气瓶、气瓶阀、减压器、控制阀、高压软管、快速接头、气垫等组成。救援起重气垫的结构如图 4-4-4 所示。

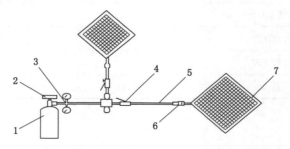

1—高压气瓶；2—气瓶阀；3—减压器；4—控制阀；5—高压软管；6—快速接头；7—气垫。

图 4-4-4　救援起重气垫结构

2．主要技术性能

救援起重气垫主要技术性能见表 4-4-3。

表 4-4-3　救援起重气垫主要技术性能

| 尺寸 /(mm×mm×mm) | 最大工作压力 /MPa | 最大起重质量 /kg | 最大起重高度 /mm | 质量/kg |
| --- | --- | --- | --- | --- |
| 150×150×25 | 0.8 | 1.0 | 75 | 0.68 |
| 250×250×25 | 0.8 | 3.3 | 120 | 1.92 |
| 300×300×25 | 0.8 | 6.4 | 165 | 2.86 |
| 350×350×25 | 0.8 | 8.6 | 185 | 3.70 |
| 370×370×25 | 0.8 | 10.9 | 200 | 4.22 |
| 390×390×25 | 0.8 | 12.2 | 230 | 4.64 |
| 470×470×25 | 0.8 | 18.7 | 270 | 7.54 |
| 500×500×25 | 0.8 | 20.6 | 306 | 7.70 |
| 560×560×25 | 0.8 | 24.5 | 330 | 9.72 |
| 650×650×25 | 0.8 | 31.0 | 360 | 13.32 |
| 750×750×25 | 0.8 | 42.0 | 418 | 18.60 |
| 860×860×25 | 0.8 | 54.4 | 478 | 24.22 |
| 960×960×25 | 0.8 | 68.7 | 520 | 32.90 |

3. 使用方法

(1) 将救援起重气垫从箱中取出,将其置于需要起重处,注意应避免放置于尖锐物体上。

(2) 将快速接头接到气垫上,关闭控制阀上的放气旋钮。

(3) 打开气瓶阀,手动操作控制阀,让压缩空气缓缓通过减压阀和高压软管向气垫充气,气垫充气后体积膨胀,重物被慢慢抬起,起重气垫处于工作状态。此时,应绝对注意抬升高度小于起重气垫的最大工作高度。

(4) 起重工作完成后,应先关闭气瓶阀,再打开控制阀上的放气旋钮,手动操作控制阀,将气垫内压缩空气放完。

(5) 关闭控制阀,取下快速接头,装箱。

4. 维护

(1) 救援起重气垫必须由专人负责管理。

(2) 救援起重气垫应放置在干燥、通风、远离热源及腐蚀性污染的地方。

(3) 每半年应把救援起重气垫的部件连接起来,起重气垫在自由状态下充气,充气压力不超过额定压力。

(4) 应保证气瓶内的气体有足够的压力。

(三) 救生抛投器

救生抛投器(亦称射绳枪),是以压缩空气为动力,向目标抛投救生器材(如救生圈、牵引绳等)的一种救援装备。

1. 结构及主要部件

救生抛投器主要由救援绳、牵引绳、抛射器、发射气瓶、自动充气救生圈、塑料保护套、气瓶保护套等组成。救生抛投器的结构如图 4-4-5 所示。

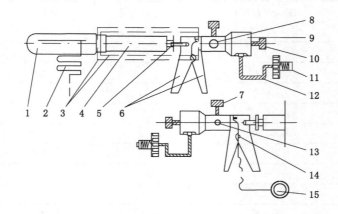

1—救生圈外套;2—救接绳;3—瓶保护套;4—发射瓶;5—快速接头;6—枪把手;7—放气阀;8—压力表;
9—枪体套;10—压紧螺栓;11—连接帽;12—高压进气管;13—泄压阀;14—安全销孔;15—安全销。

图 4-4-5　救生抛投器结构

2. 主要技术性能

(1) 工作压力:20 MPa。

(2) 试验压力:30 MPa。

(3) 发射距离:100~150 m/180~210 m。

(4) 救援绳拉断力:>4 000 N。

(5) 牵引绳拉断力:>1 500 N。

(6) 使用温度范围:30~60 ℃。

3. 使用方法

(1) 发射前的准备工作

① 检查救援绳有无打结或磨损现象,检查合格后将绳子理顺渐次放入绳包中。

② 发射气瓶嘴保护套上有 4 个小孔,将快速自动充气救生圈上黄色牵引绳的两端分别从 2 个相对的小孔穿入,再将黄色牵引绳的两端分别从气瓶嘴保护套上的另外 2 个相对的小孔穿入,一同套在气瓶嘴上,用扳手拧紧气瓶嘴保护套,牵引绳及救生圈被连接在发射气瓶上。这样就使发射气瓶与救生圈和主救援绳相互连接。

③ 作为陆用抛投器使用时,取下橙黄色水用塑料保护套,套上气瓶保护套。同时将救援绳更换为牵引绳即可。

④ 牵引绳上有一个连接小吊钩,打开小吊钩环与救援绳头端相连,关闭小吊钩环(当发射气瓶被发射出去时,通过牵引绳带动救援绳及救生圈起到救援目的)。

⑤ 将装有救生圈的塑料保护筒安装到发射气瓶上,准备给气瓶充气。

⑥ 每次发射之前应检查救援绳,确保完好后方可使用。

(2) 发射

① 检查包装上的安全销是否处于正确位置。

② 拔出发射安全销。

③ 以适当角度置于身前,并估计发射距离(应超过被救目标),双手紧握,扣动发射扳机

进行发射。发射时应采用抛物线,严禁直接对准被救目标及物体,以免伤害被救者或损坏发射气瓶。

④ 气瓶落水后 3～5 s,救生圈自动张开。

⑤ 遇险者抓住救生圈,并将它套在自己的身上,救援者可将他们拉到安全地带。

(3)再发射

先将快速充气装置及救生圈和发射气瓶上的水分甩掉,用洁净的干布擦拭干净,对其进行检查,确保无漏气无磨损后方可再用;将救生圈装上新的溶解塞;卷好救生圈,塞入新的水用塑料保护筒中,理好救援绳,将塑料保护筒装在发射气瓶上,把救援绳连接好;将发射气瓶装回发射装置上,进行充气,对救生抛投器各零部件进行检查,确认安装连接好,方可再次发射。

4. 维护保养

(1)主救援绳:使用完后要及时用中性洗涤剂洗涤后再用清水清洗、干燥,重新装入绳包。

(2)救生圈:使用完后应及时用清水进行清洗、干燥。用人工充气方法检查救生圈是否漏气,其他部件也应检查是否完好。换上新的溶解塞(安全销如有损坏,也必须更换),卷好塞入塑料保护筒,存放于干燥通风的地方(以免溶解塞受潮失效),以备再用。救生圈不得用于救援以外的其他作业。

(3)发射机械装置:使用完后,擦拭干净,对各零部件进行检查,确认完好。用防锈润滑油对各金属部件进行喷涂润滑,以防产生锈蚀,妥善保管,待用。

(4)发射气瓶:使用完毕后,将发射气瓶从塑料保护筒中取出,用扳手将气瓶嘴保护套卸下,再将气瓶嘴旋下(注意:不要将气瓶嘴上的 O 型密封圈损坏或丢失),对各部件用清水进行清洗(用吹风机对准气瓶口吹送热风进行干燥,如未干燥,余下的水分在发射之前会使救生圈膨胀,影响发射),其他部件也必须干燥。待干燥后,用少许硅油涂抹在气瓶嘴上(不要用过大力量以防损坏部件),再将气瓶嘴保护套安好,以备再用。

(5)救生抛投器的救援绳、发射气瓶、自动充气救生圈都是可以反复使用的。

(四)救援三脚架

救援三脚架是一种快速提升工具,基本结构为三脚架,必要时可连接固定绳索呈两脚架形式,用于山岳、洞穴、高层建筑等垂直现场的救援工作。

1. 结构及主要部件

救援三脚架由三角支架、手动或电动绞盘、吊索、滑轮等组成,结构如图 4-4-6 所示。

2. 主要技术性能

救援三脚架主要技术性能见表 4-4-4。

3. 使用方法

使用时摇动手动绞盘的摇把或将电动绞盘接上 220 V 电压后按上升或下降键即控制吊索的上下从而达到救援的目的。手动或电动绞盘均配有下降自锁装置,即上升到半空时突然不摇动摇把或断电时,荷载物或人不会向下掉,只有将摇把向相反方向摇动或按下降键时吊索才会向下运动。

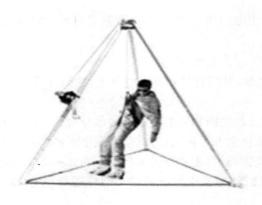

图 4-4-6　救援三脚架结构

**表 4-4-4　救援三脚架主要技术性能**

| 收拢长度/m | | 1.7 |
| --- | --- | --- |
| 撑开长度/m | | 2.75 |
| 最大荷载/kg | 电动绞盘 | 200 |
| | 手动绞盘 | 160 |
| 吊索长度/m | | ≤500 |
| 手动力(配手动绞盘)/N | | 30 |
| 电压(配电动绞盘)/V | | 220 |

4．维护保养

（1）救援三脚架是起重设备，必须每月由专门人员进行检查，每次使用前要检查吊索是否能正常地绕在绞轮上。

（2）定期检查吊索的连接接头是否足够牢固。

（3）绞盘上的吊索在放开时需留有三至四圈，以确保吊索不滑落。

（4）救援三脚架应存放在干燥处，不得与酸、碱等腐蚀性液体存放在一起。

（五）救生软梯

救生软梯（图 4-4-7）是一种用于营救和撤离被困人员的移动式梯子，它可收藏在包装袋

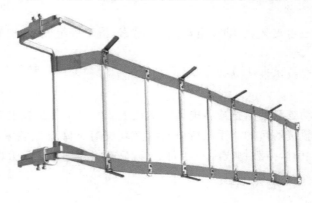

图 4-4-7　救生软梯

内。在楼房建筑发生火灾或意外事故，楼梯通道被封闭的危急遇险情况下，救生软梯是进行救生脱险的有效工具。

1. 组成与主要部件

救生软梯主要部件包括钢制梯钩（固定在窗台墙上）、边索、踏板和撑脚。其中梯钩是指救生软梯最上端的能使梯子的上部固定在建筑物上的金属构件，是梯体悬挂用的固定装置；边索是指救生软梯两侧柔性的阻燃纤维编织带；踏板是指用表面具有防滑功能的铝合金管制作、且用电镀铆钉或螺丝固定在两侧边索上的、用于脚踏的金属构件；撑脚是能使救生梯的踏板内沿与墙壁保持一定距离的金属构件。

2. 规格与适用范围

救生软梯适用于七层以下楼宇、非明火环境下、突发事故发生时的救援或逃生。救生软梯的规格见表 4-4-5。

表 4-4-5　救生软梯规格

| 整梯长度 /mm | 负荷 /kg | 梯宽 /mm | 踏板间距 /mm | 边索/mm | | 撑脚高度 /mm | 梯钩（U 字型）/mm | |
|---|---|---|---|---|---|---|---|---|
| | | | | 宽 | 厚 | | 宽度 | 深度 |
| 7 000±50 | 900 | | | | | | | |
| 10 000±50 | 900 | | | | | | | |
| 13 000±50 | 900 | 260±5 | 335±5 | 37±3 | 1.6±0.1 | 100±2 | 70～290 之间可无级调节 | 170±10 |
| 16 000±50 | 1 200 | | | | | | | |
| 19 000±50 | 1 200 | | | | | | | |

3. 主要技术性能

（1）梯身质量：梯长为 5 m 的梯身质量应不超过 6 kg，每增加 1 m 长度，增重不超过 0.8 kg。

（2）展开时间：救生软梯的展开时间应不大于 60 s。

（3）整体强度：应不低于表 4-4-5 负荷量；整梯浸水 4 h，整体强度仍应不低于表 4-4-5 负荷量。

（4）踏板抗弯性能：踏板的弯曲残余变形比值应不大于 1%。

（5）踏板抗剪切性能：经 2 450 N 载荷的剪切试验后，踏板与边索的连接处及踏板和边索本身不应有任何断裂迹象，各连接处不应松动，梯钩和撑脚不应损坏。

（6）边索的阻燃性能：应符合 GB 8624 中规定的可燃级材料 B2 级的要求。

4. 使用方法

救生软梯通常盘卷放于包装袋内（缩合状态），使用时，将窗户打开后，把梯钩安全地钩挂在牢固的窗台上或窗台附近其他牢固的物体上，而后将梯体向窗外垂放，即可使用。用户应根据楼层高度和实际需求选择不同规格的救生软梯。

5. 维护保养

软梯应存放在通风、干燥、无蛀、无鼠害的室内，不允许露天存放，更不得受潮和重压。每次用完后，应将软梯折叠起来，并与附件一起装入人造革包装袋内。

（六）救生照明线

救生照明线是一种连续线性照明器材，具有防水、防摔、防漏电、抗震、耐老化、耐弯曲、安全节能等特点，在能见度较低或无光源的场合，作为救生探查和撤退时防迷路用，如图4-4-8所示。

1. 主要部件及结构

救生照明线主要由电源输入电缆、照明线体、专用配电箱、绕线架（盘）等组成，其外观如图4-4-9所示。

图 4-4-8　救生照明线的使用　　　　图 4-4-9　救生照明线外观

2. 主要技术性能

（1）专用配电箱

供电电源：220 V；额定电流：20 A；额定动作电流：≤30 mA；最大分断时间：≤0.2 s。

（2）照明线体

单位米最大电流：≤0.07 A；单位米最大功率：≤17 W；单条线体耐拉力：≥30 kg；单条线体长度：≤80 m；最大接力长度：≤160 m。

（3）整机

连续工作时间：≥15 h；防护等级：IP44；绝缘电阻：正常使用温度下，≥50 MΩ；交变湿热试验后，≥1.5 MΩ。

（4）使用环境

温度：专用配电箱为−5～+40 ℃；照明线体为−20～+55 ℃；湿度：≤95%。

（5）质量

专用配电箱：6.5 kg±0.5 kg；照明线体：17.5 kg±0.5 kg。

3. 使用与维护

（1）使用：应避免照明线与锐利而坚硬又有边角的物体强力摩擦，不要打结或使用其拖拉重物，回收时，不可拖拉电源线。

（2）保养与贮存：使用后，切断电源并清洁干净，线体按顺序排列绕回绕线盘上；配电箱、绕线盘应在干燥、通风、无腐蚀物质、无强烈振动的室内存放。

（七）导向绳

导向绳也是一种连续线性的照明显示器材，与救生照明线相比，更侧重于方向的显示。

它适用于有毒及易燃易爆气体环境以及地下商场、仓库、山洞、隧道、水下导向等。

1. 主要部件及结构

导向绳主要由电源电缆、导向绳体（导向绳中心为导线芯及钢丝，导线芯外为屏蔽网，最外层为荧光纤维层，在屏蔽网与荧光纤维层间设有阻燃保护层）、配电箱、绕线架（盘）等组成，其外观如图 4-4-10 所示，结构与救生照明线相似。

图 4-4-10 导向绳外观

2. 主要技术性能

额定电压：12 V；额定功率：5.4 W；单根长度：100 m；线缆规格：2×1.5 mm²。

发亮组件：A. 红黄超亮二极管，50 对；B. BM 发亮光膜，超高亮 200 点。

透露能力：A. 无雾尘状态下可视距离为 100 m；B. 能见度 5 m 情况下可视距离为 15～20 m。

使用时间：A. 12 h（或 10 h）免维护电瓶直流供电，连续使用，≥10 h；B. 12 V、1 000 mA 直流稳压电源供电，连续使用，≥10 h。

3. 使用与维护

导向绳的使用与维护可参照救生照明线的要求进行。

（八）光致发光绳

光致发光（蓄光型自发光）绳是由掺有长余辉光致发光材料的合成纤维材料编织而成的绳索的总称，其特点是具有蓄光、发光功能，可在黑暗或烟雾环境中长时间发出鲜亮光芒。根据编织结构、直径、强度、延伸率，它可分别用作导向绳、牵引绳、安全绳等。其外观如图 4-4-11 所示。

1. 工作原理

绳体纤维中掺入的长余辉光致发光材料是以氧化铝等氧化物为主要成分，添加了镝、铕等稀土类元素作为激活剂而制成的。在可见光、紫外光、日光、白炽灯等照射下，材料中具有发光特性的元素原子中的电子受光激活后，由低能级电子轨道跃迁到高能级电子轨道上，并局部地落入高能级"热阱"中，将能量储蓄起来。一旦外界环境的亮度变暗，处于高能级轨道上"热阱"中的电子逐步返回到低能级轨道（原始稳定状态），其所携带的能量便以可见光的形式释放出来，藉此使其在黑暗中也能发光。

2. 使用方法

待命时，把光致发光绳置于有阳光、普通灯光或环境杂散光处使其积聚光能（但不得在

图 4-4-11　光致发光绳

日光下长时间曝晒）。夜间作业时可将光致发光绳放在消防车远光灯前照射 5～10 min 后再投入使用。

3. 维护保养

平时要将光致发光绳放置在干燥通风的地方，用后注意清洁。

4. 注意事项

避免油污、灰尘覆盖，以免影响光致发光绳蓄光和发光功能。其他注意事项同牵引绳。

**二、生命探测装备**

地震、泥石流、矿井瓦斯爆炸、自杀性恐怖袭击等突发性事件均会导致建筑物、矿井、坑道等设施发生损毁，造成人员或其他生命体被掩埋，同时救援环境复杂，导致救援人员寻找幸存生命体的难度大。生命探测仪通过探测搜寻幸存者呼救声、敲击声、心跳、呼吸、体温等生命参数，在不便于直接靠近或观察的场所，对被困于废墟、烟尘以及黑暗环境中的幸存者进行定位搜索，迅速确定其所处的位置，为救援行动赢得时间，为被困人员赢得生机。

生命参数是指人体的心率、脉搏、血压、呼吸等反映生命特征的生理指标。生命参数检测就是指利用某种机械或电子装置采用一定的方法检测到人体的生理信息，这些信息经过一定的转换，变成可以表示人体生理活动的电信号或机械信号。

根据传感器的不同类型，生命探测技术可分为四种：雷达生命探测技术、声波振动生命探测技术、红外生命探测技术和光学生命探测技术。基于以上技术，目前市面上主要有雷达生命探测仪、音频生命探测仪、红外生命探测仪、视频生命探测仪、复合式生命探测仪五种设备，其优缺点如表 4-4-6 所示。

（一）雷达生命探测仪

雷达生命探测技术，是一种通过发射特定形式的电磁波（雷达），穿过墙壁、混凝土等非透明障碍物，然后再确定透过去的空间中的生命信息的技术。根据有用的信号和噪声杂波信号在频谱上的区别，采用一定的方法对杂波和噪声加以抑制，将有用的生命信号显示出来。

表 4-4-6 不同种类生命探测仪性能对比

| 探测器名称 | 探测体征 | 优点 | 缺点 |
|---|---|---|---|
| 雷达生命探测仪 | 生命活动的各种微动,如心跳、呼吸等 | 穿透能力强、抗干扰能力强 | 无法确定是几个人,只能探测生命存在的迹象 |
| 音频生命探测仪 | 声波及震动波 | 可以探测到幸存者呼救,及发出的敲击声 | 容易受到噪音影响,探测速度慢 |
| 红外生命探测仪 | 体表发出的红外热辐射 | 可探测出幸存者身上的热量 | 可能受到其他热源的干扰 |
| 视频生命探测仪 | 高清晰视频和音频信号 | 可探测出幸存者身上的图像 | 探测的区域较小 |
| 复合式生命探测仪 | 生命活动的声波,微动,热辐射等 | 可收集幸存者多种信息 | 价格较贵 |

与常规的生命探测手段相比,雷达生命探测仪(图 4-4-12)具有以下优点:其可有效穿透各类障碍物进行探测,穿透障碍物的厚度可达数米甚至数十米;探测过程不受外界杂音、光线、温度等环境因素的影响;生命体只要有呼吸、心跳、体动等生理特征,便可被成功探测到。其不仅可成功探测到动目标,对静止的生命目标也有极佳的探测效果,与搜救犬等动物搜索方式相比,雷达生命探测仪作为一种电子设备,连续工作时间长,不受体力、心理等因素限制,训练、战备简单。

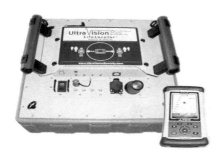

图 4-4-12 雷达生命探测仪

图 4-4-13 音频生命探测仪

（二）音频生命探测仪

音频生命探测仪(图 4-4-13)应用了声波及震动波的原理,采用先进的微电子处理器和声音/振动传感器,进行全方位的振动信息收集,可探测以空气为载体的各种声波和以其他媒体为载体的振动,并将非目标的噪音波和其他背景干扰波过滤,进而迅速确定被困者的位置,并可通过音频传输系统与被掩埋的人员建立联系。其主要应用于探测被困在混凝土、瓦砾或其他固体下的幸存者,能准确识别来自幸存者的声音如呼喊、拍打、划刻或敲击等。音频生命探测仪的优点是其灵敏性高,缺点是由于其是一种被动接收音频声波的仪器,容易受到现场噪音的影响,探测速度较慢。

（三）红外生命探测仪

任何物体只要温度在绝对零度以上就会产生红外辐射,人体也是天然的红外辐射源。但人体的红外辐射特性与周围环境的红外辐射特性不同,红外生命探测仪(图 4-4-14)就是利用这个差别,以热成像的方式将要搜索的目标与背景分开。

红外热成像技术最早在军事领域得到广泛应用,并且已经成为军事应用中具有重要战略地位的高新技术手段。除此之外,红外热成像技术还应用于很多方面。比如:将其应用于卫星的侦查、遥感和预警,可对国家安全和经济利益产生重大的影响;将其应用于战场系统中,可避免电磁干扰,获取战场信息优势,成为获得胜利的主要技术;其还可服务于飞机、舰艇、车辆的夜间导航与侦查,现代装备大部分装有红外仪

图 4-4-14　红外生命探测仪

器。在工业领域,红外热成像技术已应用于输电线、变压器等装置的带电检测和炉体的温度分布检查。其安装在飞机、轮船、汽车上,可以避免雾天相撞事故的发生,保证夜间的行车安全。随着红外热成像技术水平的不断提高和科学技术的不断发展,红外热成像技术必将能应用于更多新领域。

红外生命探测仪的性能分析指标主要有噪声分析、光谱响应率、空间分辨率等。图像噪声是由探测的背景环境引起的,如灰尘、颗粒和空气流等,一般要在前面进行滤波去噪。目前关于噪声的理论基础研究较少,因此噪声的情况难以处理。

（四）视频生命探测仪

视频生命探测仪（图 4-4-15）是一种在倒塌的建筑物下和狭窄的空间中搜寻遇难者的特殊工具。它可通过音频信号和高清晰视频向搜救人员提供废墟下的各种信息。

图 4-4-15　视频生命探测仪

（五）复合式生命探测仪

复合式生命探测仪主要用于地震、矿难、塌方等事故灾害的抢险救援,定位、验证被困于建筑物等废墟中的幸存者,并观察其所处环境,为制定救援方案提供技术支持。

复合式生命探测仪综合运用主动照明视频探测、热红外探测、音频探测、语音通话技术等对生命体的多项体征进行探测,从而有效发现幸存者,并通过信号采集、信号处理、信号存储、GPS卫星通信为救援指挥中心制定救援方案提供技术支持。复合式生命探测仪可以应用于黑暗、低温、潮湿、雨天、雾天恶劣环境条件下搜救人员不能达到或不便于达到的位置,通常具有以下优点:

（1）探测幸存者所处区域图像和热量信息,并显示在监视器上;

（2）通过音频探测器提取声音和震动信号,侦听来自幸存者的求救信号;

（3）搜索到幸存者后,通过音频探头的语音通话功能,与之进行沟通;

（4）可通过探测救援现场,采集、显示、存储、传输、分析、共享幸存者所处位置的热量、图像、声音等信息,便捷地实现生命探测仪器-救援指挥中心-后援救护中心网络连接;

（5）探测仪器可扩展性强,可以丰富探头中的传感器类型、增加探杆种类,添加主机功能模块,从而实现仪器的扩展性。

### 三、现场救护装备

现场救护装备一般分为搬运类医疗器材和急救类医疗器材。搬运类医疗器材有折叠式担架、多功能担架、躯体固定气囊、肢体固定气囊、固定抬板、敛尸袋等。急救类医疗器材主要有心肺复苏器具、婴儿呼吸袋、医疗急救箱等。

#### （一）折叠式担架

折叠式担架(图 4-4-16)重量轻、体积小,使用方便安全,主要用于医院、工厂、体育场地、部队战地运送救护人员。折叠式担架一般采用高强度铝合金材料制成,展开尺寸 2 045 mm×540 mm×135 mm,折叠尺寸 1 025 mm×110 mm×175 mm,净重≤5.2 kg,承重≥120 kg。

#### （二）多功能担架

多功能担架(图 4-4-17),一般由专用垂直吊绳、专用平行吊带、专用 D 型环、担架包装带等组成。它体积小、重量轻,可单人操作,便于携带,可水平或垂直吊运,用于消防紧急救援、深井及狭窄空间救助、高空救助、地面一般救助、化学事故现场救助等。

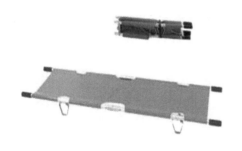

图 4-4-16　折叠式担架

图 4-4-17　多功能担架

1. 性能

（1）材料:由特殊复合材料制成。

（2）净重:≤5.2 kg;承重:≥120 kg。

（3）耐温:−20~45 ℃。

2. 维护保养与注意事项

（1）不得用带油的布擦拭,避免长期暴晒在阳光下,以免损坏塑料材料。

（2）尽量避免使用利器刮割担架。

（3）使用中严禁用吊环直接悬吊担架。

（4）使用后,担架、两侧的绑带、专用的平行吊带和垂直吊绳通常用中性洗涤剂或肥皂清洗干净,以免损坏塑料材料。

（5）在化学事故现场用完后,担架必须严格按照化学洗消程序进行处理后保存,在有放射性物质场所用完后,使用过的绑带、专用平行吊带、垂直吊绳必须更换。

(三)躯体、肢体固定气囊

躯体、肢体固定气囊(图 4-4-18),一般由 PVC 材料制成,快速成型,牢固、轻便,表面不容易损坏,可洗涤。其在真空状态下能像石膏一样把伤员的骨折或脱臼的部位固定住,使之在转运过程中免受二次伤害,并可保持 70 h 以上。躯体固定器可按伤员的各种形态而变化,X 光、CT、MRI 均可将其穿透。肢体固定气囊用于固定受伤人员的肢体,可负压工作,拆卸清洗。

(a)　　　　　　　　　　　　　(b)

图 4-4-18　躯体、肢体固定气囊

(a)躯体固定气囊;(b)肢体固定气囊

(四)固定抬板

固定抬板(图 4-4-19)采用“滚塑”一次成型工艺,坚固耐用,X 光、MRI、CT 穿透效果极佳。固定抬板周边均匀开有提手口,可供多人同时提、扛、抬;可与头部固定器、颈托配合使用,避免伤员颈椎、胸椎及腰椎再次受到伤害;可以漂浮于水面,抗碰撞性能强,表面经防污处理易清洗;适合各种恶劣环境下的抢救工作。

固定抬板一般自重≤8 kg,尺寸为 2 000 mm×460 mm×65 mm,可承重 250 kg。

(五)敛尸袋

敛尸袋(图 4-4-20)主要用于对遇难人员尸体的包裹和搬运。所用材料一般为强力无纺布复合材料,四角有提手,中间安装有拉链,方便装入和抬运。其具有携带方便、使用强度高、防渗漏的特点。敛尸袋为一次性使用的器具。其有效承重≥100 kg。

图 4-4-19　固定抬板

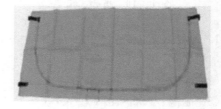

图 4-4-20　敛尸袋

(六)心肺复苏急救盒

心肺复苏急救盒(图 4-4-21),包括心肺复苏按压器与心肺复苏呼吸面罩两部分,其独特的优点和科学的构造能保证心肺复苏术正确有效地实施。

心肺复苏急救盒的功能如下:

(1)在进行心肺复苏术时,按压器能帮助操作者给被救者胸部以正确的压力和频率,使

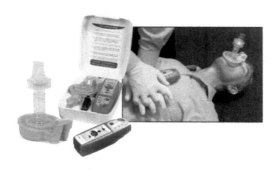

图 4-4-21 心肺复苏急救盒

心肺复苏变得简单。

(2) 电池供电,易于操作。

(3) 每分钟发出 100 个鸣音,帮助操作者进行胸部按压时,掌握频率和节奏。

(4) 指示灯可对不同体重的人(从儿童到成年人)进行指示。

(5) 按压器具有压力过大灯指示,减少了肋骨骨折刺伤肺部、伤害心脏的危险。

(6) 面罩可自动包裹被救者的鼻腔,使气流进入口和肺,适用于不同大小的脸型。

(7) 面罩设有单向阀,气流不会倒流,避免了血液、呕吐物及分泌物的感染。且单向阀可拆卸,易清洗,可反复使用,不含橡胶。

(8) 面罩为透明材料制作,便于观察被救者的出血、呕吐状况和唇色。

(七) 婴儿呼吸袋

婴儿呼吸袋(图 4-4-22)由 PVC 材料制成,配铝制底板、锂电池电源。与过滤罐配合使用,通过鼓风装置将外部空气通过滤毒罐送入头罩内,形成密闭正压,在婴儿危机时能有效保证婴儿呼吸顺畅。用于在灾难来临或有化学危险时携带婴儿撤离危险区域。

婴儿呼吸袋主要由头罩、滤毒罐、送风机、电源等组成,额定电压 9 V,使用时间 2 h,送风量约 45 L/min,质量0.87 kg,尺寸 340 mm×680 mm。

图 4-4-22 婴儿呼吸袋

1. 使用方法

首先安装电池、连接有毒物质过滤罐。打开电源开关,拉开袋子拉链,把婴儿放入袋中,固定好,头朝排气孔,然后拉上拉链。

2. 维护保养

(1) 保持清洁,及时更换电池。

(2) 清洗时,在肥皂水中用布或海绵清洁透明提包的内、外部,或使用专用洗涤剂按要求的比例稀释后消毒,不得使用有机溶剂或腐蚀性清洁产品清洗,用清水对其进行长时间漂洗,再用干净的布擦干。

(3) 每年应全面检查一次。

3. 注意事项

(1) 当环境中氧气含量低于 17% 时不得使用。

（2）使用时婴儿头部不得置于进风口一端。

（3）实战中，须先打开电源开关，待袋内充满空气后方可将婴儿放于袋内。

（八）医疗急救箱

医疗急救箱（图 4-4-23），一般配置有敌腐特灵洗消剂、防水创可贴、医用消毒湿巾、弹性绷带、医用胶带、烧伤敷料、三角巾、安全别针、无菌纱布片、乳胶止血带、高分子急救夹板、医用剪刀、医用镊子、一次性乳胶手套、带单向阀的人工呼吸罩、急救毯、急救说明书、急救手册等常规外伤和化学伤害急救所需的敷料、药品和器械。

图 4-4-23　医疗急救箱

### 四、消防水上救生装备

水上救生装备主要有水面漂浮救生绳、水面救援拖板、水上救援担架、水面抛绳包、冲锋舟、橡皮艇和消防救援艇等。

（一）水面漂浮救生绳

水面漂浮救生绳（图 4-4-24），其固定间隔处有绳节，不吸水，可漂浮于水面，标识明显，用于水面救援。其直径 12 mm，长度 200 m，破断强力 ≥18 kN。

（二）水面救援拖板

水面救援拖板（图 4-4-25），用于单人救援及伤员运输。板体为聚丙烯材料填充，板体扶手由聚乙烯材料制成，拖板底部及上表面材质为 ABS 塑料。扶手贯穿全拖板，表面防滑。水面

图 4-4-24　水面漂浮救生绳

救援时其由船拖行到遇难者身旁，遇难者可抓住救援拖板的扶手并被迅速带离危险水域。水面救援拖板可同时对多个遇难者实施救援。主要参数：长 1.7 m、宽 0.84 m、质量 18 kg。

（三）水上救援担架

水上救援担架（图 4-4-26）用于伤员的救助、运输。材质为聚氯乙烯、聚氨酯、和尼龙。担架左右各有一个浮子，配有腰部调节器和 $\phi$11 绳子。

（四）水面抛绳包

水面抛绳包（图 4-4-27），主要用于急流水域的救助作业。绳包及绳子可漂浮在水面上，绳长一般为 12～22 m。

图 4-4-25　水面救援拖板

图 4-4-26　水上救援担架

（五）冲锋舟、橡皮艇

冲锋舟和橡皮艇一般都装载在消防船上，在需要使用时可以迅速出动。它们一般用于消防船无法到达的狭窄水域。冲锋舟、橡皮艇具有反应迅速、作战灵活的特点，是水上灭火救援的重要工具。

冲锋舟（图 4-4-28）的船体材质可采用木质、玻璃钢、铝合金等。冲锋舟可以按照作战需要随时改装成救援舟和灭火舟，充分体现其作战灵活的特点。

图 4-4-27　水面抛绳包

图 4-4-28　冲锋舟

橡皮艇（图 4-4-29）一般采用强拉力尼龙织物、天然橡胶为主体胶布，二次硫化成型，充气底结构。好的橡皮艇一般具有充气快，吃水浅，抗风浪，弹性好，抗老化性能好，不易被划、刮、磨、碰破，易折叠，便携带，耐用，耐高温、低温等特点。

橡皮艇可用于部队装备、防汛救灾、水上救援、水上作业、水上漂流、水上游玩等。

一般冲锋舟和橡皮艇的参数如下。艇长：2 450～7 000 mm；艇宽：1 200～2 880 mm；舷筒直径：330～740 mm；气室（个）：2～10 个；承载重量：2 人/160 kg～30 人/2 000 kg；结构：单底、气室底、木板底、铝合金板底。

图 4-4-29　橡皮艇

（六）消防救援艇

消防救援艇是一种快速、灵活的用于水上救援、搜救的消防艇。消防救援艇一般还带有简易灭火装置，配合救援工作。

一般救援艇只能在水面活动，目前救援艇逐渐向多环境搜救方向发展。例如有一种气动搜索救援艇（图 4-4-30），该艇是一种速度快、性能稳定的救援艇。该艇独特的风扇动力和扁平船身设计使其可在水面、冰面、雪地、沼泽等条件下航行,可以在常规救援艇不能达到的地方自由穿梭,灵活机动地进行搜寻和救援作业。该艇的"飞离拖车"设计可以使其迅速脱离拖车展开工作。该艇最大速度可以达到 64 km/h,可用于急流/洪水、雪地/冰面、沼泽、照明平台、潜水平台、拖曳操作/展开油栅、浅水清理/危险物质清理、建筑物通风/排烟作业。

(a)

(b)

图 4-4-30 气动搜索救援艇
(a)雪地作业;(b)急水作业

该艇的主要技术参数见表 4-4-7。

表 4-4-7 消防救援艇性能参数

| 船长 | 5.5 m | 横梁 | 1.85 m | 质量 | 368 kg |
|---|---|---|---|---|---|
| 船高 | 2.2 m | 承载 | 6人(成人) | 马达 | 120 PS |
| 速度 | 最高 64 km/h | 电力系统 | 12 V、20 A 交流发电机 | 打火系统 | 双 CDI 点火 |

该艇的主要装备如下。

推进器:带镍帆缘铁骨木壳扇叶,外表为抛光铝,旋转护盖;转向翼:双片铝制转向舵,尼龙衬套;照明设备:双盏大功率卤素灯;灭火器:2.5 L 灭火器;排烟机:42 万 m³/h;拖车:配备。

# 【思考与练习】

1. 火场侦检技术主要分为哪几类?简述它们的区别与联系。
2. 化学侦检对象包括哪些部分?并简述其对人员检测的必要性。
3. 感官检测法的原理是什么?该方法在现实事故场地中应用的优点与局限性是什么?
4. 简述电化学型气敏传感器的工作原理及其检测范围。
5. 可燃气体探测仪的主要元件包括几部分?
6. 雷达生命探测仪的工作原理是什么?并简述其优势与局限性。
7. 常见的消防救生装备有哪些种类?
8. 简述线性可燃气体探测器的应用原理及适用范围?
9. 气相色谱-质谱联用技术的分析流程是什么?
10. 简述有毒气体检测技术中各检测传感器的优势与不足。

# 第五章　破拆技术与装备

【本章学习目标】

1. 了解我国消防救援中应用的破拆器材。

2. 学习并掌握目前应用于消防救援的破拆技术以及应用场景。

3. 掌握消防破拆装备的分类、原理和使用方法。

随着城市中大型建筑和工业厂房的增多，一旦发生火灾，灭火和救援任务将变得十分复杂，灭火行动中遇到的难题也越来越多。灭火救援中常常会进行破拆作业，如何有效实施破拆作业，最大限度地发挥人与装备的作用，是目前我国消防救援需要深入研究的重要课题。对破拆技术进行深入研究，有利于提高灭火救援的效率和救援质量，以及消防救援队伍的整体作战能力，增加事故处置成功率。

## 第一节　破拆技术概述

破拆技术是在保证被困者以及破拆人员人身安全的前提下，对被困者实施快速有效救援的技术。破拆技术是一种高效率且实用的抢救被困者的重要手段。根据不同的灭火救援场景，采取的破拆手段也存在差异。

### 一、破拆营救策略

现场破拆时，由于火灾和事故现场较为复杂，在破拆过程中要采取以下几个策略。

（一）评估破拆现场环境

在进行火灾及救援现场的破拆作业前，要提前进行合理评估，对破拆的周围环境要细致调查，包括探查现场上方建筑结构的稳定性，避免坠物的风险，探明现场下部的承重，防止坠落，俗称"看上探下"。

（二）合理选择破拆器材

针对不同破拆对象应选用不同的破拆工具，可以加快救援，使破拆工具的效能得到充分发挥。在破拆现场，还应充分利用一切可以利用的工具与设备进行破拆作业。比如，现场如有条件可利用消防车载绞盘、起重机拽开低层门窗、护栏，或是利用现场的金属加工、切割工具（电焊、气焊、砂轮切割机等）、工程设备（风镐、风钻、挖掘机、推土机、叉车等）进行破拆。

（三）科学作业

在破拆作业时，应对破拆人员进行合理分工，根据各破拆人员的操作能力和器材装备，选择正确的作业方向和突破口。在进行破拆操作时，不能盲目破拆建筑构件，特别注意以下几种特殊现场的破拆作业：① 高层建筑玻璃幕墙，防止坠落物伤人；② 钢结构厂房、仓库，防止整体坍塌埋压人员；③ 长时间封闭燃烧空间，防止新鲜空气进入后发生回燃。

（四）安全防护

无论进行何种破拆作业，都要首先保证人员的生命安全，应对破拆人员和被困人员加强安全防护。救援人员在进入现场前，必须做好个人安全防护，按照行动要则，佩戴好护目镜、手套等必备防护装备。当进入狭小的空间进行破拆时，应携带必备的通信装置、救援绳索、照明灯具以及小型破拆器材。对于建筑结构已经明显松动的建筑，不应直接进入；不得登上已受力不均衡的阳台、楼板、屋顶等部位；不准冒险钻入非稳固支撑的建筑废墟下面。在破拆时，应避免破拆过程中产生的火花、飞溅物等对被困者造成的伤害，在破拆时应加强对被困人员的保护，例如，在破拆时用开花水枪或喷雾水对切割区域进行保护等。

## 二、破拆方法

灭火救援场景通常比较复杂，因此要根据不同的救援场景采用不同的破拆方法。

（一）砸撬法

砸撬法是指破拆人员使用铁铤、铁锹、消防腰斧等简易破拆工具和手动破拆工具，通过敲击和撬动进行破拆的方法。在破拆的工程中，应注意工具的手持方法以达到省力的效果，并且要找准破拆点通过杠杆原理和力学原理进行破拆。

（二）拉拽法

拉拽法是指破拆人员利用安全绳、钢丝绳等各种绳索工具，以及消防钩等工具进行拉拽破拆的方法。例如当需要拉倒防盗窗时，拴住防盗窗的固定铆钉处、焊接薄弱点或者防盗网的中下部 2～3 根靠近边缘的部分金属棍，用人力或汽车等机械设备拉拽。在拉拽时，栓附绳要达到相应的强度标准，并选择可靠的附着点，附着的过程要保证牢固。

（三）切扩法

切扩法是指破拆人员使用无齿锯、油锯、液压切割器等功效较高破拆工具进行破拆，进而扩展空间的方法。切扩过程中应准确选择破拆点，切扩时注意角度和方向，减小回弹力。图 5-1-1 所示为消防员正在进行切割作业。

（四）冲撞法

冲撞法是指依靠外界瞬间强力冲击作用来击破墙体、防盗窗使其变形破坏进行破拆的方法。如使用圆木、举高破拆消防车高端冲击锤撞击，利用推土机、铲车等机械进行破拆。冲撞时应注意选用合适的冲撞工具，并对结构安全和人员安全进行研判，预防并及时终止突发情况。

图 5-1-1　消防员正在进行切割作业

（五）爆破法

爆破法是指利用炸药等爆破器材进行破拆的方法，它适用于拆除难以使用工具破拆或者耗费时间长久的破拆工作，目前仅在地震救援中应用过。爆破之前，应确定警戒范围，做好出水喷雾的准备，并及时预警。

（六）顶撑法

顶撑法是指使用液压式、气压式扩张器具等撑开相邻钢条的缝隙，相连部件比如凹槽、锁具，使钢条、窗框变形或者锁具破坏，以拓展狭小空间范围，开辟救人和进攻通道的方法。图 5-1-2 所示为消防员正在制作顶撑。

图 5-1-2　消防员正在制作顶撑

# 第二节　破 拆 装 备

破拆装备是指消防员在灭火、抢险救援等作业中使用的常规装备，用于强行开启门窗、拆毁建筑物、开辟消防通道、清除阴燃余火及清理火场。按照破拆器材的驱动型式可分为手动破拆器材、机动破拆器材、液压破拆器材、气动破拆器材和电动破拆器材等。本节对常见的各类破拆器材的使用方法、适用范围及注意事项等进行了详细的介绍。

## 一、手动破拆器材

手动破拆器材是破拆砖木结构的建筑物、钩拉吊顶、开启门窗、开辟消防通道的常用装备，一般安放在消防车上。传统的手动破拆工具主要有消防斧（包括尖斧和平斧）、消防钩（包括尖钩和爪钩）、铁铤、铁锹、绝缘剪等。近年来，多功能手动破拆工具组、冲击器以及撬斧工具等新型破拆器材逐渐普及。

（一）消防斧

消防斧在灭火救援中通常用来清理着火、易燃材料，切断蔓延的火势，还可以劈开被烧变形的门窗来解救被困人员。其主要分为尖斧、平斧和腰斧三种，如图 5-2-1 所示。

消防腰斧是个人携带装备，用优质碳结构钢锻造，主要用于破拆建筑、个别构件和做行动支撑物。消防尖斧用于破拆砖木结构房屋及其他构件，也可破墙凿洞。消防平斧用于破拆砖木结构房屋及其他构件。

### （二）消防铁铤

消防铁铤（图 5-2-2）主要用于破拆门窗、地板、吊顶、隔墙以及开启消火栓等，寒冷地区也可用其破冰取水。按结构形式和用途其可分为重铁铤、轻铁铤、轻便铁铤和万能铁铤四种。

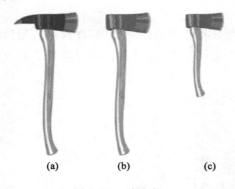

图 5-2-1　消防斧

（a）尖斧；（b）平斧；（c）腰斧

图 5-2-2　消防铁铤

### （三）多功能手动破拆工具组

多功能手动破拆工具组（图 5-2-3）是在消防挠杆的基础上研发的一种新型产品，以一杆多头的形式派生出消防斧、木榔头、爪耙、接杆（水平和标高测量尺、探路棒）、撑顶器、消防锯、消防剪等多种破拆救援工具。挠杆握把由高强度的绝缘材料制成，杆体为多节组合式，杆头更换简便快捷，可以在救灾现场根据场所条件要求，组合出不同长短的杆柄，同时还可在不同长度的杆柄上换装不同功能的杆头，从而实现多功能头和各种长度杆柄的组合使用。该工具组能有效替代原有消防车辆配置的多类传统手动破拆工具，并节省了器材占用的空间。

图 5-2-3　多功能手动破拆工具组

1. 使用说明

（1）（单头、双头）挠钩：用于破拆吊顶、开辟通道等作业。

（2）榔头：敲碎 4 m 以下的着火建筑的窗户玻璃以进行排烟、透气，平头端可临时用作无火花工具使用。

（3）爪耙：清理现场倒塌物、障碍物、有毒有害物质以及灾后的垃圾。

（4）撑顶器：用于临时支撑易坍塌的危险场所的门框、窗户和其他构件，保护灭火救援人员安全地进出。

（5）消防锯：锯断一定高度的易坠落物、易坍塌物和构件。

（6）消防剪：对灾害现场的电线、树枝、连接线、各类绳带等进行剪切。

（7）消防斧：用于劈开门、窗以及一些木质障碍物，也可撬开地板、箱、柜、门、窗、天花板、护墙板、水泥墙板、栅栏、铁锁等。对于缝隙较小的情况,可以先劈开一条缝再撬。也可用于敲碎 4 m 以下着火建筑的窗户玻璃。

(8)水平和标高仪:单杆长 1 m,通过组合连接长度可达 2.5 m(二长,一短),可以在现场迅速地测量水平距离、标高、坑或涵洞深度,便于作出科学决策,以利于救援行动。

(9)探路棒:可以作为火灾、浓烟、洼地、水坑等场所灭火救援的探路工具。

(10)担架撑杆:使用两根 2 m 长的挠杆,中间穿布兜或网兜,可充当临时担架。

2. 维护保养

(1)每次使用后,应将工具揩拭干净,保持清洁。存放处应阴凉干燥。

(2)刃口、钩尖等工作部位如有卷口或崩缺应及时修磨,并用油脂揩拭。

(3)应定期检查杆柄上各螺纹连接处的紧固螺钉,并使其保持拧紧状态。

(4)在使用前检查螺纹连接处的 O 型圈是否脱落、断裂。如发现有脱落、断裂应及时更换。

(5)定期在铝合金连接套螺纹处加注黄油,保持润滑。

(6)如发现挠钩杆各连接螺纹发生破损,应立即停用待修。

3. 注意事项

在进行带电操作时,应注意保证杆柄干燥,预防触电。

(四)撬斧工具

撬斧工具(图 5-2-4)汇集了手动破拆工具的多种功能,可用于撬多种结构的门和锁、砸撬木板、抬起物体等。工具头采用高强度不锈钢制成,强度大,耐腐蚀,手柄有防滑纹,握持可靠,可广泛应用于多种场所。

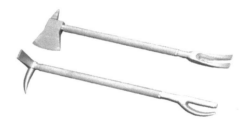

图 5-2-4　撬斧工具

1. 主要性能参数

常用撬斧工具主要性能参数见表 5-2-1。

表 5-2-1　常用撬斧工具主要性能参数

| 型　　号 | QF-4 |
| --- | --- |
| 工具长度/mm | 783 |
| 手柄力/N | 600～800 |
| 撬门力/N | ≥4 000 |
| 撬锁力/N | ≥10 000 |
| 拔钉力/N | ≥10 000 |
| 切割板(Q235A)厚度/mm | ≤1.5 |
| 凿孔板(Q235A)厚度/mm | ≤1.5 |

2. 维护保养

(1)使用后要及时清理和整洁。

(2)要定期对工具头做强度检查和耐腐蚀检查。

（五）冲击器

冲击器（图5-2-5）是一种手动破拆器材。冲击头采用高强度工具钢制造，强度大，韧性好。手柄运用人体工程学设计，最大限度满足人体操作能力。冲击器使用时可根据破拆对象的不同选用合适的工具头，集凿、切、砸、撬等工作方式于一体，可广泛应用于多种场所。

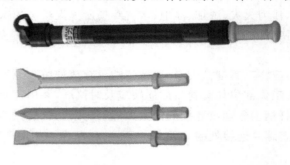

图5-2-5　冲击器

1. 主要性能参数

常用冲击器主要性能参数见表5-2-2。

表5-2-2　常用冲击器主要性能参数

| 型　　号 | CJQ 750-A |
| --- | --- |
| 外形尺寸/mm×mm | 750×$\phi$65 |
| 质量/kg | ≤8.45 |
| 冲击锤质量/kg | 4.8 |
| 冲击行程/mm | 438 |

2. 使用说明

根据需要破拆的场所以及对象的不同，更换工具的冲击头。

3. 维护保养

（1）使用后要及时清理和整洁。

（2）要定期对工具头做强度检查和耐腐蚀检查。

**二、机动破拆器材**

机动破拆器材是以小型内燃机、电动机等作为动力源的破拆工具，通常用于切割砖木结构、玻璃幕墙和薄钢板等。常用的机动破拆工具主要有无齿锯、双轮异向切割锯、机动链锯、电弧切割机等。

（一）无齿锯

无齿锯就是没有齿的可以实现"锯"的功能的设备，是一种简单的机械，如图5-2-6所示。主体是一台电动机和一个砂轮片，可以通过皮带连接或直接在电动机轴上固定。其切割原理是通过砂轮片的高速旋转，利用砂轮微粒的尖角切削物体，同时磨损的微粒掉下去，新的锋利的微粒露出来，利用砂轮自身的磨损切削。在抢险救援中无齿锯通常用于切割钢材和其他硬质材料及混凝土结构。

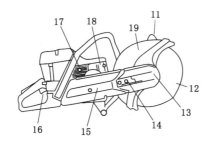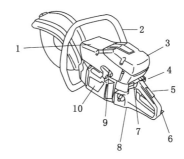

1—切割盖；2—前手柄；3—气滤盖；4—启动风门；5—油门锁杆；6—后手柄；7—启停开关；
8—燃油箱；9—启动手柄；10—启动器；11—锯片护罩调整杆；12—切割锯片；13—切割头；
14—皮带张紧调整螺钉；15—切割臂；16—油门；17—启动减压阀；18—消音器；19—锯片护罩。

图 5-2-6　无齿锯

1. 操 作 程 序

（1）调整锯片护罩角度，检查切割轮片、燃油、冷却润滑油和传动皮带体松紧度。

（2）打开启停开关，拉出启动风门，按下启动减压阀减小汽缸内压力（发动机工作后减压阀会被汽缸内燃烧压力自动弹回正常位置）。左手握牢前手柄，右脚踏住后手柄紧贴地面。右手缓慢拉动启动手柄至感到阻力（启动轮与飞轮棘爪接合）后，快速大力拉动启动绳，发动机器。

（3）对需破拆物进行破拆切割。

（4）操作结束，关闭机器，清洁机器。

2. 注 意 事 项

（1）需按照要求定期对机器进行保养。

（2）在操作中必须佩戴好头盔、护镜、手套和防护服。

（3）开始切割作业时，应逐渐提高锯片转速，缓慢平稳切入，不得强压锯片切入。

（4）仅能使用锯片的切割区域进行切割。

（5）切割时必须按直线移动，以免损伤锯片。

（6）保持适当的工作距离，禁止超过肩高使用无齿锯。

（7）机器如不具备防爆功能，在运转中不能添加燃油，外溢油必须擦干。

（二）双轮异向切割锯

双轮异向切割锯（图 5-2-7）是一种新型的动力切割工具，它采用了双锯片异向转动切割的工作模式，与单锯片的无齿锯相比，既提高了切割速度，又降低了切割作业时的反冲力及振动，并能在多角度下工作，可切割钢材、钢管、电缆、铝材（使用润滑油）、木材、墙板、塑料、汽车玻璃等材料，广泛应用于消防救灾、应急抢险、电力、电信施工、民用建筑、拆卸工作等各种施工现场。

图 5-2-7　双轮异向切割锯

1．操作程序

（1）检查切割轮片、锯片固定螺钉、燃油、润滑油和传动皮带体松紧度。

（2）打开启停开关，拉出启动风门，按下启动减压阀减小汽缸内压力（发动机工作后减压阀会被汽缸内燃烧压力自动弹回正常位置）。左手握牢前手柄，右脚踏住后手柄紧贴地面。右手缓慢拉动启动手柄至感到阻力（启动轮与飞轮棘爪接合）后，快速大力拉动启动绳，发动机器。

（3）对需破拆物进行破拆切割。

（4）操作结束，关闭机器，清洁机器。

2．注意事项

（1）需按照要求定期对机器进行保养。

（2）在操作中必须佩戴好头盔、护镜、手套和防护服。

（3）开始切割作业时，应逐渐提高锯片转速，缓慢平稳切入，不得强压锯片切入。

（4）应尽量保持锯片与被切物表面垂直，当必须斜面切割时，初始要尽量放慢切割速度，待两锯片同时切入后，逐渐提高转速。

（5）切割时必须按直线移动，以免损伤锯片。

（6）仅能使用锯片的切割区域进行切割。

（7）保持适当的工作距离，禁止超过肩高使用双向锯。

（8）机器如不具备防爆功能，在运转中不能添加燃油，外溢油必须擦干。

（三）机动链锯

机动链锯的锯链由特殊碳钢制成，链锯前端有滚珠设计，并设有保护装置，常用于木门、木楼板、木屋顶和树木等木质结构件的破拆。机动链锯的结构参见图5-2-8。

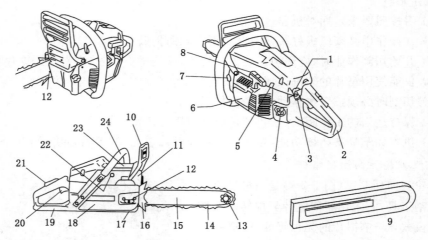

1—点火开关钮（用于停车）；2—后手柄；3—启动用阻风门钮；4—燃油箱盖；5—化油器调整螺钉；
6—启动机盖；7—链润滑油箱盖；8—启动手柄；9—导板套；10—安全护挡；11—消音器；12—紧链螺钉；
13—导板顶端链轮；14—锯链；15—导板；16—防撞器；17—捕链器（在罩内，用于捉住断开或出槽的锯链）；
18—离合器盖；19—右护手板；20—油门扳手；21—油门锁；22—启动减压阀；23—汽缸盖罩；24—前手柄。

图5-2-8　机动链锯示意图

1．操作程序

（1）检查燃油、润滑油、链条导板、油门、制动器。

（2）进行不开机预热、润滑。

（3）拉上制动器，打开点火开关（必要时可打开风门），加入少量的燃油。

（4）拉动起动绳，起动机器。

（5）放开制动器，进行切割和破拆。

（6）切割、破拆结束后对主要机器进行检查保养。

2．注意事项

（1）应严格按要求对机器进行定期的检查和保养。

（2）在特殊季节进行操作时，注意防止疲劳，对机器的冷却或进气进行调整。

（3）对原木或木质结构件进行破拆时，要保持机器的稳定，使导板与物体成90°角。

（4）对树木的砍伐，要注意周围的风向、坡向等，确定切入口、倒向口，并先清除周围小树、树枝，避免反弹与障碍。

（5）保持适当的工作距离，禁止超过肩高使用链锯。

（6）在操作前必须认真检查，佩戴好个人防护装备。

（四）电弧切割机

电弧切割机（图 5-2-9）使用大功率元件 IGBT（绝缘栅双极性晶体管）将 $50\sim60$ Hz 的工频电流逆变为高频电流，再降压整流，通过脉宽调制技术输出大功率直流电流，使主变压器的重量、体积大幅度下降。引弧系统采用高频振荡的原理，起弧容易，并具备提前送气延时关气的功能，其特点是稳定可靠、轻便、节能、噪声低。电弧切割机用途广泛，可对不锈钢、合金钢、低碳钢、铜、铝及其他有色金属进行切割，整机转换效率达 85％以上。

图 5-2-9　电弧切割机

1．性能参数

常用电弧切割机主要性能参数见表 5-2-3。

表 5-2-3　常用电弧切割机主要性能参数

| 产品型号 | DLC50B |
| --- | --- |
| 输入电压/V | AC220（±10％） |
| 频率/Hz | 50、60 |

表 5-2-3(续)

| 产品型号 | DLC50B |
|---|---|
| 额定输入电流/A | 30 |
| 额定输出电流/A | 50±3 |
| 负载持续率/% | 60 |
| 电流调节范围/A | 20～50 |
| 延时关气时间/s | ≥10 |
| 空气压力/MPa | 0.3～0.6 |
| 质量/kg | ≤27 |
| 外形尺寸/mm×mm×mm | 240×430×370 |
| 最大切割厚度(推荐值)/mm | 25(碳钢) |

2. 安装

(1) 输入线的连接。将切割机一次工作电源线通过连接导线接在发电机组上或接入工频电压 220 V 电源上(切勿错接为 380 V，否则机内元器件将被烧毁)。电源线与电源插座或接线柱要接触良好，防止氧化。有条件情况下，可用仪表测量电源电压是否在波动范围内。机器后写有"接地"标志，应使用导线可靠接地，以确保安全。

(2) 输出线的连接。将空气瓶输出口接上减压器，并用 2 m 气管与机器后面右下方的气嘴紧密对接(若用空气压缩机供气，可将压缩空气管与机器后面所装的减压过滤器连接，再连接右下方的气嘴)。将切割枪的铜螺母与本机前面的气电一体化接口相连，并顺时针旋紧，然后将切割枪上的航空插头(三芯)与控制插座相连并旋紧。将地线与切割机前面板的地线接线柱相连并旋紧，另一端夹子与被切割工件夹紧。

(3) 检查上述接点是否连接牢固，输入电压是否正确。

3. 操作程序

(1) 起动发电机组。

① 打开发电机组汽油箱开关。

② 拉起汽油机阻风门手柄。

③ 打开汽油机电源开关。

④ 迅速拉起起动手柄，使机器起动。

⑤ 推回阻风门手柄，机器正常运转。

⑥ 打开发电机组电源开关，供电。

(2) 打开切割机前面板的电源开关至"ON"的位置，此时开关指示灯亮，风扇旋转。打开压缩空气阀门，调节气压至所需压力。

(3) 按下切割枪上的控制按钮，电磁阀动作，将听到机内高频引弧放电声，同时切割枪喷嘴应有气体流出。

(4) 根据切割工件的厚度，设定相应的切割电流。切割作业常用参数见表 5-2-4。

(5) 将切割枪的喷嘴与工件边缘对准并接触，按下切割枪上按钮引燃电弧后(此时机内高频自动消失)，即可开始切割，切割时喷嘴应与工件表面垂直，待工件被完全切穿时，再慢慢移动割枪向前切割,否则未切穿工件而使铁水反喷,损坏喷嘴及电极。

表 5-2-4　切割作业常用参数

| 切割电流/A | 切割厚度/mm | | | 空气压力/MPa |
|---|---|---|---|---|
| | 不锈钢,碳钢 | 铝 | 铜 | |
| 20 | ≤5 | ≤3 | ≤2 | |
| 30 | ≤8 | ≤5 | ≤3 | 0.3～0.6 |
| 40 | ≤15 | ≤8 | ≤4 | |
| 50 | ≤25 | ≤12 | ≤6 | |

（6）松开按钮结束切割（气体延时关闭）。

（7）上述操作为"Self hold"自锁开关置于"OFF"的位置,如果置于"ON"位置,起弧后即可松开割枪开关,停止切割时只需再次按下割枪开关,电弧即可熄灭。

4. 注意事项

（1）根据切割工件厚度,合理掌握切割速度,将延长喷嘴与电极使用寿命。

（2）切割时应确保压力足够,否则喷嘴烧损严重。

（3）使用过程中,如果面板指示警报灯闪烁,此时应停止工作,待机器冷却指示灯熄灭后再行工作。

（4）使用中,如果警报灯常亮,应立即关闭电源,查出损坏元件,更换后再使用。

**三、液压破拆器材**

液压破拆工具具有撬开、支撑重物,分离、剪切金属和非金属材料及构件的功能。液压破拆工具主要有液压扩张器、液压多功能钳、液压剪断器、液压救援顶杆、液压开门器、便携式多功能钳、手动液压泵、液压机动泵等,对应的技术标准为《消防应急救援装备　液压破拆工具通用技术条件》(GB/T 17906—2021)。

（一）液压扩张器

液压扩张器在抢险救援工具中具有强有力的扩张、撕裂和牵拉功能,可进行高负荷的救援操作。它采用高强度轻质合金钢制造,重量轻,扩张力大。在事故发生时,它可用于撬开、支起重物、分离金属和非金属结构,以解救受困者。扩张器如图 5-2-10 所示。

图 5-2-10　扩张器

1. 工作原理

扩张器由高压机动泵或手动泵供油,工作油缸内高压油推动油缸活塞移动,再由移动的活塞推动扩张臂转动,从而使扩张臂前部实现扩和夹的动作。在抢险救援中用于对破拆对象实施扩、夹及拉（装上牵拉链后）的救援作业。手控换向阀控制扩张臂前部的张开和闭合,手控换向阀处于中位时,扩张臂不运动。

2. 主要性能参数

常用扩张器主要性能参数见表 5-2-5。

表 5-2-5　常用扩张器主要性能参数

| 项　目 | 参　　数 | |
|---|---|---|
| | KZQ 120/45 A 型 | KZQ 200/60 C 型 |
| 最大扩张距离/mm | ≥630 | ≥700 |
| 额定工作压力/MPa | 63 | 63 |
| 额定扩张力/kN | ≥45 | ≥60 |
| 最大扩张力/kN | ≥120 | ≥200 |
| 质量(可工作状态)/kg | ≥16.5 | ≥28 |
| 空载张开时间(机动泵供油)/s | <40 | <40 |
| 空载闭合时间(机动泵供油)/s | <30 | <30 |

3. 操作程序

① 用带快速接口的软管将扩张器与油泵连接,快速接口防尘帽应对扣防尘。

② 将机动泵或手动泵手控开关阀顺时针轻轻拧紧,油泵即向扩张器提供液压油。

③ 根据工作需要,转动换向手轮。当扩张器换向手轮处于中位位置时,扩张器不动作;逆时针旋转手轮时,扩张臂将张开,反之扩张臂并拢。通过扩张或夹持即可进行所需破拆作业。

④ 工作完毕后,使扩张臂并拢,并呈微张开状态。

4. 注意事项

① 液压锁体上的 3 个安全阀是扩张器安全工作的保证,不允许非专业维修人员进行调整。

② 扩张头与工作对象应接触可靠,尽可能用扩张头上的大圆弧进行扩张,以免滑脱发生危险。

③ 扩张器在做扩张或牵拉作业时,应注意工作对象的重心位置,以免在作业时工作对象倾覆造成意外伤害。

④ 扩张器可做扩张或夹持之用,一般不应做长期支撑用。当扩张器带负载工作至破拆对象达到所需位置时,即应采取适当措施固定破拆对象,以防破拆对象复位而引发危险。

(二)液压多功能钳

液压多功能钳(图 5-2-11)是一种以剪切板材和圆钢为主,兼具扩张、牵拉和夹持功能的专用抢险救援工具,用于破拆金属或非金属结构,解救被困于危险环境中的受难者。液压扩张钳的最大扩张力可达近 20 t,可对建筑物构件等重型物体实施扩张和移动。

1. 工作原理

液压多功能钳的工作原理是通过快速连接机动泵或手动泵供油,液压力推动活塞,通过连杆将活塞的动力转换成刀具的转动运动,从而对破拆对象实施剪、扩、拉、夹的救援作业。手控换向阀控制刀具的张开和闭合,手控换向阀处于中位时,刀具不运动。

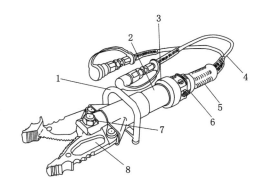

1—手柄Ⅰ;2—工作油缸;3—油缸盖;4—高压软管;5—手柄Ⅱ;6—手控换向阀及手轮;
7—中心销轴锁母;8—多功能切刀。

图 5-2-11　多功能钳

**2. 主要性能参数**

常用液压多功能钳主要性能参数见表 5-2-6。

表 5-2-6　常用液压多功能钳主要性能参数

| 项目 | 参数 |
| --- | --- |
| | DGQ 15/32-D 型 |
| 剪刀端部开口距离/mm | ≥360 |
| 额定工作压力/MPa | 63 |
| 最大剪断能力(Q235A)/mm | 15(钢板)$\phi$28(圆钢) |
| 额定扩张力/kN | ≥35 |
| 质量(工作状态)/kg | ≤13.5 |
| 空载张开时间(机动泵供油)/s | <30 |
| 空载闭合时间(机动泵供油)/s | <25 |

**3. 操作程序**

(1)将多功能钳从固定装置或储藏箱内取出,将其快速接口的公口和母口分别与手动泵或机动泵的阴口和阳口连接。对于机动泵需要 2 根 5 m 长、两端带有快速接口的液压软管,分别与工具和机动泵相连,快速接口防尘帽应对扣防尘。

(2)使用机动泵做动力时必须注意:一定插接好快速接口,才允许起动发动机。待发动机转速稳定后,关闭机动泵的手控开关阀(顺时针旋转),即可正常工作。

(3)操作者将多功能钳闭合或张开至适于扩张头插入作业对象状态后,停止操作(手轮回中位)。如图 5-2-12 所示,将扩张头插入作业对象中,使多功能钳的扩张头与可靠支点接触,保证受力点在扩张头上。右旋换向手轮,多功能钳做扩张作业。同理,通过适当操作,多功能钳还可进行剪切、牵拉和夹持作业(左旋换向手轮时,多功能钳做闭合、剪切、夹持动作,右旋换向手轮时,做张开、扩张动作)。

(4)工作完毕后,应使多功能剪刀处于微张开状态(3~5 mm 距离),以便于储藏和保

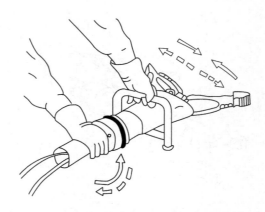

图 5-2-12　张开、闭合操作

护刀刃。

（5）打开机动泵手控开关阀，关闭发动机，脱开快速接口，盖好防尘帽，除尘后用固定装置固定或放入储藏箱保存。

4. 注意事项

（1）多功能钳用于剪切时，为防止刀具损坏，操作者如果不清楚所剪材料的硬度，应进行试剪，即剪切 1~2 mm 后退出刀具，察看切入情况，发现为淬硬材料时，应停止作业，换用其他工具，如电弧切割机等。

（2）特别注意：当剪刀端部刃口的侧向分离垂直距离大于 3 mm 时即应退刀，调整剪切角度后重新进行剪切，否则将损坏刀具。

（3）剪切作业时应使被剪工件与剪刀平面垂直，以免剪刀因受侧力而产生侧弯损坏。

（4）剪切作业时，做好安全防护，不允许剪切两端都是自由端的物体。

（5）多功能刀中心销轴锁紧螺母的拧紧力矩为 150~180 N·m。

（三）液压剪断器

液压剪断器（图 5-2-13）是一种利用机械力或液压动力实现剪切圆钢、型材及线缆为主的专用抢险救援工具，用于破拆金属或非金属结构。

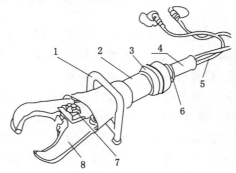

1—手柄Ⅰ；2—工作油缸；3—油缸盖；4—手柄Ⅱ；5—高压软管；6—手控换向阀及手轮；
7—中心销轴锁母；8—剪刀。

图 5-2-13　液压剪断器

1. 工作原理

液压剪断器的工作原理是通过快速接口连接机动泵或手动泵供油,液压力推动活塞,通过连杆将活塞的推力转换为刀具的转动,从而对破拆对象实施剪切救援作业。手控换向阀控制刀具的张开和闭合,手控换向阀处于中位时,刀具不运动。

2. 主要性能参数

常用液压剪断器主要性能参数见表 5-2-7。

表 5-2-7 常用液压剪断器主要性能参数

| 型 号 | JDQ 28/150 D 型 |
| --- | --- |
| 剪刀端部开口距离/mm | ≥150 |
| 额定工作压力/MPa | 63 |
| 剪切力 | 497 kN |
| 最大剪断能力(Q235A)/mm | $\phi$28(圆钢) |
| 质量(工作状态)/kg | ≤12.5 |
| 空载张开时间(机动泵供油)/s | <30 |
| 空载闭合时间(机动泵供油)/s | <25 |

3. 操作程序

(1)将剪断器从固定装置或储藏箱内取出,将其快速接口的公口和母口通过液压软管分别与手动泵或机动泵的阴口和阳口连接。对于机动泵需用 2 根 5 m 长、两端带有快速接口的液压软管,分别与工具和机动泵相连。快速接口防尘帽应对扣防尘。

(2)使用机动泵做动力时必须注意:一定插接好快速接口后,才允许启动发动机。待发动机运转稳定后,关闭机动泵的手控开关阀(顺时针旋转),即可开始工作。

(3)操作者右旋换向阀手轮,使剪断器张开至适于插入作业对象(圆钢或钢管)状态后,手轮回中位,剪断器伸入作业对象,使被剪切物置于两刀圆弧刃口之间(尽可能用刀具根部刃口剪切)。

(4)操作者左旋换向手轮,使剪断器进行剪切作业。

(5)工作完毕后,应使剪刀处于微张开状态(端部 3～5 mm 距离),以便于储藏和保护刀刃。

(6)逆时针打开机动泵手控开关阀,关闭发动机,脱开快速接口,盖好防尘帽,除尘后用固定装置固定或放入储藏箱保存。

4. 注意事项

(1)剪断器用于剪切时,为防止刀具损坏,操作者如果不清楚所剪材料的硬度,应进行试剪,即剪切 1～2 mm 后退出刀具,察看切入情况,发现为淬硬材料时,应停止作业,换用其他工具,如电弧切割机等。

(2)剪切作业时,当剪刀端部刀口的侧向分离垂直距离大于 3 mm 时即应退刀,调整剪切角度后重新进行剪切,否则将损坏刀具。

(3)剪切作业时,尽可能使被剪工作与剪刀平面垂直,以免剪刀因受侧力而产生侧弯、损坏。

（4）剪切作业时，应做好安全防护，防止被剪物飞出伤人。不得剪切两端都是自由端的工件。

（5）剪断器中心销轴锁紧螺母的拧紧力矩为150～180 N·m。

（四）液压救援顶杆

液压救援顶杆（图5-2-14）是一种专用救援抢险器械，用于顶开或撑起金属和非金属结构，解救被困于危险环境中的受害者。它的工作原理是：在高压液压油的推动下，初级活塞杆和次级活塞杆伸出，从而使带防滑齿的移动支撑和固定支撑将撑顶对象顶开或撑起。

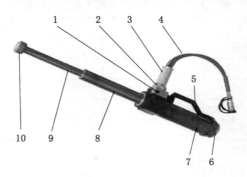

1—双向液压锁；2—手控换向阀；3—前手柄；4—高压软管；5—后手柄；6—固定支撑；7—油缸；
8—初级活塞；9—次级活塞；10—移动支撑。

图5-2-14　液压救援顶杆

同扩张器相比，液压救援顶杆可实现更长距离的扩张，其扩张力一般也比扩张器大。因为使用液压救援顶杆时扩张对象间的距离需大于液压救援顶杆的闭合长度，所以液压救援顶杆可与扩张器联合使用。

1. 主要性能参数

常用液压救援顶杆主要性能参数见表5-2-8。

表5-2-8　常用液压救援顶杆主要性能参数

| 项　　目 | 参　　数 |
| --- | --- |
| 额定工作压力/MPa | 63 |
| 最大撑顶力/kN | 初级195<br>次级90 |
| 闭合长度/mm | ≤460 |
| 额定撑顶长度<br>（闭合长度＋行程）/mm | 初级＞770<br>次级＞1 060 |
| 质量（工作状态）/kg | ≤15 |
| 空载顶出时间/s | ≤50 |
| 空载闭合时间/s | ≤40 |
| 作业覆盖范围/mm | 460～1 060 |

2．操作程序

（1）将液压救援顶杆取出摘下快速接口防尘帽，通过液压软管分别与机动泵或手动泵的快速接口阴口和阳口插接牢靠（防尘帽同时相互对接防尘）。与机动泵连接时，要通过带快速接口的液压软管。当油泵供油时，逆时针转动换向阀手轮时，顶杆做伸出、撑顶动作，顺时针转动换向手轮时，做回缩动作。手轮在中位时，顶杆静止不动。

（2）将液压救援顶杆放在需要撑顶的物体或工作对象之间。注意：应使固定支撑和移动支撑在受力稳定位置，并确保支撑防滑，顶杆不应倾斜。为此，开始时可以少量撑开试顶几次再正式开始工作。

（3）操作者转动换向手轮，即可利用液压救援顶杆移动支撑的伸出实现撑顶和扩张。在撑顶过程中，换向手轮回中位时，顶杆将静止不动。

（4）工作完毕后，使顶杆并拢后再反向伸出 3～5 mm，以便于储藏和保护器材。

（5）打开机动泵或手动泵开关阀，关闭发动机，脱开快速接口。盖好接口防尘帽，除尘后，用固定装置固定或装箱保存。

3．注意事项

（1）液压锁体上的安全阀，是顶杆安全工作的保证，不允许非专业维修人员进行调整。

（2）固定支撑和活动支撑上带有防滑齿，在作业过程中，应使它们与被扩张对象接触牢靠，防止打滑以免发生危险或损坏工具。

（3）由于液压救援顶杆的活塞行程较长，活塞杆伸出部分也较长，在使用过程中应注意保护，避免硬物划伤，造成工具损坏。

（4）在液压救援顶杆负载过程中，应避免活塞杆受到侧向力或侧向冲击，以免活塞失稳或使顶杆滑脱。

（五）液压开门器

液压开门器（图 5-2-15）是一种专用抢险救援器械。底脚采用特种钢制造，可提供巨大的开门力，用于开启金属、非金属门窗等结构，从而解救被困于危险环境中的受害者。

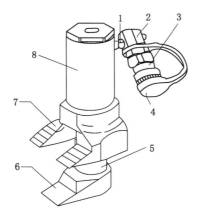

1—接头Ⅰ；2—接头Ⅱ；3—快速接口阴口；4—防尘帽；5—活塞杆；6—底脚Ⅰ；7—底脚Ⅱ；8—油缸。

图 5-2-15 液压开门器

1. 工作原理

将并拢的底脚尖端插入被开启对象的缝隙中,然后用液压手动泵供油,在液压力的作用下,两个底脚逐渐分离,从而将被开启对象开启(撬开)。

2. 操作程序

(1)连接:取出开门器(其底脚应已完全收拢在一起)和手动泵,取下开门器的快速接口防尘帽和手动泵的快速接口阳口防尘帽,将接口插接(接口、防尘帽对接在一起防尘)。

注意:

① 开门器只能用手动泵供油工作。

② 开门器为单作用油缸,只用手动泵带阳口的出油油管。

③ 插接前将阴口上的滑动套向后退到底,插入后再向前推到底。工作前必须确认阳口和阴口已插接牢靠。

(2)开门器工作时,一般需要两个人配合工作,一个人将开门器两只并拢的底脚尖楔插进需打开的门、窗等被开启对象带锁部位的缝隙中,另一个人关闭(逆时针旋转)手动泵上的手控开关阀后压动手柄,向开门器供油,开门器的两个底脚即开始撑开,将缝隙逐渐开大(最大 100 mm)。

(3)若门缝隙过小,难以将开门器尖楔插入门缝,可使用手槌或榔头敲击开门器底脚下部,使底脚尖楔逐渐楔入门缝,最好使其伸到接近尖楔的根部,然后再向开门器供油。

(4)当门已撬开到所要求的张开程度后,将门打开(必要时可使用手动破拆工具协同作业)。

(5)开门器完成作业后,先打开手动泵的手控开关阀(逆时针松开手控开关阀)。开门器的两底脚在油缸内弹簧的作用下逐渐收拢,取下开门器。为了加速使底脚回位,可以用手在开门器油缸上部按压,直到底脚完全收拢回位。然后与手动泵的快速接口脱开,各自套上防尘帽。

(6)清洁开门器各部分,将油污擦干净,以备下次使用。

(六)便携式多功能钳

便携式多功能钳是集扩张、剪切及手动泵为一体的新型装备,可由单人携带及操作,使用便利。由于动力源和工具组合为一体,其也可在水下进行作业。便携式多功能钳的结构参见图 5-2-16。

1. 操作程序

(1)当实施剪切作业时,首先将换向阀手轮右旋到底,手轮上的红色标记应转至扩张工作挡(明显有钢球弹入定位槽的感觉时)。

图 5-2-16　便携式多功能钳

(2)压动活动手柄,使两侧刀臂适当张开。

(3)将被剪工件置入两侧刀臂之间,尽量靠近根部。

(4)将换向阀手轮左旋到底,手轮上的红色标记应转至剪切工作挡(明显有钢球弹入定位槽的感觉时)。

（5）压动活动手柄使两刀并拢进行剪切。

（6）当两刀并拢到一定程度时，会感到手柄力突然降低，这是低压工作自动转变为高压工作，再继续压动手柄，直至切断被剪工件。

（7）扩张工作操作程序与此相反。

（8）工作完成后，将两刀并拢至 5～10 mm 间距，将换向阀手轮上的红色标记转到与泵缸体上的红色标记对准，此时，换向阀处于中位，再压动手柄时，刀具不再运动。

（9）将便携钳清理干净后收起待用。

2. 注意事项

（1）便携钳只能剪切硬度不大于碳素结构钢 Q235 或硬度 HRC20 的材料，不允许剪切淬硬的钢材，否则将会损坏刀具或造成崩出物伤人。当剪切不明材料时，手柄打压感到手柄力突然降低时转换为高压工作后，立即停止打压，张开刀具，取出被剪切件，或移开工具，观察工件上的剪切口，如已深至 3 mm 以上，可尝试继续剪切，否则应停止工作，改用其他工具（如电弧切割机或无齿锯）进行作业。

（2）剪切作业时应尽可能保证被剪工件与剪刀之间垂直。不允许剪切两端都是自由端的物体。

（3）换向阀手轮在剪切和扩张两个工作位置和中位均有定位钢球，旋转到此处时会明显有钢球弹入定位槽的感觉，并听到"卡崩"声。

（4）由补偿器伸出的加油管如果只伸出 15 mm（最大应伸出 40 mm）即已严重缺油。加油必须使用 10 号航空液压油，切不可任意加用其他液压油。

3. 常见故障及排除方法

（1）当压动手柄而刀具不运动，无法工作时，请检查换向阀手轮是否处于中位位置。此时应旋动手轮到闭合或张开位置。

（2）当刀具扩张或并拢时，感觉手柄力过大，甚至按压不动，可能是某个出油阀被脏物塞住，此时可在空载状态反复打压以清除脏物。

（3）当手动泵手柄无力、工具不能正常工作时，可能缺油或发生渗漏，应进行检修及续加液压油。

（七）手动液压泵

手动液压泵作为一种液压动力源，可与破拆工具配套使用。通常低压输出压力为 6～8 MPa，高压输出压力为 63 MPa，泵中的高低压自动转换阀可根据外界负载的变化自动转变压力。低压时，泵的输出流量大。高压时，手柄力自动成倍减小。所以，手动液压泵是抢险人员可随身携带的便携式超高压动力源。手动液压泵的结构参见图 5-2-17。

其工作原理是：凸轮由电动机带动旋转。随着凸轮推动柱塞向上运动，由柱塞和缸体形成的密封体积减小，油液从密封体积中挤出，流经单向阀排到需要的地方。当凸轮旋转至曲线的下降部位时，弹簧迫使柱塞向下，形成一定真空度，油箱中的油液在大气压力的作用下进入密封容积。凸轮使柱塞不断地升降，密封容积周期性地减小和增大，泵就不断地吸油和排油。

1. 操作程序

（1）松开油箱盖：工作前，须将油箱盖拧松 1～1.5 圈。拧松过多会使油箱盖滑脱；拧松过少时，油箱通气不好，会降低油泵功能。

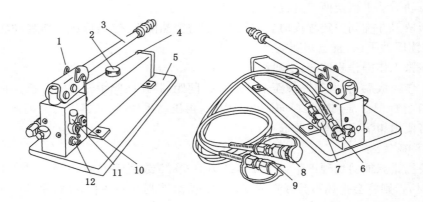

1—锁钩；2—油箱盖兼油尺；3—手柄；4—油箱；5—底板；6—出油管接头；7—回油管接头；
8—快速接口阴口及防尘帽；9—快速接口阳口及防尘帽；10—高低压转换阀；
11—手控开关阀；12—安全阀。

图 5-2-17　手动液压泵

（2）初次使用手动液压泵前，应检查油箱内液压油油面：拧下油箱盖，检查油尺上油面所到位置（应在油尺两刻度之间）。过低时，应补充油后再进行工作（必须补充洁净液压油）。油面过高会造成使用过程中液压油外溢。

（3）用带快速接口的软管将手动泵与扩张器或剪断器等配套工具连接。应仔细检查系统外部的各部件是否存在连接松动、器件损坏等异常现象。如发现，应及时维修更换。在确认各部分正常后，方可进行操作。

注意：快速接口对接后，应及时将接口防尘帽对扣在一起（防尘）。打开防尘帽的快速接口及防尘帽，不得放在地上。否则，脏物易进入系统，而使工具损坏。

（4）顺时针方向关闭手控开关阀，使油泵可以输出压力液压油。

（5）打开锁钩后，即可压动手动液压泵手柄。此时手动液压泵即可向救援工具输出压力液压油，使工具进行救援作业。

（6）工作完毕后，首先逆时针方向打开手控开关阀，卸掉泵及管路压力，然后将手动泵与配套工具间快速接口脱开（接口扣好防尘帽）。

（7）拧紧油箱盖，用锁钩将手柄锁紧盘好油管（并捆扎）后装箱保存。

（8）在操作过程中应注意防尘，操作结束后应检查部件，擦拭后装箱保存。

2. 注意事项

（1）油泵中的安全阀是系统安全工作的保证，不允许非专业维修人员进行调整。

（2）高、低压限压阀均已在出厂前调整好，在使用过程中，不得随意调整。

（3）在手控开关阀关闭的情况下，特别是在出油管内有高压存在时，不允许调整或紧固油泵及配套工具的任何部位，调整和紧固工作应在松开手控开关阀的状态下进行，以免发生危险。

3. 常见故障及排除方法

手动液压泵常见故障及排除方法见表 5-2-9。

表 5-2-9 手动液压泵常见故障及排除方法

| 故障 | 原因 | 排除方法 |
|---|---|---|
| 油泵不供油或供油间断或有气流流动噪音 | 油位过低 | 补充液压油提高油位 |
| | 油箱内有负压 | 松开油箱盖 |
| | 滤油器堵塞 | 清除堵塞物 |
| 高压供油不足 | 高压阀、低压阀或安全阀有污物堵住 | 拆下相关阀门,清除污物后重新安装 |
| | 柱塞运动阀或密封圈磨损;吸油单向阀密封不严 | 更换密封圈或阀门 |
| 低压供油不足 | 吸油单向阀密封不严;低压阀密封不严;密封圈磨损 | 更换密封圈或清除污物 |
| 手柄回弹 | 出油单向阀阀口有杂物 | 清除杂物 |
| 手柄力过大 | 安全阀压力过高 | 调整泄油压力 |

### (八)液压机动泵

液压机动泵的工作原理是利用汽油发动机产生的动力,通过曲轴转动产生的离心力,驱使油箱内的液压油为破拆工具提供能量。液压机动泵作为常用的抢险救援工具动力源,具有高、低压两级压力输出,能根据外部负载的变化自动转变高、低压输出压力。低压工作时,输出流量大,使配套工具在空载时快速运动,节省时间。在配套工具负载工作时,则自动转为高压工作。液压机动泵如图 5-2-18 所示。

图 5-2-18 液压机动泵

1. 主要性能参数

常用液压机动泵主要性能参数见表 5-2-10。

表 5-2-10 常用液压机动泵主要性能参数

| 项 目 | 参数值 |
|---|---|
| 泵额定工作转速/(r/min) | 3 200±150 |
| 额定压力(高压压力)/MPa | 63 |
| 高压输出流量/(L/min) | 2×0.6 |
| 低压输出压力/MPa | ≥10 |
| 低压输出流量/(L/min) | 2×2.0 |
| 液压油油箱容量/L | 10 |
| 质量(包括液压油、机油及汽油)/kg | ≤44 |
| 尺寸:长×宽×高/(mm×mm×mm) | 436×360×550 |
| 高压软管规格 | 标准配置,两套 5 m×2 软管 |

2．操作程序

（1）起动液压机动泵前应进行检查。

① 检查汽油机润滑油：拨出油尺，检查油面高度，油面应在油尺的上下刻度之间。

② 检查液压油：液压油油面应在油窗的中上部位置（必要时从液压油注油口补充）。

③ 检查汽油：打开汽油注油口，检查汽油量（使用 90 号以上汽油）。

（2）连接配套工具：用 5 m 液压软管，将机动泵与剪断器或多功能钳等工具连接，快速接口插接牢固，防尘帽相互对扣在一起防尘。

（3）打开汽油机油箱开关，向外旋出开关手柄。

（4）手控开关阀旋至卸压位置（逆时针旋转）。

（5）向右搬动油门把手到底（起动时的油门位置，同时阻风门被关闭）。热机起动时，油门把手旋至工作位置即可。

（6）轻拉启动手柄，感到有阻力时，用力快速拉动。注意：不要突然放开手柄，以免手柄猛烈回弹，损坏机件，应顺势放回。

（7）启动成功后，将油门把手回扳至"工作位置"或"怠速位置"，预热机器几分钟。

（8）顺时针关闭手控开关阀（不应用力过大），将油门把手转至工作位置，即可操作工具进行作业。

（9）工作完毕后，应将手控开关阀逆时针旋转至卸压位置，然后将汽油机油门把手旋至怠速位置，运转 1～2 min，再把汽油机油门把手旋至关机位置使汽油机停止运转。

（10）关闭汽油机油箱开关（向里推）。脱开与作业工具及 5 m 液压软管的连接，接口盖好防尘帽，盘好软管，待机器充分冷却后，装箱保存。

3．注意事项

（1）液压机动泵尽可能放置或工作在水平位置，工作状态时倾斜角不应大于 15°，非工作状态时倾斜角不应大于 30°。

（2）在使用、调整及保养前应仔细阅读使用说明书。

（3）在起动前，一定要检查润滑油油面。需要时，应按发动机使用说明书规定的润滑油牌号，向发动机曲轴箱内加注润滑油。

（4）汽油机使用 90 号以上汽油。加注汽油时，不应加注过满，应留有一定的空隙以免工作时溢出，造成危险。

（5）未经过培训的人员不得操作液压机动泵。

（6）工作刚完毕时，发动机关机后仍处于热机状态，此时不可将高压软管接触发动机，以免烫坏软管。

（7）液压油泵中的安全阀是系统安全工作的保证，不允许非专业维修人员进行调整。

（8）在对液压机动泵或与之配套的破拆工具做任何调整和紧固之前，必须首先旋松液压油泵手控开关卸压，并关闭发动机，使高压软管内的油压为零，以免发生危险。

（9）在抢险工作特别是训练中，当配套工具停止工作后，应旋松手控开关卸压，并关小发动机油门，使之处于怠速或停机。尽量避免机动泵长期满载工作，以防止机动泵及配套工具过热或故障影响使用寿命。

（10）要避免反复或长期让皮肤接触汽油或呼吸汽油蒸气，以维护身体健康。

#### 四、气动破拆器材

气动破拆器材是利用高压气瓶作为动力源,推动活塞往复强力运动来带动合金钢刀头进行破拆作业的一种新型工具,除常规的陆上破拆外,也可用于水下作业。常用的有气动切割刀、气动枪等设备。

##### (一)气动切割刀

气动切割刀(图 5-2-19)是利用高压气体提供动力,通过活塞的高速运动推动刀头(或锯片)来对薄墙、车身、玻璃、橡胶轮胎等进行切割作业的一种专业破拆工具。气动切割刀用于交通救援、应急部门、消防救援队在发生火灾、突击救援情况下使用。

图 5-2-19　气动切割刀

1. 操作程序

(1)将减压阀、气瓶、导气软管、刀具进行正确的连接。

(2)打开气瓶阀,调整减压阀控制输出压力为 0.8~1.0 MPa。打开开关,双手持刀具进行切割。

(3)操作结束后,检查器材,加注润滑油,将器材恢复至备战状态。

2. 注意事项

(1)在操作时要佩戴好个人防护装备。

(2)在进行玻璃切割时,先用榔头将玻璃打开一个孔,然后用高速运转的刀片进行切割。刀尖不能碰撞金属,防止损坏刀片。

(3)在进行玻璃切割时,刀与所切物体呈 45°角,并来回拉动刀片。

(4)在进行玻璃切割时需防止爆破的碎片伤人。

(5)操作之前一定要将刀头拧紧,防止刀头飞出伤人。

##### (二)气动枪

气动枪(图 5-2-20)是利用高压气体推动枪体活塞往复强力运动来带动合金钢刀头,对混凝土、砖瓦、汽车玻璃、车壳、飞机外壳等进行破拆的一种破拆工具。根据不同的增压方式其可以分为弹簧式和气瓶式。弹簧式气动枪,通过在气室内的活塞压缩空气,使弹头射出。气瓶式气动枪,利用气瓶内的压缩二氧化碳气体放入气室使弹头射出。

1. 操作程序

(1)正确连接气瓶、减压阀、导管、枪体、刀头。

(2)打开气瓶,调整工作压力,打开减压阀开关。

(3)根据破拆对象的不同选择适当的刀头进行破拆作业。

(4)操作结束后,检查器材,加注润滑油,将器材恢复至备战状态。

2. 注意事项

(1)在操作时要佩戴好个人防护装备。

(2)在进行玻璃切割时需防止爆破的碎片伤人。

(3)操作之前一定要将刀头拧紧,防止刀头飞出伤人。

(4)在进行破拆时,刀头被夹住时不可强行硬扳。

图 5-2-20 气动枪

**五、电动破拆器材**

电动破拆器材是采用可充电电池组作为动力源的新型产品,具有重量轻、结构紧凑、投用迅速的特点,在消防救援中正得到日益广泛的使用。常见的有电动多功能钳、电动救援锯、便携式电动泵等设备。

(一)电动多功能钳

电动多功能钳(图 5-2-21)集成了电池动力源,可进行剪切、扩张操作。动力源为内置的24 V 可充电电池组,某些型号也可外接蓄电池、电动机或液压泵驱动。该产品可不外接动力源、油管、电缆,结构紧凑、携带便利,能迅速投入救援工作,尤其适合于较狭窄的作业场所。

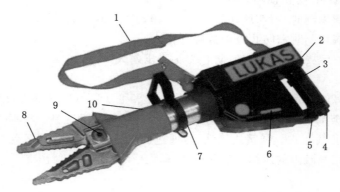

1—背带;2—保险按钮;3—主开关;4—24 V 插座;5—后手柄;6—换向杆;7—前手柄;
8—刀臂;9—带自锁螺母的中心销轴;10—缸体。

图 5-2-21 电动多功能钳

1. 操作程序

(1)试操作,检查设备充电情况。

(2)只有把主开关和保险按钮都按下设备才能工作。在操作过程中,保险按钮不起作用。只要松开主开关操作就会停止。

(3)张开刀臂(扩张):换向杆向下扳,启动救援工具,实现扩张功能。

（4）闭合刀臂（剪断）：换向杆向上扳，启动工具实现剪断功能。

（5）在工具运转状态下也可以改变方向。

（6）安全关断：超过最大工作压力情况下，液压泵会泄压，但系统中的压力保留。此时刀臂不再移动。松开后旋转一个角度或将工具置于更理想的位置才能重新启动。

（7）使用完毕后应及时充电。把充电器接到 24 V 插座上即可进行充电，注意充电时不要使用多功能钳。充电结束后应断开充电器与机体的连接，否则内置电池会缓慢放电。

2. 注意事项

（1）不得切割电线及有内应力的物体（减震器，弹簧，轨距）；不允许剪切淬火硬物如弹簧钢。

（2）不得将此设备作支撑用。

（3）不得将此设备置于潮湿的环境中。只有刀臂可以在水下工作。

（4）蓄电池不得深度放电，当电动机转速明显变慢时应停止工作。任何情况下一旦电动机停止就不要再试图让设备工作，否则会缩短蓄电池的寿命。

（5）腐蚀性物质（酸，碱，溶剂，蒸气）会损坏设备。如果设备必须在此环境下工作或接触过这类物质，必须清洁设备的各个部分。

（6）每次使用后都要检查设备有无损坏。将任何变化（包括机器在工作中的性能变化）向有能力处理的机构或个人报告。如需要，立即停止并锁定机器。所有的线路、油管和螺栓连接的地方都要检查是否有泄漏和明显的损坏。如有损坏应立即修理。

（7）发现螺栓连接处有松动现象一定要按照规定的扭矩拧紧。

（8）定期检查设备的电系统，有松动和电线烧焦现象必须马上处理。对电系统的维修必须由熟练的电工进行，或由受过专门训练的人在电工的指导与监督下进行，并要遵守电气工程规范。

（二）电动救援锯

电动救援锯（图 5-2-22）可用于切割片状玻璃、金属、木头和塑料等，适合交通事故后的救援操作，也可用于建筑物内、狭窄区域或者需要登梯作业的消防救援行动。该设备自带动力源，切割能力强、速度快，可在几秒内切开汽车挡风玻璃，也能迅速切断方向盘、车体部件等。

图 5-2-22　电动救援锯

（三）便携式电动泵

便携式电动泵（图 5-2-23）是一种新型动力源，其工作压力与手动液压泵、机动液压泵相同，能接驳各种液压破拆工具。与传统的手动液压泵、机动液压泵相比，它具有携带性强、不占用双手的特点，更有利于穿越障碍物或登梯作业，尤其适合于隧道抢险、灾害救援等工作地形复杂的救援行动。

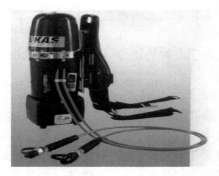

图 5-2-23　便携式电动泵

# 【思考与练习】

1. 列举破拆营救的策略。
2. 简述破拆方法有哪些。
3. 列举出手动破拆装备都有哪些。
4. 列举出常见的机动破拆装备。
5. 列举出常见的液压破拆装备。
6. 列举出常见的气动破拆装备。
7. 多功能手动破拆工具组由哪些装备组成？
8. 搜集消防破拆救援的事例，结合本章内容学习案例中破拆器材的使用方法及其应用场景。

# 第六章　堵漏技术与装备

【本章学习目标】

　　1. 了解常见的泄漏形式，熟悉工业企业易发生泄漏的设备及其裂口参数的估算。

　　2. 掌握常见泄漏的 5 种计算模型：气体或蒸气经小孔泄漏模型，液体经管道泄漏模型，液体经管道上小孔泄漏模型，储罐中的液体经小孔泄漏模型，两相流泄漏模型。

　　3. 熟悉塞楔堵漏、捆扎堵漏、黏结堵漏、磁压堵漏、注剂式堵漏、冷冻堵漏和紧固式堵漏的工作原理、适用范围。

　　4. 了解常见堵漏器材的组成和功能用途。

　　堵漏抢险技术是专门从事泄漏事故发生后，怎样在不降低压力、温度及泄漏流量的条件下，采用各种堵漏抢险方法，在泄漏缺陷部位上重新创建密封装置为目的的一门新兴的工程技术学科。具有工业应用价值的堵漏技术诞生于 20 世纪 50 年代末期我国的钢铁行业，期间人们利用成熟的焊接技术对具有可焊接性金属承压设备上出现的泄漏缺陷进行带压补焊，逐步形成了"带压焊接堵漏技术"。进入 20 世纪 70 年代，伴随合成胶黏剂工业的迅速发展，具有我国特色的"带压粘接堵漏技术"应运而生，目前已开发出了填塞黏结法、顶压黏结法、紧固黏结法、引流黏结法、磁力压固黏结法等。20 世纪 80 年代初我国正处于改革开放之际，工厂的跑、冒、滴、漏是最难以处理的设备事故，因此采取了引进、消化、吸收与再创新的发展之路，成功引进了"注剂式堵漏抢险技术"，并在国家"七五计划"期间完成了对该技术的模仿到技术创新的研发之路。随后陆续有带压气垫法、冷冻法及捆绑法等在我国研发并应用成功，特别是近几年我国自主研发的磁力堵漏技术和钢丝绳快速堵漏技术得到迅猛发展。

　　在充分总结堵漏抢险技术特点的基础上，我们介绍了泄漏的相关理论，包括常见泄漏的 5 种计算模型：气体或蒸气经小孔泄漏模型，液体经管道泄漏模型，液体经管道上小孔泄漏模型，储罐中的液体经小孔泄漏模型，两相流泄漏模型；常见的 7 种堵漏技术及其常用器材：塞楔堵漏、捆扎堵漏、黏结堵漏、磁压堵漏、注剂式堵漏、冷冻堵漏、紧固式堵漏。

# 第一节　泄漏理论

泄漏与密封是一对共存的矛盾。人们总是希望用先进技术手段建立起来的密封结构能在一定期限内,甚至永远不发生泄漏。但事与愿违,凡是存在压力差的隔离物体上都有发生泄漏的可能,在工厂和现实生活中泄漏现象到处可见,给人们带来的损失举不胜举。因此,泄漏一直是人们深入探讨和研究的永无止境的课题。

## 一、泄漏的定义与分类

### (一)泄漏相关定义

**1. 泄漏**

泄漏是高压流体介质经隔离物缺陷通道向低压区流失的负面传质现象。由此可知,造成泄漏的根源是隔离物上出现的缺陷通道,也就是人们常说的泄漏缺陷,而推动介质泄漏的能量则是泄漏缺陷两侧的压力差。

**2. 隔离措施**

隔离措施包括堵塞或隔离泄漏通道,增加泄漏通道中的阻力,加设小型密封元件,借外力将泄漏液抽走或注入比泄漏压力更高的密封介质,采用组合密封元件,设置物理壁垒等。

### (二)泄漏分类

泄漏所发生的部位是相当广泛的,几乎涉及所有的流体输送与储存的物体。泄漏的形式及种类也是多种多样的,而按照人们的习惯称呼多是漏气、漏水、漏油等以及法兰漏、阀门漏、管道漏等。

**1. 按泄漏的机理分类**

(1)界面泄漏

界面泄漏是在密封件(垫片、填料)表面和其接触件的表面之间产生的一种泄漏。例如,法兰密封面与垫片材料之间产生的泄漏,阀门填料与阀杆之间产生的泄漏,密封填料与转轴或填料箱之间发生的泄漏等,都属于界面泄漏。

(2)渗透泄漏

渗透泄漏是指介质通过密封件(垫片、填料)本体毛细管渗透出来的一种泄露,这种泄漏发生在致密性较差的植物纤维、动物纤维和化学纤维等材料制成的密封件上。

(3)破坏性泄漏

破坏性泄漏是指密封件由于急剧磨损、变形、变质、失效等因素,使泄漏间隙增大而造成的一种危险性泄漏。

**2. 按泄漏的时间分类**

(1)经常性泄漏

经常性泄漏是指从安装运行或使用开始就发生的一种泄漏。其主要是施工质量或安装和维修质量不佳等原因造成的。

(2)间歇性泄漏

间歇性泄漏是指运转或使用一段时间后才发生的泄漏,时漏时停。这种泄漏是由于操作不稳、介质本身的变化、地下水位的高低、外界气温的变化等因素所致的。

（3）突发性泄漏

突发性泄漏是指突然产生的泄漏。这种泄漏是由于误操作、超压超温所致的，也与疲劳破损、腐蚀和冲蚀等因素有关。这是一种危害性很大的泄漏。

3．按泄漏的密封部位分类

（1）静密封泄漏

静密封泄漏是指无相对运动部件间的一种泄漏，如法兰、螺纹、箱体、卷口等结合面的泄漏。相对而言，这种泄漏比较好治理，可采用带压堵漏技术进行处理。

（2）动密封泄漏

动密封泄漏是指机器（或设备）中相对运动件之间的一种泄漏，如旋转轴与轴座间、往复杆与填料间、动环与静环间等动密封的泄漏。这种泄漏较难治理。有些泄漏可以采用带压堵漏技术进行处理，前提是必须存在注剂通道及注入密封注剂后不影响原密封结构的使用。

（3）关闭件泄漏

关闭件泄漏是指关闭件（闸板、阀瓣、球体、旋塞、节流锥、滑块、柱塞等）与关闭座（阀座、旋塞体等）间的一种泄漏。这种密封形式不同于静密封和动密封，它具有截止、换向、节流、调节、减压、安全、止回、分离等作用，是一种特殊的密封装置。这种泄漏很难治理。

（4）本体泄漏

本体泄漏是指壳体、管壁、阀体、船体、坝身等材料自身产生的一种泄漏，如砂眼、裂缝等缺陷的泄漏。

4．按泄漏介质的流向分类

（1）向外泄漏

向外泄漏是介质从内部向外部空间传质的一种现象。

（2）向内泄漏

向内泄漏是外部空间的物质向受压体内部传质的一种现象，如空气和液体渗入真空设备容器中的现象。

（3）内部泄漏

内部泄漏是指密封系统内介质产生传质的一种现象，如阀门在密封系统中关闭后的泄漏等。

**二、工业泄漏的主要设备**

根据各种设备泄漏情况分析，可将工厂（特别是化工厂）中易发生泄漏的设备归纳为以下类型：管道装置、挠性连接器、过滤器、阀、压力容器或反应器、泵、压缩机、储罐、加压或冷冻气体容器、火炬燃烧装置或放散管等。

**（一）管道、法兰和接头**

管道、法兰和接头其典型泄漏情况下裂口尺寸为：

（1）法兰泄漏，裂口尺寸取管径的 20%。

（2）管道泄漏，裂口尺寸取管径的 20%～100%。

（3）接头损坏，裂口尺寸取管径的 20%～100%。

**（二）挠性连接器**

挠性连接器包括管道、波纹管和铰接器，其典型泄漏情况下裂口尺寸为：

（1）连接器本体破裂泄漏，裂口尺寸取管径的 20%～100%。

（2）接头处的泄漏，裂口尺寸取管径的 20%。

（3）连接装置损坏泄漏，裂口尺寸取管径的 100%。

（三）过滤器

过滤器由本体、管道、滤网等组成，其典型泄漏情况下裂口尺寸为：

（1）滤体泄漏，裂口尺寸取管径的 20%～100%。

（2）管道泄漏，裂口尺寸取管径的 20%。

（四）阀门

典型泄漏情况和对应裂口尺寸为：

（1）壳体泄漏，裂口尺寸取管径的 20%～100%。

（2）阀盖泄漏，裂口尺寸取管径的 20%。

（3）阀杆损坏泄漏，裂口尺寸取管径的 20%。

（五）压力容器或反应器

压力容器或反应器包括化工生产中常用的分离器、气体洗涤器、反应釜、热交换器、各种罐和容器等。此类常见设备的典型泄漏情况和对应裂口尺寸为：

（1）容器破裂泄漏，裂口尺寸取容器本身尺寸。

（2）容器本体泄漏，裂口尺寸取与其连接的粗管道管径的 100%。

（3）孔盖泄漏，裂口尺寸取管径的 20%。

（4）喷嘴断裂泄漏，裂口尺寸取管径的 100%。

（5）仪表管路破裂泄漏，裂口尺寸取管径的 20%～100%。

（6）容器内部爆炸，全部破裂。

（六）泵

泵的典型泄漏情况和对应裂口尺寸为：

（1）泵体损坏泄漏，裂口尺寸取与其连接管径的 20%～100%。

（2）密封压盖处泄漏，裂口尺寸取管径的 20%。

（七）压缩机

压缩机包括离心式、轴流式和往复式压缩机，其典型泄漏情况和对应裂口尺寸为：

（1）压缩机机壳损坏而泄漏，裂口尺寸取与其相连管道管径的 20%～100%。

（2）压缩机密封套泄漏，裂口尺寸取管径的 20%。

（八）储罐

储罐是指露天储存危险物质的容器或压力容器，包括与其相连接的管道和辅助设备，其典型泄漏情况和裂口尺寸为：

（1）罐体损坏泄漏，裂口尺寸为本体尺寸。

（2）接头泄漏，裂口尺寸取与其连接管道管径的 20%～100%。

（3）辅助设备泄漏，酌情确定裂口尺寸。

（九）加压或冷冻气体容器

加压或冷冻气体容器包括露天或埋地放置的储存器、压力容器或运输槽车等，其典型泄漏情况和裂口尺寸为：

（1）露天容器内部气体爆炸使容器完全破裂，裂口尺寸取本体尺寸。

（2）容器破裂泄漏,裂口尺寸取本体尺寸。

（3）焊接点（接管）断裂泄漏,裂口尺寸取管径的 $20\%\sim100\%$。

（十）火炬燃烧器或放散管

火炬燃烧器或放散管包括燃烧装置、放散管、多通接头、气体洗涤器和分离罐等,泄漏主要发生在筒体和多通接头部位。裂口尺寸取管径的 $20\%\sim100\%$。

### 三、泄漏后果初步分析

（一）泄漏形式

泄漏一旦出现,其后果不但与物质的数量、易燃易爆性、反应性、毒性有关,而且与泄漏物质的相态、压力、温度等状态有关。这些状态可有多种不同的结合,在泄漏后果分析中,常见的可能结合有 4 种:常压气体、加压液化气体、低温液化气体、加压气体。

（二）泄漏后果

1. 可燃气体泄漏

可燃气体泄漏后与空气混合达到燃烧极限时,遇到引火源就会发生燃烧或爆炸。泄漏后起火的时间不同,泄漏后果也不同。

（1）立即起火。可燃气体从容器中往外泄出时即被点燃,发生扩散燃烧,产生喷射性火焰或形成火球,它能迅速地危及泄漏现场,但很少会影响到厂区的外部。

（2）滞后起火。可燃气体泄出后与空气混合形成可燃蒸气云团,并随风飘移,遇火源发生燃烧或爆炸,能引起较大范围的破坏。

2. 有毒气体泄漏

有毒气体泄漏后形成云团在空气中扩散,有毒气体的浓密云团将笼罩很大的空间,影响范围大。

3. 液体泄漏

一般情况下,泄漏的液体在空气中蒸发而生成气体,泄漏后果与液体的性质和储存条件（温度、压力）有关。

（1）常温常压下液体泄漏。这种液体泄漏后聚集在防火堤内或地势低洼处形成液池,液体由于池表面风的对流而缓慢蒸发,若遇引火源就会发生池火灾。

（2）加压液化气体泄漏。一些液体泄漏时将瞬时蒸发,剩下的液体将形成一个液池吸收周围的热量继续蒸发。液体瞬时蒸发的比例决定于物质的性质及环境温度。有些泄漏物可能在泄漏过程中全部蒸发。

（3）低温液体泄漏。这类液体泄漏将形成液池,吸收周围热量后蒸发,蒸发量低于加压液化气体的泄漏量,高于常温常压下液体的泄漏量。无论是气体泄漏还是液体泄漏,泄漏量的多少都是决定泄漏后果严重程度的主要因素,而泄漏量又与泄漏时间长短等因素有关。

### 四、典型的泄漏计算模型

泄漏物质按相态来分有气相、液相、固相、气液两相、固液两相等。泄漏的形式还与裂口面积的大小和泄漏持续时间长短有关。通常将泄漏分为 2 种情况:一是小孔泄漏,此种情况通常为物料经较小的孔洞长时间持续泄漏,如反应器、储罐、管道上小孔,或是阀门、法兰、机泵、转动设备等密封失效;二是大面积泄漏,是指经较大孔洞在很短时间内泄漏出大量物料,如大管径管线断裂、爆破片爆裂、反应器因超压爆炸等瞬间泄漏出大量物料。本节按照泄漏物质的相态和泄漏面积不同，介绍了 5 种常见的工业危险源的理论计算模型：气体或蒸气经小孔泄漏模型、液体经管道泄漏模型、液体经管道上小孔泄漏模型、储罐中的液体经小孔泄漏模型、两相流泄漏模型。

（一）气体或蒸气经小孔泄漏模型

工业生产中涉及大量的易燃易爆、有毒的气体，如压缩天然气、煤制气、氯气等，一旦输送、储存这些气体的管道、储罐或其他设备发生破裂，气体从裂口泄漏出去，和空气混合形成可燃气云，就有发生火灾、爆炸的危险；若泄漏出的气体有毒性，则后果更为严重。因此，要预测或评价气体泄漏后造成事故的严重程度，必须对气体泄漏量进行定量计算。

计算泄漏前，首先应判断泄漏气体的流动性质：

$$\frac{p_0}{p} \leqslant \left(\frac{2}{\gamma+1}\right)^{\frac{\gamma}{\gamma-1}} \tag{6-1-1}$$

$$\frac{p_0}{p} > \left(\frac{2}{\gamma+1}\right)^{\frac{\gamma}{\gamma-1}} \tag{6-1-2}$$

式中    $p_0$——环境压强，Pa；

$p$——管道中的绝对压强，Pa；

$\gamma$——泄漏气体的绝热指数，为等压热容与等容热容的比值。

通常，空气、氢气、氧气和氮气的 $\gamma$ 为 1.4；水蒸气和油燃气的 $\gamma$ 为 1.33；甲烷非过热蒸气的 $\gamma$ 为 1.3。此外还可以通过气体的原子数近似取绝热指数，单原子分子 $\gamma$ 为 1.67，双原子分子 $\gamma$ 为 1.4，三原子分子 $\gamma$ 为 1.32。

当公式（6-1-1）成立时，属于声速流动，气体泄漏量可以下式表示：

$$Q_0 = C_d A p \sqrt{\frac{M\gamma}{RT}\left(\frac{2}{\gamma+1}\right)^{\frac{\gamma+1}{\gamma-1}}} \tag{6-1-3}$$

式中    $Q_0$——泄漏速度，kg/s；

$M$——气体分子质量，kg/mol；

$R$——普适气体常数，8.314 J/(mol·K)；

$C_d$——裂口形状系数，圆形取 1.00，三角形取 0.95，长方形取 0.90；

$A$——小孔的面积，m²；

$T$——气体的温度，K。

当公式（6-1-2）成立时，属于亚声速流动，气体泄漏量可以下式表示：

$$Q_0 = Y C_d A p \sqrt{\frac{M\gamma}{RT}\left(\frac{2}{\gamma+1}\right)^{\frac{\gamma+1}{\gamma-1}}} \tag{6-1-4}$$

$$Y = \left(\frac{p_0}{p}\right)^{\frac{1}{\gamma}} \left[1 - \left(\frac{p_0}{p}\right)^{\frac{\gamma-1}{\gamma}}\right]^{\frac{1}{2}} \left[\left(\frac{2}{\gamma-1}\right)\left(\frac{\gamma+1}{2}\right)^{\frac{\gamma+1}{\gamma-1}}\right]^{\frac{1}{2}} \tag{6-1-5}$$

式中各符号的意义同上。

在进行后果评价时，只要泄漏物质的性质和状态确定，则 $M, \gamma, T, p_0$ 就可以确定。小孔的面积 $A$ 也可以根据实际情况将其换算成等效面积，或者在事前预测时做出假设。对于瞬时泄漏或者泄漏的流速较小时，气体压强可看作不变，否则必须考虑压力变化对泄漏流量的影响。

**例 6-1-1**　某生产厂有一空气柜,因外力撞击,在空气柜一侧出现一小孔。小孔面积为 19.6 cm²,空气柜中的空气经此小孔泄漏入大气中。已知空气柜中压力为 $2.5 \times 10^5$ Pa,温度 $T_0$ 为 330 K,大气压力为 $10^5$ Pa,绝热指数 $\gamma$ 为 1.4,求空气泄漏的最大质量流量。

**解:** 先判断气体的流动性质。

$$\frac{p_0}{p} = \frac{10^5}{2 \times 10^5} = 0.4 \leqslant \left(\frac{2}{\gamma+1}\right)^{\frac{\gamma}{\gamma-1}} = \left(\frac{2}{1.4+1}\right)^{\frac{1.4}{1.4-1}} = 0.528$$

属于声速流动

$$Q_0 = C_d A p \sqrt{\frac{M\gamma}{RT}\left(\frac{2}{\gamma+1}\right)^{\frac{\gamma+1}{\gamma-1}}}$$

$$= 1 \times 2.5 \times 10^5 \times 1.96 \times 10^{-4} \sqrt{\frac{1.4 \times 29 \times 10^{-3}}{8.314 \times 330} \times \left(\frac{2}{1.4+1}\right)^{\frac{1.4+1}{1.4-1}}} = 1.09 \,(\text{kg/s})$$

**(二)液体经管道泄漏模型**

化工生产中,大量管道内输送的是液体物料,这些物料可能是常压的液体(如苯等),或者是液化气体(如 LPG 等),如果管线发生爆裂、折断或误拆盲板等,可造成液体经管口泄漏。

以液面与管线断裂处为计算截面,根据伯努利方程有:

$$\frac{\Delta p}{\rho} + \frac{u^2}{2} + g\Delta z + F = 0 \tag{6-1-6}$$

式中　$\Delta p$——管道内压强和外界大气压之差,Pa;

　　　$\rho$——管道内液体密度,kg/m³;

　　　$u$——液体在管道裂口处的流速,m/s;

　　　$g$——重力加速度,m/s²;

　　　$\Delta z$——液面距管道裂口的高差,m;

　　　$F$——总的阻力损失。

可以根据下式计算 $F$:

$$F = \lambda \frac{l}{d} \frac{u^2}{2} + \xi \frac{u^2}{2} \tag{6-1-7}$$

式中　$\lambda$——液体的摩擦系数;

　　　$l$——储罐到泄漏口处的管长,m;

　　　$d$——管内径,m;

　　　$\xi$——局部阻力系数,闸阀全开为 0.17,3/4 开为 0.9,1/2 开为 4.5,1/4 开为 24。

摩擦系数 $\lambda$ 的计算与表征流体流动类型的参数——雷诺数有关。雷诺数是管径、流速、流体密度和黏度组成的无因次数群,以 $Re$ 表示。根据雷诺数的大小,可以判断流体流动的类型为层流、湍流还是过渡流。$Re$ 的表达式如下:

$$Re = \frac{\rho u d}{\mu} \tag{6-1-8}$$

式中　$\mu$——液体的黏度,kg/(m·s);

　　　$\rho$——液体的密度,kg/m³。

当 $Re \leqslant 2\,000$ 时

$$\lambda = \frac{64}{Re} \tag{6-1-9}$$

当 2 000<$Re$≤4 000 时

$$\lambda = 0.002\,5Re^{1/3} \tag{6-1-10}$$

当 4 000<$Re$≤$10^6$ 时

$$\lambda = \frac{0.316\,4}{Re^{0.25}} \tag{6-1-11}$$

将式(6-1-7)至式(6-1-11)代入式(6-1-6)中,用不同的 $u$ 值进行试算,再根据式(6-1-8)的条件进行验证,从而得出 $u$。然后再根据下式算出泄漏质量流量:

$$Q = \rho u A \tag{6-1-12}$$

式中　$Q$——液体的泄漏质量流量,kg/s;

　　　$A$——管道裂口面积,$m^2$。

只要泄漏物质的性质和条件确定,则 $z$、$l$、$d$、$x$、$r$、$m$ 就可以确定。根据上述公式,就可以计算出液体通过管道泄漏的流速和流量。

例 6-1-2　有一含苯污水储罐,气相空间表压为 0,在下部有 1 根直径为 100 mm 的输送管线通过一个闸阀与储罐相连,管道距储罐液面距离为 5 m。在含苯污水输送过程中闸阀全开,在距储罐 20 m 处,管线突然断裂。已知水的密度为 1 000 kg/$m^3$,黏度 $\mu = 0.001$ kg/(m・s),计算泄漏的最大质量流量。

解:总的阻力损失根据式(6-1-7)计算。

闸阀全开,局部阻力系数 $\xi$ 为 0.17。

$$\text{雷诺数 } Re = \frac{\rho u d}{\mu} = \frac{1\,000 \times u \times 0.1}{0.001} = 10^5 \times u$$

假设取 $\lambda = \dfrac{0.316\,4}{Re^{0.25}}$,则总的阻力损失为:

$$F = \frac{0.316\,4}{(10^5 \times u)^{0.25}} \times \frac{20}{0.1} \times \frac{u^2}{2} + 0.17 \times \frac{u^2}{2} = 1.78u^{1.75} + 0.085u^2$$

液面与管线断裂处为计算截面,忽略储罐内苯的流速,由式(6-1-6)有:

$$g\Delta z + F = 0$$

则

$$9.8 \times (-5) + 1.78u^{1.75} + 0.085u^2 = 0$$

因此得到 $u = 5.3$ m/s。验证雷诺数:

$$Re = \frac{\rho u d}{\mu} = \frac{1\,000 \times u \times 0.1}{0.001} = 10^5 \times u = 5.3 \times 10^5$$

符合雷诺数的计算条件,说明流速计算正确,则泄漏的最大质量流量为:

$$Q = \rho u A = 1\,000 \times 5.3 \times \pi \times \left(\frac{0.1}{2}\right)^2 = 41.61 \text{ (kg/s)}$$

(三)液体经管道上小孔泄漏模型

在日常的化工生产中,外界的撞击、碰撞,或者设备的腐蚀、磨损,造成容器或管道上出现裂缝或裂孔,液体物料从管道上的小孔泄漏,从而为事故的发生创造了基本条件。

如果工艺单元中的液体在稳定的压力作用下,经薄壁小孔泄漏,容器内的压力为 $p$,小孔的直径为 $d$,面积为 $A$,容器外为大气压力。此种情况下容器内的液体流速可以忽略。

由流体力学中的伯努利方程得到:

$$Q = C_0 A\rho \sqrt{\frac{2\Delta p}{\rho} + 2gz_0} \qquad (6\text{-}1\text{-}13)$$

式中　$Q$——液体的泄漏质量流量，kg/s；

　　　$C_0$——泄漏系数，取 0.61～1.0；

　　　$A$——裂口面积，$m^2$；

　　　$\Delta p$——管道内压强和外界大气压强之差，Pa；

　　　$\rho$——管道内液体密度，$kg/m^3$；

　　　$g$——重力加速度，9.8 $m/s^2$；

　　　$z_0$——小孔距液面的高度，m。

泄漏速率的计算如下式：

$$u = C_0 \sqrt{\frac{2\Delta p}{\rho} + 2gh} \qquad (6\text{-}1\text{-}14)$$

**（四）储罐中的液体经小孔泄漏模型**

各种储罐，无论是固定式的还是移动式的，在化工生产乃至整个国民经济生产生活中都有大量的应用。由储存液体特别是储存液化冷冻气体发生泄漏而引发的事故屡见不鲜。因此，液体从储罐中泄漏是一种十分常见的泄漏源模式。对于储罐，随着泄漏过程的延续，储罐内液位高度不断下降，泄漏速度和质量流量也均随之降低。这时泄漏质量流量的计算需要考虑液位下降的影响，则式(6-1-13)可变为下式：

$$Q = C_0 A\rho \sqrt{\frac{2(p - p_0)}{\rho} + 2gz_0} - \frac{\rho g C_0^2 A^2}{A_0} t \qquad (6\text{-}1\text{-}15)$$

式中　$Q$——液体经小孔泄漏质量流量，kg/s；

　　　$\rho$——液体的密度，$kg/m^3$；

　　　$p$——液体的绝对压强，Pa；

　　　$p_0$——环境大气压，Pa；

　　　$C_0$——泄漏系数，取 0.61～1.0；

　　　$A$——小孔的面积，$m^2$；

　　　$z_0$——小孔距液面的高度，m；

　　　$A_0$——储罐横截面积，$m^2$；

　　　$t$——泄漏时间，s。

只要泄漏物质的性质和状态确定，则 $\rho$、$p$、$p_0$、$z_0$、$A_0$ 就可以确定。小孔的面积 $A$ 可以根据实际情况将其换算成等效面积，或者在事前预测时做出假设。对于瞬时泄漏或者泄漏的质量流量较小时，储罐内的压强可看作不变，否则必须考虑压力变化对泄漏质量流量的影响。

**例 6-1-3**　某丙酮液体储罐，直径为 4 m。其上部装设有呼吸阀与大气连通，下部有一泄漏孔，直径为 4 cm，初始泄漏时距液面高度为 10 m。已知丙酮的密度为 800 $kg/m^3$，$C_0$ 取 1.0。求：

（1）最大泄漏量。

（2）泄漏质量流量随时间的表达式。

（3）泄漏量随时间变化的表达式。

解:(1) 最大泄漏量即为泄漏点液面以上所有液体量:

$$m = \rho A z_0 = 800 \times \pi \times \left(\frac{4}{2}\right)^2 \times 10 = 100\ 480\ (\text{kg})$$

(2) 泄漏质量流量随时间变化的表达式:

$$Q = C_0 A \rho \sqrt{\frac{2(p - p_0)}{\rho} + 2g z_0} - \frac{\rho g C_0^2 A^2}{A_0} t$$

$$= 800 \times 1 \times \pi \times \left(\frac{4}{2}\right)^2 \sqrt{2 \times 9.8 \times 10} - \frac{800 \times 9.8 \times 1^2 \times \pi \times \left(\frac{0.04}{2}\right)^2}{\pi \times \left(\frac{4}{2}\right)^2} t$$

$$= 14.07 - 0.000\ 985 t$$

(3) 任一时间内总泄漏量为泄漏质量流量对时间的积分:

$$W = \int_0^t Q \mathrm{d}t = 14.07 t - 0.000\ 492\ 5 t^2$$

**(五) 两相流泄漏模型**

为了储存和运输方便,通常采用加压液化的方法储存某些气体,储存温度在其正常沸点之上,如液氯、液氨等,这类液体称为过热液体。这类液化气体一旦泄漏入大气,因压力瞬间大幅降低,其中一部分会迅速气化为气体,此时会出现气液两相流动(两相流泄漏是一种特殊的泄漏模式,严格上说和上述 4 种类型不是同一范畴)。不考虑液位的影响,均匀两相流的泄漏质量流量可按下式计算:

$$Q = C_d A \sqrt{2\rho(p - p_c)} \tag{6-1-16}$$

式中　$Q_0$——两相流泄漏质量流量,kg/s;

　　　$C_d$——相流的泄漏系数,取 0.8;

　　　$A$——裂口面积,m²;

　　　$p$——两相混合物的压强,Pa;

　　　$p_c$——临界压强,可取 $p_c = 0.55p$;

　　　$\rho$——两相混合物的平均密度,kg/m³。

可用下式计算两相混合物的平均密度:

$$\rho = \frac{1}{\dfrac{F_v}{\rho_1} + \dfrac{1 - F_v}{\rho_2}} \tag{6-1-17}$$

式中　$\rho_1$——液体蒸发的蒸气密度,kg/m³;

　　　$\rho_2$——液体密度,kg/m³;

　　　$F_v$——蒸发的液体占液体总量的比例。

其表达式为:

$$F_v = \frac{c_p(T - T_c)}{H} = \frac{H_1 - H_2}{r} \tag{6-1-18}$$

式中　$c_p$——两相流混合物的比定压热容,J/(kg·K);

　　　$T$——两相混合物的温度,K;

　　　$T_c$——液体的沸点,K;

　　　$H_1$——液体储存温度 $T$ 时的焓,J/kg;

$H_2$——常压下液体沸点 $T_c$ 时的焓,J/kg;

$r$——液体在 $T_c$ 时的蒸发潜热,J/kg。

发生两相流时 $F_v < 1$;当 $F_v > 0.2$ 时,可以认为不会形成液池;当 $F_v < 0.2$ 时,$F_v$ 与带走液体量之比有线性关系;当 $F_v = 0.1$ 时,有 50% 的液体被带走;当 $F_v = 0$ 时,没有液体被带走。如果 $F_v > 1$,泄漏出的液体发生完全闪蒸,此时应按气体泄漏处理。

# 第二节 堵漏技术及工具

根据目前在国内应用堵漏抢险技术作业中所选择的技术原理和方法的不同,常见堵漏技术可分为塞楔堵漏技术、捆扎堵漏技术、黏结堵漏技术、磁压堵漏技术、注剂式带压堵漏技术、冷冻堵漏技术和紧固式堵漏技术七大类。

## 一、塞楔堵漏技术

塞楔堵漏技术的基本原理是利用韧性较大的木质、金属、塑料等材料在外力作用下挤塞入泄漏裂缝、孔、洞内,由此实现带压密封的目的。常见的塞楔堵漏有栓塞堵漏、木楔堵漏和气楔堵漏等。

### (一)栓塞堵漏

栓塞堵漏是针对在储有中低压介质的气相管、槽车液相管发生泄漏时,能对其泄漏部位进行现场快速堵漏的技术。堵漏件结构如图 6-2-1 所示。

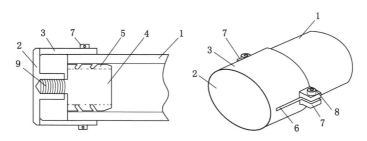

1—气、液相管;2—底盘;3—套管;4—柱体;5—环状橡胶凸台;
6—条状开口;7—凸耳;8—夹紧机构;9—螺柱。

图 6-2-1 堵漏件结构示意图

1. 堵漏原理

堵漏时,可将此堵漏工具塞入泄漏口中,利用结构中的回环结构和锁紧套将此堵漏工具紧紧固定在泄漏口内,从而进行堵漏。该堵漏工具具有以下优点:

(1)橡胶堵漏工具本体和鱼尾形部分具有一定的弹性,能对一定直径变化的槽车液相管、气相管部位泄漏进行可靠的封堵。

(2)堵漏工具并非一次性,可以反复使用。

2. 堵漏工具组成

堵漏工具由带螺栓部分的锁紧套和带环形橡胶密封圈的堵漏金属柱体两部分组成。

3. 适用范围

适用于储存有中低压介质的液相管、气相管部位发生泄漏时的堵漏。

4．实施方法

将堵漏工具的金属柱体塞进发生泄漏的液相管或气相管中，然后将堵漏工具的金属头部拴紧，就能实现堵漏。

（二）木楔堵漏

目前，国外已经对多种尺寸规格的标准木楔进行了规范化，并专门用来处理裂缝及孔洞状的泄漏事故，如图6-2-2所示。该箱设备具备罐体带压密封的各种专用工具，其泄漏对象有罐体上的孔洞、裂缝，对于因罐体表面腐蚀而导致的泄漏，带压密封同样有效，是消防和应急救援单位最常用的基本装备。包含有堵漏钉、圆锥堵漏件、堵漏木楔、弓形堵漏板。

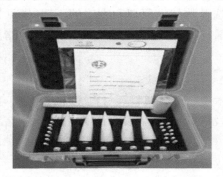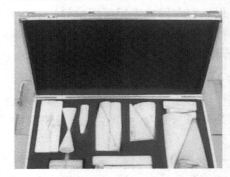

图 6-2-2　木楔堵漏工具

1．堵漏原理

根据泄漏孔的大小和形状，选择合适的木楔，用橡胶锤或铜锤等工具用力敲击，将木楔楔入泄漏孔，封堵泄漏介质。

2．木楔堵漏器材

（1）木楔材质

木楔的制作材质一般有德国楼木、荷木、榆木、胡桃木、橡胶木、水曲柳、杨木、桉木、香樟木、加拿大枫木、美国白橡木、新西兰松木、沙比利、白桦木、花梨木等木质材料，经严格的防腐、防霉、防潮、绝缘处理。

（2）木楔特点

木楔堵漏工具有圆锥形、方楔形和棱台形三类木楔和木棰组成，用于各类孔洞状较低压力的堵漏作业。经专门绝缘处理防裂，不变形，两次浸泡于阻燃剂后晾干。针对不同大小的泄露点有不同规格的木楔进行堵漏。用于适用温度$-70\ ℃\sim100\ ℃$，压力 0.8 MPa 至 1.0 MPa 的堵漏；木楔具有阻燃、防水、防油功能。

（3）木楔选择

木楔堵漏作业时根据泄漏口形状选择木楔的形状。常用的形状有圆锥、圆柱、楔形。对于较小孔洞、砂眼，选小圆锥塞楔；对于长孔形或缝隙，选楔形塞楔；对于较大圆形孔洞，选大圆锥塞楔；对于内外口径相近的泄漏口，选圆柱塞楔。

3．适用范围

木楔堵漏法适用于常压或中低压设备本体小孔、砂眼和裂缝的泄漏，及液位计、压力表等部位的泄漏，对于紧急切断阀整体断裂、装卸管道断裂也有较好的堵漏效果。根据泄漏介质的性质,也可选用塑料、铜等材质作为楔体。木楔堵漏工具不推荐用于强氧化性介质的堵漏,以免引起木楔的腐蚀,避免二次泄漏。

4. 施工方法

用木楔堵漏前,先将泄漏口周围的脆弱锈层除去,露出坚固本体;可在泄漏口和塞楔上涂上一层密封胶;将塞楔压入泄漏口,用无火花或木质手锤有节奏地将其打入泄漏口,敲打点应对中,用力先小后大。若塞楔堵漏效果不够理想,可把留在本体外的堵塞除掉,然后采用黏结或者卡箍方法,进行第二次堵漏。

(三)气楔堵漏

气楔堵漏是将橡胶制成的圆锥体楔或扁楔塞入泄漏的孔洞,然后充气而止漏的方法,一般用于单人快速密封油罐车、储存罐、液柜车裂缝的堵漏设备。

1. 堵漏原理

根据泄漏孔的大小和形状,选择合适的气楔,将气楔用连按管连接好,塞入泄漏孔内,用脚踏气泵充气,利用气楔的膨胀力压紧泄漏孔壁,堵住泄漏。

2. 堵漏工具组成

气楔堵漏工具(图 6-2-3)主要由以下几部分组成。

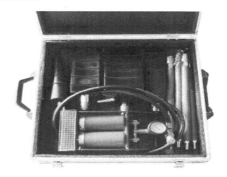

图 6-2-3　气楔堵漏工具

(1)气楔:有圆锥形和楔形两种;

(2)圆柱形气楔:规格有多种,直径为 2.5～80 cm,由橡胶制成,工作压力一般为 0.15 MPa、0.25 MPa、0.6 MPa,耐压范围为 0.1～0.6 MPa;

(3)密封枪:由金属管制成,用于连接气楔,根据需要可以组合成需要的长度;

(4)气源:脚踏气泵(配有安全阀),压缩空气瓶(用于向气楔充气,气瓶压力为 20～30 MPa);

(5)截流器:在停止充气时防止气体流失与压力下降;

(6)连接器(带减压阀、安全阀):用于连接气瓶和气楔,并将气瓶内的高压减压,当气楔内的压力达到其操作压力时,安全阀自动打开。

3. 气楔堵漏的特点及规格

根据泄漏口的大小和形状配备有四种不同规格尺寸的枪头。各组件之间用气动快换接头连接,拆装方便。堵漏时将枪头在安全距离外塞入泄漏口,脚踏泵供气迅速密封裂口,安全可靠。其规格共有 4 种,3 种楔形袋,6～11 cm 宽;1 个圆锥形带,直径 7 cm。系统工作压力 0.15 MPa,作业环境温度在−25～60 ℃之间;充气时间不大于 20 s;枪头最大充气压力 0.2 MPa,脚踏气泵最大工作压力不大于 0.5 MPa。

4. 适用范围

气楔堵漏主要用于常、低压本体上的大裂缝或孔洞泄漏的堵漏,具有操作简单、迅速的特点,可以用密封枪从安全距离以外进行操作,需气量极小,可用脚踏气泵充气。它适用于直径小于 90 mm、宽度小于 60 mm 的孔洞或裂缝的堵漏,也适用于罐体的小孔、裂缝及焊缝等处的泄漏,对于紧急切断阀整体断裂、装卸管道断裂也有较好的堵漏效果。

5. 施工方法

(1)操作步骤

① 打开包装箱,取出脚踏气泵和充气软管。

② 合理选择枪杆数量并通过快速接头快速连接。

③ 根据泄漏口的形状和大小选用合适的枪头,通过快速接头,将枪头与连接好的枪杆进行连接。

④ 充气软管一头插入枪杆尾部,另一头连接至脚踏气泵。

⑤ 手持枪杆,合适用力,将枪头堵向泄漏口;通过脚踏气泵向枪头充气,观测压力表及枪头变形情况,缓慢充气直至止漏。

⑥ 泄漏口无泄漏物时,将枪头与枪杆分离。

(2)拆卸、保养与保管

① 堵漏任务结束后,用排气接头顶压快速接头将枪头内气放出。

② 取出枪头,清洁、检查枪头是否划伤,将各种部件擦拭干净,阴干后,整理装箱。

③ 堵漏枪必须由专人负责管理。

④ 每次使用完毕,应将枪头内气体排除,恢复原状。

⑤ 请勿用腐蚀性化学品擦拭枪头。

⑥ 定期检查枪头、充气软管是否有裂纹、破损现象。

⑦ 堵漏枪应存放在干燥、清洁、通风、远离热源及无腐蚀性污染的地方。

**二、捆扎堵漏技术**

捆扎堵漏是利用钢带、气垫及其他能提供捆扎力的工具,将密封垫、密封剂等压置于泄漏口上,从而止漏的方法。其主要有钢带捆扎堵漏法、气垫捆扎堵漏法、帽式夹具捆扎法等多种形式。

(一)钢带捆扎堵漏法

钢带捆扎堵漏法是利用钢带的捆扎力将泄漏口用密封垫等进行封堵的方法。该方法简单实用,操作方便,广泛应用于各种泄漏场所。

1. 堵漏原理

其工作原理利用捆扎工具使钢带紧紧地把设备或管道泄漏点上的密封垫、压块、密封剂压紧而止漏。

2. 堵漏工具组成

捆扎堵漏采用的器材有密封垫、捆扎(钢)带、捆扎工具。密封垫材料一般为橡胶、聚四氟乙烯、橡胶石棉、石墨等。钢带一般有白钢不锈钢扎带、预制不锈钢扎带、喷塑不锈钢扎带、包塑不锈钢扎带、挤塑不锈钢扎带等。捆扎工具主要由切断钢带的切断机构、夹紧钢带的夹持机构、捆扎紧钢带的扎紧机构组成,如图 6-2-4 所示。

图 6-2-4　钢带捆扎堵漏工具

3. 扎带工具

通用型扎带工具(不锈钢扎带专用工具)属于标准型扎带紧带机,用于安装带宽范围为 4.5～25 mm 的不锈钢扎带。螺杆顶部有一个金属环,以避免在使用过程中工具的摇杆分离脱落,可拉紧钢带并切断多余部分的钢带;锻造时带有切断扎带的内置刀片,便于切断扎带。钢带拉紧器如图 6-2-5 所示。

4. 使用方法

(1)取出不锈钢扎带套上扎扣或直接取定尺扎带,穿过捆绑物体;

(2)将扎带置入紧带机的头部,拉紧开口并压在压把下面;

(3)摇动横把,转动丝杠,拉紧扎带;

(4)向上反紧扎带使之压在扎扣上;

(5)右手握切刀把柄切断扎带,移开紧带机,用锤子砸住扎扣的耳状压住扎带头部。

图 6-2-5　钢带拉紧器

5. 使用范围

钢带捆扎堵漏可在金属管道各种泄露部位使用,适用泄露管道内介质,包括油、水、燃气、高温蒸汽、浓酸、碱、苯等强腐蚀类和各类化学品。捆扎堵漏法适用于管道上较小的泄漏孔、缝隙、法兰等部位的泄漏,不适用于管道壁薄、腐蚀严重的情况。相比于卡箍法,捆扎堵漏法适合于不同直径的管道,耐压范围不大于 3.2 MPa,耐温范围在 −200～280 ℃之间。

(二)气垫捆扎堵漏法

气垫捆扎堵漏法所用的堵漏材料是经过特殊处理的、具有良好可塑性的充气垫,其在带压气体作用下膨胀,直接封堵泄漏处,从而控制流体泄漏。

1. 堵漏原理

其工作原理是利用压紧在泄漏部位外部的气垫内部的压力对气垫下的密封垫产生的密封压,在泄漏部位重新建立密封结构,从而达到堵漏的目的。

2. 堵漏工具组成

堵漏工具由气垫、固定带、密封垫、耐酸保护袋、脚踏气泵等组成,如图 6-2-6 所示。

图 6-2-6　内封充气式堵漏袋

捆绑式堵漏袋适用于封堵管道裂缝、管道泄漏。其具有耐化学腐蚀、耐油性好,耐热性能稳定、抗老化的优点。捆绑式堵漏袋由芳族聚酰胺增强软橡胶制成,厚度小于 15 mm,适用于封堵罐状类容器窄缝状裂口及孔洞。

3. 技术特点

(1)可迅速有效地将忽然破裂管道裂缝密封,防止泄漏毒性液体对人类和环境造成污染,适用于密封地形复杂,空间狭窄的 5～48 cm 直径管道以及圆形容器的裂缝。将捆绑式堵漏袋全部包扎在一条裂缝上,用方木料或棘齿拉伸带固定位置,然后进行充气密封。

(2)专为管道、容器、圆桶和各种椭圆形容器发生窄缝状裂口泄漏流体时的堵漏设计的。该技术广泛应用于消防抢险救援的专用堵漏器材,用于蒸汽管道、汽油管道、容器、圆桶和各种椭圆形容器的堵漏作业。堵漏工具采用芳族聚酰胺增强材料,使用寿命长达 15 年,充气连接头材料为实心黄铜。所有的堵漏袋都配了快速接口,充气放气时间非常短。

(3)采用的芳族聚酰胺增强(凯夫拉纤维增强)材料极为柔韧,耐腐蚀性强;抗静电、抗油、抗臭氧、抗化学性良好。捆绑堵漏带具有很强的弹性,质量好。

(4)耐热性达 115 ℃(短期),或 95 ℃(长期)。

4. 使用范围

适用于低压设备、容器、管径介于 50～200 mm 的管道等孔洞、裂缝的泄漏;主要适用于裂缝长度小于 120 mm 的罐体容器、面积小于 270 mm×370 mm 的泄漏孔洞。

5. 使用方法

将充气泵、充气软管连接好,将堵漏袋没有带子的一面朝外,把不带充气快速接头的一端捆绕在管道裂缝处。两手扶住堵漏袋,将堵漏袋绕管道或细罐体一圈或数圈,与导向扣接好,然后再把另一根带子对称绕堵漏袋与导向扣接好。用导向扣把两根带子均匀收紧,把充气软管与堵漏袋接好。最后充气泵充气,直到裂缝处逐步密封。

(三)帽式夹具捆扎法

帽式夹具捆扎法可以方便地处理各种移动压力容器安全阀的泄漏事故,可以满足容器压力在 1.3 MPa 以上的操作要求。

1. 堵漏原理

根据国家移动压力容器的相关标准,设计一个能将安全阀全部罩住的圆筒形装置。该装置底部设计的弧度为容器罐体安全阀或法兰处的弧度,用于达到密封的目的;在装置的上部用相同类型的钢板,采用钢体焊接技术,将上部密封住,在钢板的中心处焊接一个泄气阀门,达到泄压的目的,在钢板的上面对称焊接两个导链槽,以固定导链;在装置的两侧对称的位置各焊接一个把手,方便在操作的时候使用。此装置采用的钢材为 Q235 号钢,导链采用铜链,密封胶垫的厚度不小于 5 mm。正常情况下压力容器泄漏点的压力在 1~2 MPa 之间。

该装置可以将泄漏点所在的阀门全部罩住,不受泄漏点的形状、大小、位置等因素的限制,泄漏液体或气体充装到装置内部后,与装置表面的接触面积增大,从而使内部压力降低。通过以上构造的手段以及使用的材料,可以达到处置各种移动压力容器安全阀的泄漏事故和防止爆炸的目的。

2. 堵漏工具组成

帽式堵漏夹具主要由圆筒体、泄压阀、链槽、把手、圆筒盖、弧形筒、胶垫等组成。

3. 实施方法

(1)将预先准备好的胶垫根据泄漏点的大小裁剪好放置在泄漏处,同时,迅速将该夹具放置到胶垫上,罩住泄漏的位置(注意:保证夹具底面的弧形与压力容器的弧面方向一致),打开夹具泄压阀。

(2)用无火花铜导链通过夹具的绳索槽,将夹具固定在压力容器上。

(3)关闭夹具泄压阀。

(4)对夹具周围进行仔细检查,还可以使用其他堵漏胶进行协助封堵。

4. 适用范围

帽式夹具适用于移动压力容器,特别是危险介质储罐罐体部位泄漏的堵漏。该夹具可迅速、有效地处置气体储罐安全阀、液位计等处的泄漏,具有方便、实用、易操作等特点。

**三、粘接堵漏技术**

带压粘接密封技术是利用胶黏剂的特殊性能进行带压密封作业的一种技术手段。该技术的核心是胶黏剂,通常的胶黏剂都有一个由流体变为固体的过程,这个过程可以由分子间的化学作用、温度作用或溶剂的挥发来完成。带压粘接密封技术的基本原理为:采取一种特制的机构在泄漏处形成一个短暂的不受泄漏介质影响的区间,利用胶黏剂流动性好、适用性广、固化速度快的特点,在泄漏部位建立起一个由各种密封材料和胶黏剂构成的新的固体密封结构,从而达到止住泄漏的目的。

(一)填塞粘接法

填塞粘接法是凭借人工产生的外力,将已经调配好的某种胶黏剂压在泄漏缺陷的部位上,形成填塞效应,强行止住泄漏,并借助此种胶黏剂能与泄漏介质共存,形成平衡相的特殊性能,完成固化过程,达到堵漏密封之目的。

填塞粘接法是"堵漏技术"中使用最为简单方便的方法之一,其特点有:

(1)施工简便。作业不需要专用工(器)具及复杂的工艺过程,只需对泄漏部位进行简单的处理,借助专用的胶黏剂的特性,就可达到止漏目的。

(2)应用范围广。只要有适用于各种泄漏介质的专用胶黏剂或封闭剂,这种方法则不受泄漏介质物化因素的影响。

(3)安全有效。填塞粘接法施工作业时,可以做到不产生任何火花,尤其适用于石油、化工等防火、防爆界区内发生的泄漏缺陷。

(4)可拆性好。填塞粘接法所建立起来的密封结构具有良好的可拆性。检修时,只要有手锤敲击堵漏作业点,即可除去再密封结构,不会产生粘死、拆不下来的情况。

（5）利用注射工具便可以处理高压介质的泄漏。

填塞粘接法包括"热熔胶填塞粘接法""堵漏胶填塞粘接法"以及"注胶填塞粘接法"等几种，常用于处理压力小于 0.2 MPa、温度小于 200 ℃，同时泄漏缺陷为可见并且具备操作空间的泄漏。

1. 热熔胶填塞粘接法

热熔胶胶黏剂在室温下呈现为固态，加热到一定温度就会熔化成液态流体状的热塑性胶黏剂。填塞粘接法正是利用热熔胶的这一特性来达到止住泄漏的目的。

接到堵漏密封任务后，要确定采用哪种方法来进行堵漏作业。这主要是根据泄漏介质压力、温度及物化参数来确定。

热熔胶填塞粘接法操作步骤：

（1）根据泄漏介质的物化参数，选择相应的热熔胶品种。

（2）用木材制作一个顶压棒，接触泄漏部位的一端要做成圆凹形状，如图 6-2-7（a）所示。

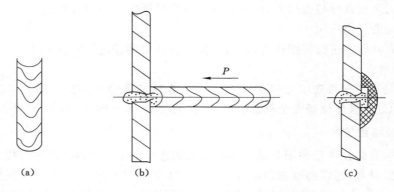

图 6-2-7　热熔胶填塞粘接法示意图

（3）清理泄漏部位上除了泄漏介质以外的一切污物，并在木棒的凹处贴一防粘纸。按泄漏缺陷的形状选择一块大小合适的热熔胶，并放在木棒的凹处，用电热风将热熔胶吹化，迅速将木棒前端熔化的热熔胶压向泄漏缺陷上，这时熔融的热熔胶就会在外力的作用下挤入泄漏缺陷之中。由于泄漏缺陷与热熔胶之间存在着较大的温差，热熔胶迅速固化，如图 6-2-7（b）所示。

（4）泄漏停止后，撤出顶压棒，对泄漏部位周围按照粘接技术的要求进行二次清理，并修整圆滑，再在泄漏部位利用结构胶黏剂以及玻璃布进行粘接补强，从而保证新的密封结构具有较长的使用寿命，如图 6-2-7（c）所示。

上述第（4）步是关键的步骤。如果一次没有成功，可以利用热熔胶的热塑性特性，重新熔融后，再次进行密封，直到泄漏停止。采用热熔胶填塞粘接方法进行堵漏作业，施工工艺简单，速度快，但要求作业人员有较高的手上功夫、经验丰富、动作敏捷。

2. 堵漏胶填塞粘接法

堵漏胶又称为堵漏剂、冷焊剂、铁腻子、尺寸恢复胶等，是专供带压粘接密封条件下封闭各种泄漏介质使用的特殊胶黏剂，应具有良好的粘接性能。它的作用是专门用于填塞泄漏缺陷，在泄漏缺陷部位上形成一个新的封闭密封结构。堵漏胶有两类：一类是双组分，使用前将两组分按比例进行充分混合,然后使用并固化;另一类是单组分,只起填塞止漏作用而无固化过程。

堵漏胶填塞粘接法的操作步骤:

(1)根据泄漏介质具有的物化参数,适当选择相应的堵漏胶品种。

(2)清理泄漏点上除泄漏介质外的一切污物及铁锈,最好露出金属本体或物体本色,这样有利于堵漏胶与泄漏本体形成良好的填塞效应及产生平衡相。

(3)按照堵漏胶使用说明调配好堵漏胶(对双组分而言),在堵漏胶处于最佳状态时,将堵漏胶迅速抵压在泄漏缺陷部位上,等堵漏胶充分固化以后,再撤去外力;单组分的堵漏胶则直接抵压在泄漏缺陷部位上,止住泄漏即可。

(4)泄漏停止后,对泄漏缺陷部位的周围按照粘接技术要求进行二次清理,并且修整圆滑,然后再在其上用结构胶黏剂及玻璃布进行粘接补强,以保证新的带压密封结构有较长的使用寿命。

(5)泄漏介质对人体有伤害或人手难以接触到的部位,可按图6-2-8的结构设计制作专用的顶压工具,将调配好的堵漏胶放在顶压工具的凹槽内,压向泄漏缺陷部位,待堵漏胶固化后,再撤出顶压工具。按比例调配好的双组分堵漏胶,从流体转变为固体有一个时间间隔;将刚调配好的堵漏胶直接压在泄漏缺陷部位上,由于其流动性好,容易被泄漏介质冲走,需要外力压固一段较长的时间。最佳状态则是指,将调配好的堵漏胶停放一段时间,用手触摸有轻微的发硬感觉时,再将堵漏胶压向泄漏缺陷部位,这时的堵漏胶既可增强抵抗泄漏介质冲刷的能力,又可缩短压固的时间。

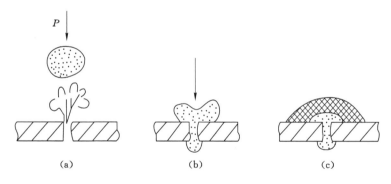

图6-2-8　堵漏胶填塞粘接法示意图

## 3. 注胶填塞粘接法

当泄漏介质压力较高,采用"填塞粘接法"进行带压密封作业,单靠人手产生的外力及胶黏剂或堵漏胶的特性不可能达到止住泄漏的目的,甚至胶黏剂在刚一接触到泄漏点就会被高速喷出的气流冲走,为了扩大"填塞粘接法"的应用范围,人们又想出了注胶填塞粘接法。这种方法是受到注剂式带压密封技术的启发,即密封空腔的建立和注胶过程的进行。这种方法是利用注胶器螺杆产生的大于泄漏介质压力的外力,强行将事先配制好的胶黏剂或堵漏胶注射到一个特殊的密封空腔内,在注胶压力远远大于泄漏介质压力的情况下,泄漏被强行止住,达到止漏密封的目的。

注胶填塞粘接法操作步骤:

（1）清理泄漏点上除了泄漏介质外的一切污物和铁锈。最好裸露出金属本体或物体本色，这样有利于胶黏剂或堵漏胶与泄漏本体形成良好的填塞效应。

（2）根据泄漏缺陷部位的表面几何形状设计制作一个设有密封槽的封闭环，并且封闭环的内径要比泄漏缺陷的长度大 10～20 mm 左右，并将盘根装好，在泄漏点上修整，如图 6-2-9(a)所示。

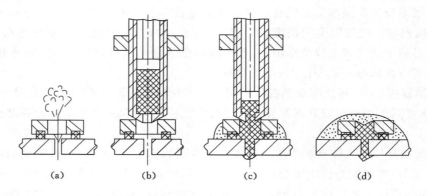

（a）　　　　　（b）　　　　　（c）　　　　　（d）

图 6-2-9　注胶填塞粘接法过程示意

（3）选用合适的注胶器。

（4）选择合适的定位工具，并将定位工具安装在泄漏点上，装上注胶器并调整位置；检查封闭环与盘根、盘根与泄漏表面、封闭环与注胶器的接触情况是否达到密封要求。

（5）根据泄漏介质的物化参数选择相应的胶黏剂或堵漏胶的品种。

（6）旋转定位工具，将注胶器放置在合适的位置，把堵漏胶或胶黏剂装入注胶器内，转回原位置，旋转注胶器的把手，使注胶器、封闭环、盘根紧紧地压在泄漏缺陷部位上，如图 6-2-9(b)所示。

（7）旋转注胶器的注胶螺旋杆，这时胶黏剂或堵漏胶就会在螺杆的作用下，向泄漏缺陷部位上充填，直到泄漏停止，如图 6-2-9(c)所示。

（8）再次清理封闭环周围的表面，使之达到粘接技术的要求，用相应的堵漏胶将封闭环粘牢。

（9）等注射的堵漏胶或胶黏剂充分固化后，撤出注胶器和定位工具，再用玻璃布和堵漏胶进行粘接加固，如图 6-2-9(d)所示。

（二）顶压粘接法

顶压粘接法是在泄漏情况清楚、泄漏点几何尺寸较小时经常采用的一种堵漏方法。它是借助各种类型的顶压工具，用大于泄漏介质的外力使得顶压块（一般由铅、铝、铜等金属制成）发生塑性变形，强行压入泄漏点止漏后，再用胶黏剂对漏点进行修补加固的一种堵漏方法。顶压粘接法的基本思路是，先借助大于泄漏介质的外力止住泄漏，再利用胶黏剂的特性进行修补加固。一般的胶黏剂都有一个从流体转变成固体的过程，在这个过程没有完成之前或是正在进行过程中，胶黏剂本身是没有强度的，如果把调配好的胶黏剂直接涂在泄漏压力较高的泄漏缺陷部位上，马上就会被喷出的泄漏介质带走，无法达到堵漏的目的。因此，要想达到一个理想的堵漏效果，最好的做法是在没有泄漏介质干扰的情况下，让胶黏剂完成固化过程。

1. 顶压粘接法的施工方法

泄漏点的情况及部位是千变万化的,当采用顶压粘接法处理这些泄漏点时,就得选用不同的顶压工具,以达到止住泄漏的目的,然后才能进行粘补。顶压工具是顶压粘接法作业中不可缺少的专用工具。

顶压粘接法操作步骤:

(1) 确定漏点位置,根据漏点情况(温度、压力)选择修补、加固的胶黏剂。

(2) 根据漏点的不同,设计、选择顶压工具,如图 6-2-10(a)所示。

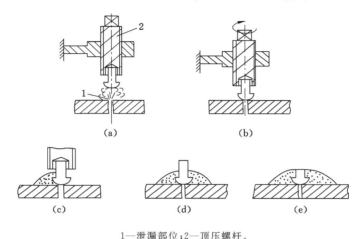

1—泄漏部位;2—顶压螺杆。

图 6-2-10　顶压粘接法操作示意

(3) 将螺杆顶端装上由铝(铅、铜)制成的铆钉,对准泄漏点,用扳手拧紧,使铆钉紧紧压在泄漏孔处强行止漏,如图 6-2-10(b)所示。

(4) 泄漏被顶压工具强行止住后,对泄漏处进行表面处理,如图 6-2-10(c)所示。

(5) 立即在顶块周围涂敷事先已配好的胶黏剂,待胶完全固化后,撤除顶压工具即可,如图 6-2-10(d)、(e)所示。

注意:如果泄漏点几何尺寸较大时,可将顶压工具稍作改动,用浸胶石棉盘根与外覆钢板代替顶压块即可。

2. 法兰泄漏顶压工具及操作方法

首先把法兰顶压工具固定在泄漏法兰上,准备好一段石棉盘根,将这段石棉盘根在事先调配好的环氧树脂胶液中浸透一下(如果泄漏介质能使环氧树脂溶解,那么就得选择其他不被泄漏介质所溶解的胶黏剂胶液或不浸胶液),正对着泄漏处将这段浸胶盘根放入法兰连接间隙内(当泄漏量较大或泄漏介质有较强的溶解性、腐蚀性,盘根难以放入时,可以改用铅条),用锤子将浸胶盘根打入法兰间隙内,迅速将顶压块装好,如图 6-2-11 所示。然后把顶压螺杆对准顶块的定位圆孔,旋转顶压螺杆,这时通过顶压螺杆及顶块,就会把浸胶石棉盘根紧紧地压到泄漏点处,迫使泄漏停止。泄漏一旦止住,就可以对泄漏法兰按粘接技术的要求进行必要的处理,主要是清除影响粘接效果的油污、疏松的铁锈及进行脱脂处理,再用事先配制好的胶黏剂胶泥填塞满顶块的周围,待胶黏剂胶泥完全固化后,撤除顶压工具。还可根据泄漏点的温度选择专用"堵漏胶",在现场按说明比例进行配制,使用起来更为方便。

法兰泄漏的顶压工具主要有双螺杆定位紧固式、双吊环定位式、钢丝绳定位式、多功能顶压工具4种。

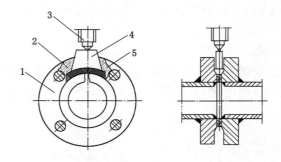

1—泄漏法兰；2—胶泥；3—顶压螺杆；4—顶块；5—石棉盘根。

图 6-2-11　顶压粘接法示意图

**（三）引流粘接法**

引流粘接法是当泄漏压力较高且泄漏位于凸凹不平的部位时经常用到的一种粘接堵漏方法。当泄漏介质的压力较高的时候，用事先调配好的堵漏胶或胶黏剂对泄漏缺陷部位进行封堵，但是堵漏胶或胶黏剂此时由于还保持着一定的流动性，会被泄漏介质带走。引流粘接法的基本思路是将具有极好降压、排放泄漏介质作用的引流器粘接在泄漏点上，在粘接和胶黏剂的固化过程中，泄漏介质通过引流通道和排出孔被排放到作业点以外，这样就有效地实现了降低堵漏胶或胶黏剂承受泄漏介质压力的目的，待胶黏剂充分固化后，再封堵引流孔，实现堵漏的目的。

1．引流粘接法基本工艺过程

（1）根据泄漏点外部的几何形状，设计、制作引流器，引流器应与泄漏部位有较好的吻合性。

（2）对泄漏点周围及引流器待粘表面进行表面处理。

（3）根据泄漏介质及工作情况选择快速固化胶黏剂。

（4）将胶黏剂按要求调配均匀，涂于泄漏点周围及引流器待粘表面，迅速将引流器粘贴在泄漏点，引流器的引流孔对准泄漏点时泄漏介质将会沿引流器的引流通道及引流螺孔排出，而且不会在牙流器内腔产生较大的压力。

（5）待胶黏剂完全固化后，再将一层浸过胶黏剂的玻璃布粘贴在引流器周围进行补强加固，确保引流器与泄漏点粘接牢固。

（6）用螺钉封闭，泄漏即可被迫停止。

2．引流粘接法的特点

（1）实现堵漏的过程比较容易。只要能设计制作出相应的引流器及粘接牢固，就能达到堵漏目的。

（2）经济实用。采用引流粘接法进行堵漏作业花费较少，引流器制作相对也比较简单。

（3）作业简单。采用引流粘接法进行堵漏作业，除引流器、胶黏剂、清理表面工具外，不用任何专业工具，施工简单。

（4）可用于如暖气、煤气、自来水等的堵漏。引流粘接法作业时，胶黏剂及引流器将承受泄漏介质的压力、温度及物化参数的变化,这一点应在引流器的设计制作时加以考虑。

（四）磁力压固粘接法

1. 磁力压固粘接法的原理

磁力压固粘接法是凭借磁铁产生的强大磁力,使得涂有磁粘剂的非磁性材料与泄漏缺陷部位粘接牢固,迫使泄漏停止,达到止漏密封目的的一种堵漏技术。它具有操作简单、经济实用的特点。

磁铁是磁力压固粘接法用以平衡介质压力的磁力来源。因此,它的形状应适应泄漏部位形状的要求。目前市场上供应的产品基本上能满足各种应用情况。常用的磁铁形状有方形的、马鞍形的、半圆形的和圆形的几种。

2. 磁力压固粘接结构

磁力压固粘接的结构、构成和粘接后的结构如图 6-2-12（a）所示。堵漏过程是:首先勘测泄漏缺陷的大小,并依据其尺寸用非磁性材料（不锈钢、铜、塑料和橡胶等）制作压板,做好后应按其粘接堵漏的技术要求清理泄漏缺陷部位及周围的表面。接下来在清理合格的表面上和非磁化材料压板上涂抹已备好的胶黏剂,且迅速粘合,并将磁铁放在非磁性材料压板上。这时磁力线穿透非磁性材料压板、胶黏剂将泄漏的壁面吸在一起,靠磁的吸引力将磁性材料的壁面和非磁性材料压板紧紧地压在一起,这个磁的吸引力远大于泄漏介质的压力,故泄漏被强行止住。待胶黏剂充分固化后,撤掉磁铁,在非磁性材料压板上覆盖上浸过胶黏剂的玻璃布,以美化和增强粘接效果,延长使用时间。最后粘接结果如图 6-2-12（b）所示。此方法的优点是简单方便,易操作。不足之处是只要压固磁铁存在,在其附近就有磁场形成和存在,对其附近的仪器仪表的运行会有一定的影响,其影响大小由磁铁磁性强弱来决定,可能造成控制仪表发生错误指令,度量仪表显示错误读数,对此一定要加以注意。

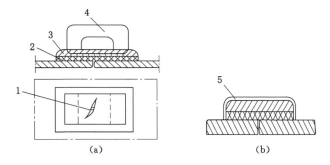

1—泄漏缺陷;2—胶黏剂或堵漏胶;3—非磁性材料;4—磁铁;5—胶黏剂及玻璃布。

图 6-2-12 磁力压固粘接法示意图

3. 基本工艺过程

（1）对泄漏孔洞周围的金属表面进行除锈、打磨并用丙酮擦洗干净。

（2）根据泄漏点的形状大小,准备好非磁性材料（不锈钢、铜、铝、塑料及橡胶等）。

（3）根据泄漏介质及工作条件,选择粘接堵漏用胶黏剂,一般要求胶黏剂粘接强度高、固化速度快、耐介质性好。

（4）按要求调配好胶黏剂,分别涂刷在泄漏点及非磁性材料上,迅速将二者贴合在一起,并在非磁性材料上压上一块磁铁,此时由于磁铁的作用,泄漏被迫停止。

（5）等胶黏剂全部固化之后，取出磁铁，同时在非磁性材料上面覆盖一层浸染过胶黏剂的玻璃布，对已经固化的胶层加固。

### 四、磁压堵漏技术

（一）磁压堵漏技术介绍

1. 磁压式堵漏工具的组成和原理

（1）组成

磁压式堵漏工具主要由磁性垫片和磁压器组成。

（2）原理

通过操纵手柄控制工作面上的磁通量，达到工具和泄漏本体之间的压合和释放。快速堵漏胶调匀后，迅速用工具将堵漏胶压向泄漏口，同时扳动通磁手柄，数分钟内胶固化后，堵漏即完成。

2. 技术性能参数

以我国消防救援队伍配备的电磁式堵漏工具为例，其技术性能参数如下。

（1）工作温度：$-70 \sim 150$ ℃。

（2）工作压力：$<2$ MPa。

（3）适用本体直径：$>400$ mm。

3. 适用范围

磁压式堵漏工具适用于各种罐体和管道表面点状、线状泄漏的堵漏作业，可迅速修复各种水、油、气、酸、碱、盐及多种化学介质的泄漏。它使用简单、快捷、吸压力大、无火花，是一种较为理想的堵漏工具。

（二）帽式强磁堵漏工具

1. 堵漏工具组成

帽式强磁堵漏工具（图 6-2-13）主要包括帽体和帽体顶部设置的泄压阀，帽体材质为橡胶，帽体内设置有中空部，端部设置有环状密封部，环状密封部为橡胶环状密封部，环状密封部上镶嵌有若干块状强磁体。

图 6-2-13　帽式强磁堵漏工具

2. 实施方法

两人分别双手握紧工具两端手柄或采用机械吊装工具，将堵漏工具弯曲方向与泄漏物体的弯曲方向相一致，对准泄漏点中心部位，压向凸出泄漏部位，关闭引流阀门。

3. 适用范围

帽式强磁堵漏工具适用于球面、柱面容器等切平面上装配的阀门、附件失效泄漏时的包容卸压抢险堵漏。

（三）八角软体强磁堵漏工具

1. 堵漏工具组成

八角软体强磁堵漏工具（图 6-2-14）主要包括八角形载体，载体材质为橡胶，八角形橡胶载体内镶嵌有若干块状强磁体，载体两端有两个手柄，载体中间部位有一个引流阀门。

2. 实施方法

两人分别双手握紧工具两端手柄或采用机械吊装工具，将堵漏工具弯曲方向与泄漏物体的弯曲方向相一致，对准泄漏点中心部位，压向凸出泄漏部位，关闭引流阀门。

3. 适用范围

八角软体强磁堵漏工具适用于容器、储罐、管

图 6-2-14　八角软体强磁堵漏工具

线、船体、水下管网的中小裂缝、孔洞的应急抢险堵漏，以及储罐罐体表面的裂缝状和孔状泄漏点且要求泄漏部位表面平整的堵漏。

（四）平（弧）面硬体强磁堵漏工具

1. 堵漏工具组成

平（弧）面硬体强磁堵漏工具主要包括一件主体工具、一个拆卸专用丝杠、一个木楔、一套简易电拆装置。主体工具为一长方形硬体载体，载体材质为铝合金，长方形硬体载体内嵌有强磁体，载体两端有两个手柄，载体与泄漏容器接触面成平面状或弧形，并设置有橡胶堵漏垫，如图 6-2-15 所示。

2. 实施方法

罐体泄漏点表面平整，没有焊缝及障碍物或凸起物，双手持堵漏工具手柄，对准泄漏点中心位置并与曲率轴线平行一致，快速压向泄漏点。

图 6-2-15　长方形硬体工具

3. 拆卸方法

（1）机械拆卸法。将拆卸孔打开，将专用

拆卸工具慢慢旋入拆卸孔中，然后将加力把手套入专用拆卸工具的手柄上向下施力，同时将木楔插入堵漏工具与罐体之间的缝隙中，缝隙高度为 3 cm，并从堵漏工具翘起部位用力掀起，完成拆卸过程。

（2）电拆卸法。将拆卸箱输入电源线与汽车蓄电池连接（红色＋，黑色－），将拆卸箱输出电源与堵漏工具连接（红色＋，黑色－）；接好后发动汽车，看电压指示表、电流指示表、电源指示灯是否接通，接通后旋转时间表；旋转黑色板把，旋至加温开始，加温时间到后，蜂鸣器会提示加温结束。将黑色板把旋至电源指示灯处，并收起所有正负极电源接线，电加热拆

卸过程完毕。

4. 适用范围

平(弧)面硬体强磁堵漏工具适用于容器、储罐、管线、船体、水下管网的应急抢险堵漏，适用于储罐罐体表面的裂缝状和孔状泄漏点且要求泄漏部位表面平整的堵漏。

（五）多功能强磁堵漏工具

1. 堵漏工具组成

多功能强磁堵漏工具（图 6-2-16）材质属于有色金属，由强磁吸座、磁场转换手柄、上下高度调整孔销、水平位置调整滑竿、加压丝杆、过渡接杆、包容卸压控制器（标注尺寸）和互换控制器仿形接口、密封圈、仿形堵漏板、堵漏锥、导流卸压软管等组成。

2. 实施方法

选择合理位置摆放强磁吸座，扳下手柄使工具整体固定（注意：泄漏点需与工具上方可移动横杆平行）。根据泄漏罐体外径大小选择相应封堵环，将封堵环安放在包容泄压筒上，将高度调节杆调整到可行位置（包容泄压型调到最高位，其他工具均可调到最低位），将封堵

图 6-2-16　多功能强磁堵漏工具

用件插入连接杆中，拧紧定位螺栓，吊起封堵用件，然后对准泄漏点向下旋转压力顶杆，将封堵用件紧压在泄漏点表面，完成封堵。

3. 适用范围

多功能强磁堵漏工具适用于各种罐体、管路、孔洞、线状、点状及凸起阀门等部位泄漏的封堵。

**五、注剂式带压堵漏技术**

（一）基本原理和特点

注剂式带压堵漏技术的基本原理和特点均属于"动态密封技术"领域范畴，即在动态条件下，重新建立密封体系的理论与实践。同时，注剂式带压堵漏技术的密封原理与静态密封技术的密封原理有许多相同之处，同时在形成密封结构的过程中又存在着很大的差异。

（二）组成构件

注剂式带压堵漏工具包括高压注剂枪、压力表接头、压力表、手动液压油泵、夹具、接头等，如图 6-2-17 所示。

1. 专用密封注剂

专用密封注剂能抵抗泄漏介质的化学及物理破坏。针对我国目前危险介质的品种、化学和物理性质，专用密封注剂应该具备如下四个基本性能：① 在额定操作压力及环境温度条件下，应具有良好的塑性和流动性；② 使

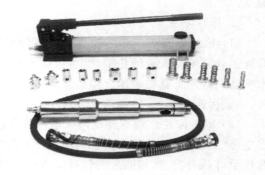

图 6-2-17　注剂式堵漏工具

用温度应当在－186～800 ℃;③ 在规定期限内,不被危险介质所侵蚀而丧失密封性能;④ 从堵漏成功开始,一般保证 8 000 h 无泄漏。

2.堵漏夹具

堵漏夹具在注剂式带压堵漏技术中起到重要的作用,夹具夹装在泄露部位及其部分外表面,组成新的封闭空腔。

(1)夹具的作用及其设计准则

夹具须保证密封注剂在充填过程中维持注剂压力的递增,同时要防止密封注剂向外溢出。夹具建立的新密封结构须保证其具有一定的强度。除此之外,夹具还具有辅助作用,即通过注剂孔连接高压注剂枪,并提供注剂通道。

夹具的设计须遵循如下准则:

① 夹具与泄漏部位之间的封闭空腔用于包容注射的密封注剂,并维持能够止住泄漏的密封比压。因此,封闭空腔的宽度应当超过泄漏部位的实际尺寸 20～40 mm 左右,其注入的密封注剂的厚度,一般应在 6～15 mm 之间,如有特殊情况应该适当地加厚。

② 泄漏部位的形状多种多样,使得夹具的形状也要根据其制作成不同的形状,这就要求不同形状的夹具必须与泄露部位能够具有良好的契合性。

③ 在实际的堵漏作业过程中,需要保证注剂在封闭空腔内的密封比压,因此夹具必须有足够的强度,夹具的设计压力等级应该加上一定的安全系数。

④ 在堵漏作业时,向封闭空腔内注入密封注剂的同时必须排出封闭空腔内的气体,与此同时还要排放出泄漏的压力介质,因此,在一般夹具上至少应该设两个及以上注剂孔。

⑤ 夹具与泄漏缺陷外表面的接触部分的间隙有严格限制,为了有效地阻止密封注剂外泄,应该考虑在夹具与泄漏接触部位设计制作密封结构。

(2)堵漏夹具的分类

注剂式带压堵漏技术所需要的夹具按形状分类一般有凸形法兰夹具、凹形法兰夹具、直管夹具、弯头夹具、三通夹具和四通夹具六种,部分实物如图 6-2-18、图 6-2-19 所示。

图 6-2-18 法兰夹具

图 6-2-19 直管夹具

3.高压注剂枪

高压注剂枪是注剂式带压堵漏技术的专用工具。高压注剂枪将螺旋力或动力油管输入的压力油,强行把枪前部剂料腔内的密封注剂注射到夹具与泄漏缺陷部分外表面形成的封闭空腔内,直到泄漏停止。密封注剂枪如图 6-2-20 所示。

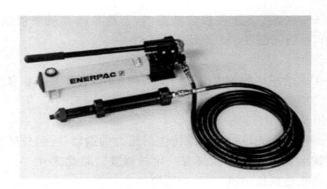

图 6-2-20　密封注剂枪

（三）技术特点

1. 经济效益显著

一些重大事故往往是由泄漏引起的，为避免事故进一步恶化，一般消除泄漏的方式都是停产维修。注剂式带压堵漏技术能在工艺生产照常进行的情况下消除泄漏，这对于连续化生产企业是至关重要的，能高效避免经济损失。

2. 安全可靠

该技术在施工过程中能做到不产生任何火花，其主要原因是施工过程中采用手工液压操作。因此，在防火防爆环境中可以安全地使用该技术。

3. 适用性广

该技术可用于蒸汽、酸、碱、盐、烃类、醇、油品等 200 多种石油化工流体介质泄漏的动态密封。

4. 修复性强

在施工作业前，不需要对泄漏缺陷部位进行任何处理；新建立的密封结构对失效的密封面有一定的保护作用，可避免泄漏介质的继续冲刷，且易拆除，便于以后维修。

5. 消除泄漏快

该技术在现场作业时，从安装夹具、注射密封注剂到介质泄漏停止，一般所需时间较短，如一个 DN40 的法兰泄漏，可以在 10 min 内消除泄漏，即使是直径为 1 000 mm 以上的法兰泄漏，也能在几小时内消除泄漏。关于操作时间，主要取决于密封注剂的注射量，若使用电动工具，也可有效地缩短作业时间。另外，注剂式带压堵漏技术在节约能源、防止环境污染等方面也有其特殊的效能。

（四）适用范围

该技术适用于孔洞较大、中低压且便于操作的管道和设备的堵漏，适合于法兰、阀门、小型管道的堵漏，但对密封注剂要求比较高，而且注剂压力要远大于泄漏压力才能保证充足的密封比压。

（五）实施方法

首先把注射阀安装在夹具上，旋塞全部打开；将夹具安装在泄漏部位上，注意密封注剂孔的位置要利于密封注剂注入操作，并保证有一个密封注剂孔对着泄漏孔，方便排放介质和卸压，防止剂料出现气孔，利于密封圈的形成；上紧夹具螺栓，检查夹具与泄漏部位的间隙，保证夹具与泄漏部位的接触间隙不应大于 0.5 mm;连接注射枪和手压泵等部件,进行密封注剂注入操作,注入时应从泄漏孔背后位置开始,从两边逐次向泄漏孔靠近。先从远离泄漏口位置的注射口开始,然后从两边分别逐次向泄漏口处逼近,最后再对着泄漏口的注射口进行注入。注射口注入密封注剂制止泄漏后,暂停注入密封注剂 10~30 min,等待密封注剂固化;然后,补注少量密封注剂,只要使注入压力在原有压力基础上增加 3~5 MPa 即可。关闭注射阀,操作结束。堵漏完毕,密封注剂固化后,用螺栓换下注射阀。

**六、冷冻堵漏技术**

(一)冷冻堵漏技术介绍

使用受控快速冷冻系统,通过液态氮管对管道某段快速冷冻,管道内的水或其他液态介质被迅速冷冻成冰栓。通过控制管道的表面温度,快速冻结可精确、安全地形成一根冰栓(塞),随后可对该管道冷冻系统在无须关闭或停止整个管道输配工作下即可对管道局部进行堵漏抢险或阀门更换。

1. 堵漏原理

冷冻堵漏技术基本原理是:通过向加装在某段管道间的两个套管内通低温制冷剂,使管段内的介质快速达到其冰点,形成两个冰塞,实现堵漏抢险的目的。根据冷冻管道的尺寸,做成两半圆的圆筒,如图 6-2-21 所示,并保证其密封性,夹套可根据需要做成一只或两只;冷冻的容器或管道压力与冰塞长径比呈正比例关系。当前所使用的制冷剂有液氮和 $CO_2$。其中 $CO_2$ 可以产生 $-79$ ℃的低温,只能在直径小于 75 mm 的水管线中形成冰塞;液氮不易燃且无毒,能产生 $-196$ ℃的低温,能冷冻直径小于 750 mm 的各种工业流体管线,应用广泛。

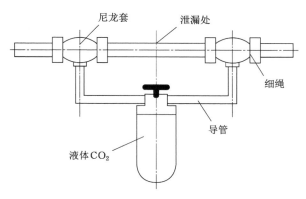

图 6-2-21 冷冻堵漏技术基本原理示意图

冷冻堵漏技术是带压堵漏作业中的一种重要形式。传统的冷冻堵漏法主要是利用液氮、液态二氧化碳和石蜡作为低温冷冻剂,效果较好。2013 年采用聚二甲基硅氧烷作为冷冻剂进行堵漏实验,效果明显。

2. 技术特点

(1)冷冻技术是一门专用技术,工艺性强,必须与生产工艺紧密结合使用。

(2)冷冻技术中一般不用夹具,而是靠冷冻介质来处理,需要精确地计算和操作工艺。

(3)操作简单,但要求掌握设备和工艺的现场情况。

（4）要求被冷冻材料耐低温性能好，不能破裂、变形、损坏。

（5）方法独特，实用快捷。

**3. 冷冻堵漏操作工艺**

（1）了解泄漏现场，选一段管子作为冰冻形成冰塞的位置，确定冷冻堵漏方案。

（2）通过计算，确定制冷夹套的尺寸，夹套为两半圆形组合的圆柱筒，并且须保证其密封性，夹套数量根据堵漏需要可为1只或2只。

（3）堵漏压力与冰塞长径比的关系成正比，如堵漏压力为1.06 MPa，则长径比$L/D=1$；堵漏压力为2.12 MPa时则长径比$L/D=2$，以此类推。

（4）根据结冰时间图标出大概的结冰时间，并算出维持冰塞的液氮用量，然后运送液氮作为制冷剂。

（5）加装液氮，在加装时注意不要被冰冻伤，穿好防护衣、戴好手套等，加强自身保护。

（6）检验冰塞有两个目的：一是检测泄漏点是否堵漏成功；二是在隔离区的管顶钻孔排除积聚的压力，同时检查冰塞的牢固程度。

（7）维持冰塞所需的液氮量。为了维持冰塞的牢固性，需要少量的液氮来补偿冰塞区管壁与夹套传导的热损失。

**（二）石蜡堵漏法**

Sterling Beckwith 在1954年发明了一种应用石蜡对低温常压液化气体储罐罐体泄漏进行堵漏的方法。

**1. 堵漏原理**

石蜡是热的不良导体，在环境温度下呈固态，储罐周围的环境温度也不能使其液化。在足够大的压力下，石蜡以液态甚至固态被压入泄漏点，与低温液体接触后低温可以确保石蜡保持固态以阻塞泄漏点。液压应足够大以便使石蜡在内容器气孔中一边扩散一边凝固，泄压后石蜡已经固化，储罐内装低温液体的压力等于大气压力，不足以破坏石蜡塞。石蜡堵漏装置堵漏原理如图6-2-22所示。

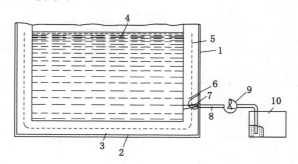

1—罐车；2—地面；3—绝热容器；4—低温液体；5—液体以液态毛细流的形式能穿透的区域；

6—泄漏孔；7—钻孔；8—管子；9—泵；10—储液器。

图 6-2-22　石蜡堵漏装置堵漏原理示意图

**2. 实施方法**

在泄漏点位置确定之后，在储罐罐体上钻一小孔，在罐体上钻孔后立即加压，将石蜡从储液器中用泵通过管子在足够的压力下压入内容器中，石蜡在内容器泄漏部位附近扩散，冷凝后形成永久性的冰塞对泄漏点进行堵漏。

3．适用范围

石蜡堵漏法适用于低温常压液化气体储罐罐体泄漏。

（三）聚二甲基硅氧烷堵漏法

1．堵漏原理

聚二甲基硅氧烷又名二甲基硅橡胶，常温下为无色透明油状液体，熔点为－29 ℃，可在－60 ℃保持良好的弹性，玻璃化转变温度为－123 ℃，并具有良好的绝热性。聚二甲基硅氧烷在低温下呈白色冰状固态，且具有一定的弹性，能对低温液体泄漏进行可靠的封堵。

2．实施方法

将聚二甲基硅氧烷通过加压装置注入储罐泄漏点，聚二甲基硅氧烷经过流动扩散充满泄漏点，与低温液体接触后形成具有一定弹性和强度的固体，从而起到封堵泄漏的目的。

3．适用范围

该方法适用于低温常压（101 kPa）罐体的堵漏，例如液氧（－183 ℃）和液化天然气（－162 ℃）等，但不能用于常温高压罐体的堵漏。

## 七、紧固式堵漏技术

（一）紧固式带压堵漏技术

紧固式带压堵漏技术的核心是紧固卡具，紧固卡具必须根据化学事故泄漏缺陷的部位来设计和制作，其紧固力多由拧紧螺栓来产生。该技术可用于处理温度小于400 ℃，压力小于4.0 MPa，且泄漏缺陷为可见及具备操作空间的泄漏事故。

为了说明紧固式带压堵漏技术的基本原理，通过一个采用"紧固式带压堵漏技术"进行带压堵漏作业的实例加以说明，如图6-2-23所示。图6-2-23（a）是泄漏管道，图6-2-23（b）是紧固卡子，由1～2 mm铁皮按相应的泄漏管道外直径制作，止漏材料一般多选用橡胶板、石棉橡胶板、铅等易变形的材料，并用胶黏剂粘于固定的位置，以防被喷出的泄漏介质冲走。作业时，首先把紧固卡子安装在泄漏管道上非泄漏点处，调整止漏材料的位置，使其能与泄漏点重合，将紧固卡子向泄漏点处移动，使止漏材料对准泄漏点，紧固卡子的连接螺栓，螺栓的紧固力通过卡子及止漏材料作用在泄漏点上，迫使泄漏停止，如图6-2-23（c）所示。泄漏停止后再按照粘接技术的要求对泄漏缺陷周围的金属表面进行处理，然后用胶黏剂或密封胶进行补强加固，完成带压堵漏作业，如图6-2-23（d）所示。

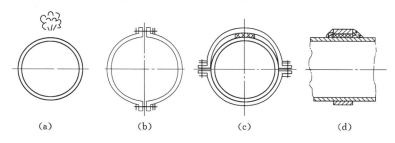

（a）　　　　　　（b）　　　　　　（c）　　　　　　（d）

图6-2-23　紧固粘接过程

紧固式带压堵漏技术的基本原理是：采用某种特制的卡具所产生大于泄漏介质压力的紧固力，迫使泄漏停止，再用胶黏剂或密封胶进行修补加固，达到带压堵漏的目的。

**（二）气垫止漏法**

其基本原理是利用固定在泄漏口处的气袋或气垫，通过充气以后的鼓胀力，将泄漏口压住，实现带压堵漏的目的。该法多用于处理温度小于 120 ℃，压力小于 0.3 MPa，并且具备操作空间的泄漏。采用耐化学腐蚀的氯丁橡胶制作的气垫用带子固定在泄漏表面，调节并系紧固定带之后进行充气。如图 6-2-24 所示，利用堵漏气垫可对管道、铁路槽车、油罐的液体泄漏进行安全、快速、简便的带压堵漏操作。

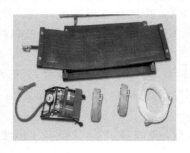

图 6-2-24　堵漏气垫及其操作

**（三）卡箍堵漏法**

卡箍堵漏法是一种利用卡箍工具将泄漏口封堵的方法，该方法简单实用，且封堵后不易脱落。

**1. 堵漏原理**

其堵漏原理是将密封垫压在管道的泄漏口处，再套上卡箍，上紧卡箍上的螺栓，利用卡箍提供的巨大的紧固力进行封堵，直至泄漏消失。

**2. 堵漏工具组成**

卡箍堵漏工具主要由卡箍和密封垫组成，密封垫材料为橡胶、聚四氟乙烯、石墨等，卡箍材料为碳钢、不锈钢、铸铁等。卡箍由两块半圆形卡箍组成，其形式有整卡式、半卡式、软卡式和堵头式。整卡式卡箍（图 6-2-25）由内径微大于管道外径的两块半圆箍组成。根据泄漏处的大小、长短确定卡箍的长短，紧固螺栓的个数由卡箍的长短确定，一般为两对，对称布置。半卡式卡箍由一块半圆箍和两根箍带组成。软卡式卡箍由较薄钢片制成，呈 C 字形，单开口，开口上有紧固螺栓。堵头式卡箍在卡箍的半圆箍上装有堵头可起导流作用。

图 6-2-25　整卡式卡箍堵漏工具

**3. 实施方法**

进行堵漏时，将密封垫压在管道的泄漏口处，再套上卡箍，上紧卡箍上的螺栓，直至泄漏停止。

**4. 适用范围**

卡箍堵漏法适用范围较广，主要用在金属、塑料等管道上，适用于孔洞、裂缝等泄漏处及中低压介质的泄漏，并有加强作用。卡箍堵漏法中的一种规格的卡套只能适合一种直径的管道或设备泄漏的封堵。

（四）压盖堵漏法

压盖堵漏法是一种传统的方法，是危险化学品泄漏处置中经常采用的一种方法。因其操作简单，方便实用，在气体储罐泄漏事故处置中，发挥着重要的作用。

1. 堵漏原理

压盖堵漏原理是采用 T 形活络螺栓将密封垫（或密封剂）、压盖压紧在泄漏口上，并进一步用堵漏胶进行固定，从而达到止漏的目的。

2. 堵漏工具组成

压盖堵漏工具由 T 形活络螺栓、压盖、密封垫组成。

3. 实施方法

压盖堵漏的方法是：先把 T 形螺栓放入本体内并卡在内壁上，然后在 T 形螺栓上套一密封垫和压盖，密封垫内孔应小，以套紧在螺栓上为准，再拧紧螺栓直至不漏为止。为了防止 T 形螺栓掉入本体内，螺栓上应钻有小孔，以便穿铁丝作为保险用。

4. 适用范围

压盖堵漏适用于孔洞较大、压力较低的管道、容器等设备的堵漏，适用于罐体具有一定直径的孔洞的泄漏。

（五）顶压堵漏法

顶压堵漏法是利用顶压工具提供的力，将顶压板压在泄漏口上进行封堵的一种方法。该方法需选择支撑点，能封堵法兰、管道等多种元件的泄漏。

1. 堵漏原理

顶压堵漏原理是在设备和管道上固定一螺杆，利用螺杆提供的顶压力将顶板压在泄漏口上，从而堵住设备和管道上的泄漏。

2. 堵漏工具组成

常用的顶压堵漏工具（图 6-2-26）主要有以下几种：

（1）双螺杆定位紧固式泄漏工具。双螺杆定位紧固式泄漏工具主要由定位螺杆、顶压螺杆、顶压块等部分组成。

（2）双吊环定位式堵漏工具。双吊环定位式堵漏工具主要由主杆、定位环两部分组成。

（3）钢丝绳定位式堵漏工具。钢丝绳定位式堵漏工具主要由定位钢丝绳、顶压螺杆、卡子、主杆等部分组成。

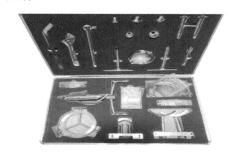

图 6-2-26　顶压式堵漏工具

（4）多功能顶压工具。多功能顶压工具是根据常见泄漏部位的情况，综合各类顶压工具的特点而设计的一种小巧玲珑、通用性强的堵漏作业专用工具。多功能顶压工具由四大部分组成：顶压止漏部分，前卡脚，卡脚部分，钢丝绳。

3. 适用范围

顶压堵漏法适用于中低压设备和管道上的砂眼、小孔和短裂缝等漏点的堵漏，适用于封堵罐体的砂眼、小孔、裂缝的泄漏及液位计、压力表、法兰及装卸管道等部位的泄漏。

# 【思考与练习】

1. 简述泄漏的定义与分类。

2. 工厂中易发生泄漏的设备类型有哪些？

3. 题图 1 中带状记录纸显示了储罐的泄漏历史。在这期间内没有其他抽吸或充装操作。储罐高度为 10 m，直径为 10 m，所容纳的液体密度为 $0.9 \times 10^3$ kg/m³。

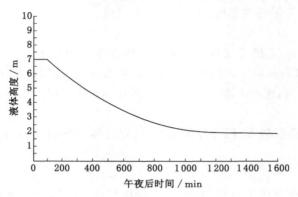

题图 1　带状记录纸数据图

（1）泄漏在什么时候开始，它将持续多长时间（min）？

（2）泄漏孔在什么高度（m）？

（3）泄漏的总质量是多少（kg）？

（4）估算液体的最大泄漏率（kg/s）。

4. 题图 2 为某一储存有毒液体的储罐，直径 5 m，罐高 10 m，罐顶上装设有呼吸阀与大气连通。由于年久腐蚀，在罐底下部高 2 m 处有一直径为 5 cm 圆滑喷嘴型泄漏小孔，初始泄露时液面高度为 8 m，有毒液体的密度为 1 000 kg/m³，圆滑喷嘴型泄漏系数 $C_0 = 1.0$，请你计算有毒液体泄露 1 小时的泄露量。

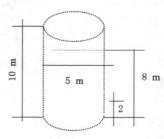

题图 2　储罐小孔泄漏示意图

5. 常见的塞楔堵漏技术有哪几种？简述其各自的工作原理。

6. 常见的捆扎堵漏技术有哪几种？简述其各自的工作原理。

7. 简述黏结堵漏技术的适用范围。

8. 常见的磁压堵漏技术有哪几种？简述其各自的适用范围。

9. 简述注剂式堵漏技术的工作原理和组成构件。

10. 常见的紧固式堵漏技术有哪几种？简述其各自的工作原理。

# 第七章　洗消技术与装备

【本章学习目标】

1. 了解洗消的原理和原则,熟练掌握洗消的技术方法。

2. 了解洗消剂的不同类型,并能根据其洗消原理及作用方式进行合理选择和应用。

3. 了解洗消器材的分类及其用途,并熟悉其应用场景。

## 第一节　洗消原则及方法

### 一、概述

第一次世界大战中,德军首次使用化学武器,随后大规模杀伤性生物武器和原子武器也在战场上相继亮相。为了保障战斗人员能够在核生化条件下生存,及时恢复遭受核生化攻击部队的战斗力,洗消保障装备应运而生。

当前,生化威胁已不仅仅局限于战争时期,和平年代同样不容忽视。化工灾害、核事故、恐怖袭击等都可能引起严重后果。主动避免生化污染是最优先考虑的,但当无法避免生化污染时,尽快对受沾染人员、衣物和装备等进行有效洗消对保障受染人员生命安全是极其重要的。

过往的沉重经验教训已经足够说明在处置突发化学事件过程中进行及时洗消的重要性。例如 2015 年天津港"8·12"特别重大火灾爆炸事故(图 7-1-1)、2019 年江苏响水"3·21"特别重大爆炸事故(图 7-1-2),救援过程中从爆炸"核心作业区"撤出的人员、装备都要经过彻底洗消,以杜绝污染物的人为外泄,避免处置过程中对救援人员的"二次污染"。

广义上的洗消是指对遭受化学污染物、放射性物质和生物毒剂污染的人员、器材装备、环境等实施消毒、消除和灭菌而采取的技术措施。洗消的目的是对污染及时控制和消除,减轻污染物对人员、器材装备、环境的深度伤害,及时恢复战斗力。成功的洗消可以为医疗处理争取时间,减少消防参战官兵的心理恐惧,为设备修复减小损失,防止污染物的进一步扩散,减轻受污染环境的损失程度。洗消是恢复战斗力的重要措施,与防护、侦检"三位一体",构筑了核生化防御的坚固长城。

图 7-1-1　天津港特别重大火灾爆炸事故

图 7-1-2　江苏响水特别重大爆炸事故

其中洗消装备是指对染有毒剂、放射性物质、生物战剂的人员、服装、武器装备、工事及环境进行消毒和消除沾染所用器材的统称。洗消装备通常可分为适用于个人、小型装备的小型洗消装备,可借助机械装置实现人员、物品等大面积洗消的轻型洗消装备和适用于大型装备,大面积污染的地面、空气、水源与动植物等的多功能一体化大型洗消装备。其中小型洗消装备如各国军队装备的单兵消毒包,便是主要应用于局部沾染物的消除;轻型洗消装备可分为单兵携带式轻型洗消装备和车载便携式轻型洗消装备。单兵携带式轻型洗消装备如美国的 Easy DECON TM DF-200 便携式泡沫洗消器(图 7-1-3)可用于对人员、服装、轻便装备、车辆的地面洗消。车载便携式轻型洗消装备,如意大利生产的 Sanijet 系列洗消器材(图7-1-4),可满足服装、地面、车辆等多种洗消任务的需求;大型洗消装备如德国 Karcher 公司的大型门式热空气洗消装置 Decont Jet21(图 7-1-5)可以实现对包括坦克在内的大型车辆的洗消。除了以上提及的常规洗消装备之外,还有一种专门用于医学洗消的大型洗消装备,如瑞典的 SEDAB 充气式医学洗消帐篷(图 7-1-6)。该帐篷配备洗消剂、热水、淋浴、动力系统等,可快速展开,实现对沾染人员的应急洗消。

图 7-1-3　美国 Easy DECON TM DF-200
　　　　　便携式泡沫洗消器

图 7-1-4　意大利 Sanijet C 921
　　　　　洗消系统

洗消剂是用于清除人员、装备、地面和建筑物等表面的毒剂、放射性物质和生物战剂的化学物质,主要包括消毒剂、消除剂和溶剂。在进行洗消时,通常把消毒剂或消除剂溶解在适当的溶剂中,调制成洗消液来使用。有些能溶解毒剂或沾染放射性物质的油垢的溶剂,也

图 7-1-5  德国门式热空气洗
消装置 Decont Jet21

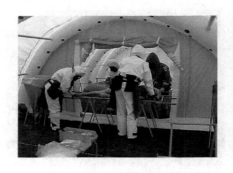

图 7-1-6  瑞典 SEDAB 充气式
医学洗消帐篷

可直接用于洗消。最早出现的洗消剂如漂白粉、高锰酸钾消毒剂就是为应对一战中首次用于战场的持久性毒剂芥子气。常用的洗消剂有氧化氯化型洗消剂、酸性洗消剂和碱性洗消剂等。这些洗消剂可以基本满足毒物洗消的要求，但是不同的洗消剂各有其优缺点，目前没有任何一种洗消剂可以说是通用洗消剂。因而，研究新型高效能、高稳定性、强环境适应性和高环境相容性的洗消剂已经成为新时期洗消剂研发的主要趋势。

洗消方法从原理上主要分为物理洗消法和化学洗消法。两种方法各有优缺点，在选择洗消方法时应考虑危险化学品的种类、性质及被污染对象的各种相关因素，进行合理选择。两种方法可以顺次使用或同时使用。

## 二、洗消的原则

为了快速消除污染区域对环境和居民生活的不良影响，同时保证救援人员的生命安全，维护救援力量的战斗能力，还要尽量节约资源，洗消时应遵循以下原则。

（一）尽快洗消

危险化学品灾害事故突发性强，泄漏的危险化学品量大、毒性强，扩散范围广，任何受到污染的物体都可能引起人员的二次中毒。有些污染物对人员伤害很大，如核生化物质会造成人员短时间死亡，这要求尽快对人员进行洗消作业。尽快洗消可限制沾染物的渗透和扩散，提高后期救援的可靠性。尽快洗消可以恢复战斗力和降低防护等级。尽快洗消原则要求洗消作业必须与现场侦检、人员疏散和救治、污染物处置等工作同时进行，将危险化学品事故的危害程度降到最低。

（二）必要洗消

洗消的目的是保证救援任务的顺利完成，而不是制造一个没有沾染有毒物质的绝对安全环境，这意味着洗消的目标仅是进行必要的洗消作业。重大危险化学品事故现场的洗消任务重，时间性和技术性要求高。此外，受后勤保障、地理环境等的限制，洗消的范围不能随意扩大，而且由于救援现场客观环境和资源的有限，因此，只能对那些继续履行救援来说必要的器材装备、地面进行洗消。为了避免洗消剂对生态环境和居民生活造成不良影响，应尽量收集沾染物进行再处理，现场最大限度地减少洗消剂的使用。

（三）就近洗消

洗消作业点的设置位置应尽可能靠近污染区域，主要是为了控制污染面积的扩散，并减少救援装备的浪费和人员不必要的防护时间。如果洗消点设置位置靠后,受染器材装备、人员洗消时必然后撤,会造成污染面积的扩散。另外,洗消点的位置应设置在污染区的上风向并与污染区保持一定安全距离。在进行人员和装备的洗消时,应按照一定操作流程,避免交叉污染,并严格区分清洁区与污染区。

（四）优先洗消

洗消时需遵循优先顺序,按照人员皮肤、服装、装具、操作部位和活动区域的顺序进行局部洗消。针对需要完全洗消的对象,也应考虑沾染对象的严重性和装备执行任务的紧急性。对受染更为严重、有重大威胁和有生命危险的优先洗消,而威胁小的则可以后洗消;针对执行救援任务中重要的、急需转移二次救援的器材装备优先洗消,对一般性的器材装备可后洗消。

## 三、洗消的方法

洗消方法选择应遵循的基本原则是消毒迅速、消毒彻底、成本较低、环境友好和人员安全。

（一）物理洗消法

物理洗消法是通过将污染物转移,或将染毒物质的浓度稀释至其最高容许浓度以下或防止人体接触来减弱或控制污染物的危害的一种方法。该方法主要是利用各种物理手段,如溶解、通风、稀释、收集输转、掩埋隔离等,将污染物的浓度降低、泄漏物隔离封闭或清理现场,达到消除污染物危害的目的。

物理洗消法的实质是污染物的稀释或转移,污染物的化学性质和数量在洗消处理前后并没有发生变化,只是临时性解决现场污染物的危害问题。其优点是处置便利,实施容易、腐蚀性小。其不足是清除下来的毒剂仍存在,仍有发生再次危害的可能性,如污染物随冲洗水流入下水道、河流或深埋的污染物随雨水渗入地下水源等,都会再次造成危害,需要进行二次消毒处理。常用的物理洗消方法有以下几种。

1. 吸附洗消法

吸附洗消法利用具有较强吸附能力的物质(如活性炭、活性白土等),通过化学吸附或物理吸附的原理,吸附沾染体表面或过滤空气、水中的有毒物质。可用棉花、纱布等材料吸去人体皮肤上的可见毒物液滴。在苯、油类等液体危险化学品泄漏事故中,针对地面残留液体可用消防专用活性炭、吸附垫进行吸附洗消。这种洗消法的优点是操作方便,吸附剂没有刺激性和腐蚀性,适用范围广。

2. 通风洗消法

通风洗消法适用于如库房、车间、污水井等局部空间区域的消毒。根据其内的有毒气体或蒸气浓度,可以选择使用自然通风或机械通风等洗消措施。采用强制通风消毒时,要求做到排出的有毒气体或蒸气不得重新进入其内;采用机械通风消毒时,应根据有毒气体或蒸气的密度与空气密度的大小,来确定排毒口的具体位置。若排出的毒气具有燃爆性,排毒设备必须防爆。

3. 溶洗洗消法

溶洗洗消法是指用棉花、纱布等浸以酒精、汽油、煤油等有机溶剂将沾染体表面的毒物溶解擦洗掉的方法。此种方法消耗溶剂较多,消毒效果不彻底,较多用于精密仪器和电子设备的洗消。

#### 4. 机械转移洗消法

机械转移洗消法是指采用除去（如用破拆工具、铲车、推土机等切除或铲除）或覆盖（如使用沙土、水泥粉、炉渣或草垫覆盖）染毒层的办法，也可采用将沾染体密封输转或密封掩埋（如制作密封容器），使污染区域的污染浓度得以降低的方法。这种方法虽然不能破坏毒物的毒性，但可在一定程度上降低化学毒物的浓度，使处置人员不与染毒的物品、设施直接接触，但在掩埋的时候必须添加大量的漂白粉、生石灰拌匀。

#### 5. 冲洗洗消法

在采用冲洗洗消法实施消毒时，若在水中加入某些洗涤剂（如洗衣粉等），冲洗效果会更好。冲洗洗消法的优势在于操作简便，洗消成本低；其局限性是耗水量巨大，洗消不当可能会使污染扩散和渗透。

#### 6. 其他

通过自然条件（如日晒、雨淋、风吹等）也可使毒物消除，但这些方法一般只适用于不经常使用或暂不使用的工业设施。

### （二）化学洗消法

化学洗消法是指通过洗消剂与毒物发生化学反应，来改变毒物的分子结构和组成，使之转变成无毒或低毒物质，达到消除其危害的方法。化学洗消法的洗消效果更彻底，对环境更友好。在选用洗消剂时需考虑其与毒物是否会发生化学反应而生成新的有毒物质。但由于在实施洗消的过程中需使用器材和装备，消耗大量的洗消药剂，洗消成本较高，在实际洗消中一般是化学洗消法与物理洗消法同步展开，以提高洗消效率。常用的化学洗消法有以下几种。

#### 1. 中和洗消法

中和洗消法是利用酸碱中和反应的原理，用于处理事故现场泄漏的强酸、强碱或具有酸（碱）性毒物的方法。如强酸大量泄漏，可用碱性物质实施洗消；大量碱性物质发生泄漏时，可用酸性物质实施洗消。但由于酸和碱都具有强烈的腐蚀性，能腐蚀皮肤和设备等，且具有较强的刺激性气味，吸入体内能引起呼吸道和肺部的伤害，所以无论是使用酸还是碱作为洗消剂，使用时都必须调配成稀的水溶液使用，以免引起新的酸碱伤害，中和消毒完毕，还要用大量的水实施冲洗。

#### 2. 氧化还原洗消法

氧化还原洗消法是利用氧化还原反应的原理，使有毒物变成无毒物或低毒物的方法。氧化还原反应使毒物中某些元素的价态会发生改变（将低价有毒物质氧化为高价无毒物质，将高价有毒物质还原为低价无毒物质），从而使毒物的毒性得到降低或消除。例如，对于硫化氢、硫磷农药，可用氧化型洗消剂，如漂白粉、三合二等强氧化剂，迅速将其氧化成高价态的无毒化合物。

#### 3. 催化洗消法

催化洗消法是利用催化原理，在催化剂的作用下使有毒化学物质加速生成无毒物或低毒物的化学消毒方法。如一些有机硫磷农药、军事毒剂等虽然毒性大、毒效长，但其水解产物却是无毒的，只是在常温、低浓度下其需要较长时间才能彻底水解，不满足快速洗消的洗消原则。此时，可加入催化剂催化促使其快速水解，从而对其进行快速洗消处理。催化洗消法只需少量的催化剂即可，适合事故现场洗消，是一种实用高效、有发展前景的化学洗消方法。

4. 络合洗消法

络合洗消法是利用络合剂与毒物发生快速络合反应，生成无毒的络合物，或将有毒分子化学吸附在含有络合消毒剂的载体上，使原有的毒物失去毒性的方法。其使用的络合剂包括有机络合剂和无机络合剂。氯化氢、氨、氰根离子就可用络合吸附的方法，使其失去毒性。例如在氰化氢过滤罐内添装有氰化铜的活性炭，氰化铜是络合剂，活性炭是载体，当活性炭表面附着的氰化铜遇到氰化氢后，迅速发生络合反应，将氰化氢化学吸附在含有氰化铜的活性炭上，生成无毒的铜氰络合物，这样可对染毒空气起到过滤的作用，利用的原理就是络合洗消法。

（三）燃烧洗消法

燃烧洗消法是通过燃烧反应来破坏毒物的化学性质，使其毒性降低或失去毒性的消毒方法。这种方法实质上也是氧化还原反应，但反应比较剧烈，是将具有可燃性的毒物与空气反应使其失去毒性。其适用于具有可燃性、同时价值不大或燃烧后仍可使用的设施或物品，如染毒的衣物和染毒的植物。如在 2003 年重庆开县发生的特大井喷事故中，为了防止硫化氢的扩散，在压井前，将喷出的硫化氢气体进行了点燃，从而将剧毒的硫化氢转化为低毒的二氧化硫，降低了硫化氢的毒性。但燃烧洗消法的洗消效果并不彻底，燃烧虽可破坏毒物的化学性质，但同时也可能会使有毒化学物质挥发，造成空气污染，所以使用燃烧洗消法时洗消人员应采取适当的防护措施。

# 第二节　洗　消　剂

正确的洗消是危险化学品事故应急处置中的关键措施之一，是从根本上清除危险化学品事故灾害的有效手段。选择适合的洗消剂是实施洗消的根本要素，是获得事故处置成功的前提和关键。

在危险化学品事故处置中，应根据毒物的理化性质、受污染物体和器材装备的具体情况，结合相关洗消剂的洗消原理，对洗消剂进行灵活选择，使其发挥最大作用。总体来说，在洗消剂的选择上应坚持"高效、广谱、低成本、低腐蚀、无污染、稳定、易携带、对环境要求低"等原则。因此，洗消剂的具体技术要求主要有如下几点。

（1）洗消速度快，不易扩散，有利于在第一时间控制事态的发展。

（2）洗消彻底，效果明显。

（3）用量少，价格便宜。

（4）安全环保，副作用小，应用后能使洗消对象尽快恢复其使用价值。

（5）易于得到，且具有较好的稳定性。

（6）广谱性能好，功能多样，应用范围广泛，使用方法简单，便于存储。

（7）洗消废液易于处理，对环境影响小。

**一、洗消剂的分类**

洗消剂是用来清洗化学毒剂或能与化学毒剂反应使其毒性消失的化学物质。它是随着持久性毒剂在战场上的出现而发展起来的。

（一）常用洗消剂的种类

（1）氧化氯化型洗消剂，如次氯酸钙、次氯酸钠、三合二、双氧水等。

（2）碱性洗消剂，如氢氧化钠、氨水、碳酸钠、碳酸氢钠等。

（3）酸性洗消剂，如稀盐酸、稀硫酸、稀硝酸等。

（4）溶剂型洗消剂，如水、酒精、汽油或煤油等常见溶剂。

（5）络合型洗消剂，如硝酸银试剂、含氰化银的活性炭等。

（6）洗涤型洗消剂，如肥皂水、洗衣粉、洗涤液、乳液消毒剂等。

（7）吸附型洗消剂，如活性炭、吸附垫、分子筛等。

（8）催化型洗消剂，如氨水、醇氨溶液等催化剂，可加快毒物的水解、氧化、光化等反应速率。

（9）螯合型洗消剂，如敌腐特灵、六氟灵洗消剂，属酸碱两性的螯合剂，对强酸、强碱等各种化学品灼伤都适用。

上述各类常用洗消剂在洗消效果上基本都能满足常见洗消的要求。在实际洗消中有时只选用一种洗消剂并不能达到预期的洗消目的与要求，可以选择多种洗消剂进行联用，如洗涤剂＋吸附剂＋中和剂、催化剂＋氧化氯化洗消剂、催化剂＋络合剂等不同组合模式，从而达到最佳的洗消效果。

（二）新型高效洗消剂的种类

目前仍没有一种可以堪称通用的洗消剂。目前已取得实质进展并且具有使用潜力的新型高效洗消剂主要有以下几类。

1. 生物酶洗消剂

生物酶洗消剂是利用生物发酵培养得到的一类高效水解酶，其主要原理是利用降解酶的生物活性快速高效地切断磷脂键，使不溶于水的毒剂大分子降解为无毒且可以溶于水的小分子，从而达到使染毒部位迅速脱毒的目的，并且降解后的溶液无毒，不会造成二次污染。生物酶洗消剂相较于传统的化学反应型洗消剂，具有快速、高效、安全、环境友好、洗消成本低廉等独特的优点。

2. 非水基洗消剂系列

德国 Karcher 公司的 RDS 2000、BDS 2000、GDS 2000 是一个完整的非水基洗消剂系列，使用温度范围为－30～49 ℃，可以在恶劣的冬季环境中使用，其高反应活性的特点能使反应时间最小化，大大节约洗消时间，可在减少洗消剂用量的同时确保高效的洗消能力，并且对胶黏毒剂具有明显的消毒效果。

3. 高效液体洗消剂

高效液体有机药剂活性皮肤洗消液 RSDL，是溶解于聚乙二醇单甲醚和水中的 Dekon 139 与 2,3-丁二酮肟的混合物。它可以消除糜烂性毒剂和神经性毒剂，可以清洗皮肤和眼睛，也适用于各种设备及武器的洗消，不会损害其机械系统和光学器件，药剂本身和残余物都无毒。

4. 泡沫洗消剂

泡沫洗消剂可是以泡沫的形式喷洒在染毒物质表面，可以极大地减少用水量，减少后勤负担，而且适用于不规则表面和垂直表面的洗消。特别是以过氧化氢（$H_2O_2$）为消毒成分时，不仅能快速、高效消除生化毒剂，而且具有无毒、无腐蚀性、不产生毒副产品等优点。如美国桑迪亚国家实验室研制的 DF100 泡沫洗消剂的主要活性成分为 27.50％过氧化氢、4.23％复合季铵盐烷基二甲基苄基氯化铵。现场模拟消毒试验显示,它可在几分钟之内使病毒、细菌(包括炭疽芽孢)和神经生化战剂(包括神经毒剂、芥子气和梭曼)失效,但对人员无害。美国桑迪亚国家实验室开发的 DF 200 泡沫洗消剂,在 15 min 内可中和毒剂的 98.5％,60 min 内可中和毒剂的 99.84％,是一种新型高效的洗消剂。

5. 纳米金属氧化物洗消剂

纳米氧化物因其比表面积大而对毒物具有较高的吸附-反应性能,以纳米材料为主体的消毒技术研究成为热点。据美国相关研究报道,在常温条件下洗消剂可在纳米氧化镁、氧化钙和三氧化铝上可发生消毒反应,机理主要是表面水解反应,其动力学特征为初始的快反应和随后转变为受扩散限制的慢反应。负载在介孔分子筛上的纳米氧化物显示出更高活性,对毒剂的反应性已显著超过现装备的 XE-555 树脂。

## 二、洗涤型洗消剂

洗涤型洗消剂能将浸在某种介质(一般为水)中的固体表面的污染物去除。在洗消过程中,加入洗涤型洗消剂以减弱污染物与固体表面的黏附作用并施以机械力搅动,借助于介质(水)的冲力将污染物与固体表面分离而悬浮于介质中,最后将污染物冲洗干净。在消防洗消过程中,洗涤型洗消剂广泛应用于人员的衣物、器材装备、染毒物品等的洗消。洗涤型洗消剂的主要成分是表面活性剂,表面活性剂具有良好的湿润性、渗透性、乳化性、增溶性、洗涤性等性能,能够有效地去除附着在物体表面的污染物液滴或微小颗粒。目前,广泛使用的洗涤型洗消剂有肥皂水、洗衣粉、洗消液等,具有易获得、应用性广、经济等特点。但洗涤型洗消剂是一种复杂的混合物,除了表面活性剂外,还添加有其他的洗消助剂。洗消体系是复杂的多项分散体系,分散介质种类繁多,体系中涉及的表(界)面和污染物的种类及性质各异,因此,洗涤过程相当复杂。此外,由于洗消剂和污染物本身的特殊性质,在洗消过程中产生大量的具有一定毒害性的洗消废液,如果处理不当,会造成更大范围的污染。

(一)洗消过程

洗涤型洗消剂从固体表面清除溶于水的、不溶于水的固体和液体污染物的基本步骤是,首先对染毒对象固体表面润湿,从染毒对象的基底上去除污染物;再利用洗消剂的分散作用,使污染物稳定地分散于溶液中。这两步的效果均取决于染毒对象的材料和污染物的性质。为了进一步说明洗涤型洗消剂洗消作用的基本过程,以纤维织物为例,去除纤维织物上污染物大致有以下几个过程。

(1)洗消剂对油污及纤维表面的吸附作用。洗消剂分子或离子在污染物及纤维的表(界)面上定向吸附。

(2)污染物的润湿和渗透。由于洗消剂的定向吸附和表(界)面张力的降低,污染物与纤维润湿,从而使洗消剂渗透到污染物和纤维之间,减弱了污染物在纤维上的附着力。

(3)污染物的脱落。洗消剂增加了纤维和污染物的负性电荷(阴离子表面活性剂),使其产生静电排斥,加上机械作用,促使污染物从纤维上脱落下来。

(4)污染物的乳化分散。由于洗消剂的胶体性质使脱离纤维表面的污染物分散在洗液中,并形成稳定的分散体系,已经乳化分散的污染物就不再附着于纤维。此时,有的污染物能够进入洗消剂的胶团中,从而发生增溶。

有学者对肥皂洗消机理提出污染物反应式以表示洗涤型洗消剂的洗涤作用,介质中的洗涤过程可表示为:

物品·污染物＋洗消剂物品＝污染物·洗消剂＋物品

由上式看出,在洗涤型洗消剂洗涤过程中,洗消剂是不可缺少的。洗消剂在洗消过程中具有以下作用,一是除去固体表面的污染物;二是使已经从固体表面脱离下来的污染物很好地分散和悬浮在洗消介质中,分散、悬浮于介质中的污染物经漂洗(用水清洗)后,随水一起除去,从而得到清洁的物品,这是洗涤型洗消剂洗涤的主过程。洗涤过程是一个可逆过程,分散和悬浮于介质中的污染物也有可能从介质中重新沉积于固体表面,称之为污染物在物体表面的再沉积。因此,一种优良的洗涤型洗消剂应具有两种基本作用:一是降低污染物与物体表面的结合力,具有使污染物脱离物体表面的能力;二是具有防止污染物再沉积的能力。洗涤过程使用的介质,通常是水。

(二)洗消作用

1. 降低水的表面张力,改善水对洗涤物表面的润湿性

润湿是洗涤过程的第一步,洗消剂对染毒物品必须具备较好的润湿性。水在一般天然纤维上的润湿性较好(如棉、毛纤维),但对于再生纤维(如聚丙烯、聚酯等)和未经脱脂的天然纤维等因其具有的临界表面张力低于水的表面张力,水在其上的润湿性较差。因此,除聚四氟乙烯外,洗消剂的水溶液在染毒物品的表面都会有很好的润湿性,促使污染物脱离染毒物品表面而产生洗涤效果。上述情况表明,在一般条件下,表面活性剂水溶液的表面张力可以低于一般纤维材料的润湿界面张力,所以纤维的润湿在洗涤型洗消剂的洗涤过程中不是什么严重的问题。

2. 能增强污染物的分散和悬浮能力

洗消剂具有乳化能力,能将从物体表面脱落下来的液体油污乳化成小油滴而分散悬浮于水中,若是阴离子型洗涤型洗消剂还能使油-水界面带电而阻止油珠的并聚,增加其在水中的稳定性。对于已进入水相中的固体污染物,洗消剂也可使固体污染物表面带电,因污染物表面存在同种电荷,当其靠近时产生静电斥力而提高固体污染物在水中的分散稳定性。非离子型洗涤型洗消剂可以通过较长的水化聚氧乙烯链产生空间位阻来使得油污和固体污染物分散稳定于水中。因此,洗涤型洗消剂可起到阻止污染物再沉积于物体表面的作用。

(三)表面活性剂及洗消助剂的作用

对于洗涤型洗消剂,在洗消过程中发挥重要作用的是表面活性剂,其次是各种不同的洗消助剂,主要包括助洗剂、填充剂或辅助剂等。

表面活性剂的分子中同时存在亲水基和非亲水基,这就使其具有在界面上的吸附作用和在溶液中的胶团化作用,这也是表面活性剂可以清除污染物的原因所在。表面活性剂具有的被吸附于染毒对象和污染物的交界面和在洗消液中形成胶团的能力,使洗消液与染毒对象之间形成了有效的洗消体系,提供了润湿、污垢取代、尘土去除、污染物悬浮以及污染物溶解等作用。

1. 吸附作用

表面活性剂自洗消液中在污染物和染毒对象表面吸附,对洗涤作用有重要影响。表面活性剂的吸附作用,使表面或界面的各种性质(如机械性质、化学性质)均发生变化。

## 2. 胶束化作用

当溶液中的表面活性剂达到临界胶束浓度（CMC）时,表面活性剂形成胶束,任何油性污染物会不同程度地被增溶而溶解。这就是胶束的一个重要作用——增溶。当表面活性剂的浓度高于 CMC,不溶于水的液体溶解于表面活性剂的胶束中,表现溶解度明显高于在纯水中的溶解度。这种增溶液不是真溶液,增溶量一般不大,溶液的性质也未发生变化,不同于混合溶剂的增溶作用使溶液的性质发生的变化。

## 3. 乳化作用

在洗消过程中,乳化作用占有重要的地位。表面活性高的表面活性剂可以最大限度地降低油-水界面张力,而且只要略做搅动即可乳化。降低界面张力的同时,发生界面吸附,有利于乳状液的稳定,油污质点不再沉积于固体表面。

## 4. 泡沫作用

实验表明,泡沫作用与洗消作用并没有直接关系。但是,泡沫在一些情况下可以起到携带污染物的作用,此外,泡沫还可以用作洗消剂是否有效的标志。

## 5. 助洗剂的作用

洗涤型洗消剂是由多种组分复配而成的混合物。在合成洗涤型洗消剂的配方中,除了作为重要成分的表面活性剂外,还含有大量的无机盐、少量的有机添加剂。这些物质在洗消过程中各有其特殊作用,但均有提高洗消效果的作用,故统称为助洗剂。

在合成洗涤型洗消剂中表面活性剂占 $10\%\sim35\%$,助洗剂占 $15\%\sim80\%$。一般液体洗消剂中,助洗剂的用量较少。助洗剂中,主要有无机助洗剂（如磷酸钠类、碳酸钠、硫酸钠及硅酸钠等）及少量有机助洗剂。通常洗消助剂具有的功能是,与高价阳离子能起螯合作用,软化洗消硬水;对固体污染物有抗絮凝作用或分散作用;起碱性缓冲作用;防止污染物再沉积。此外还有增稠、抑菌、漂白、增白等作用。具体见表 7-2-1 和表 7-2-2。

**表 7-2-1　常用的无机助剂及作用**

| 助　　剂 | 作　　用 |
| --- | --- |
| 三聚磷酸钠 | 硬水软化、金属离子螯合、提高洗消能力 |
| 碳酸钠 | 碱性缓冲作用、提高洗消能力 |
| 硅酸钠 | 乳化、增大黏度、防锈、防止结块 |
| 硼砂 | 缓冲、防止结块 |
| 碳酸氢三钠 | pH 值调节 |
| 膨润土 | 乳化、分散 |
| 硫酸钠 | 降低表面张力、油水界面张力,提高增溶能力 |
| 氯化钠（食盐） | 降低表面张力、油水界面张力,提高增溶能力 |
| 沸石 | 与金属离子交换、抗污染物再沉积 |
| 氢氧化铝、钛白粉、石英砂 | 分散、防止结块、提高白度 |
| 酸性硫酸钠 | 中和调节 |

表 7-2-2　有机助剂及作用

| 作用 | 助剂 |
| --- | --- |
| 增溶剂 | 尿素、甲苯、二甲苯、对异丙基苯的磺酸钠或磺酸钾等 |
| 螯合剂 | 次氮基三乙酸、二羟乙基甘氨酸、羧基酸类的草酸、酒石酸等 |
| 泡沫调节剂 | 烷基醇酰胺、脂肪族氧化叔胺等 |
| 抗再沉积（再污染）剂 | 羧甲基纤维素、羧甲基纤维酸钠、聚乙烯基吡咯烷酮等 |
| 增稠剂 | 甲基羟丙基纤维素、羟乙基纤维素、羧甲基纤维素（钠）等 |
| 酶制剂 | 蛋白酶、淀粉酶、脂肪酶、纤维酶 |
| 漂白剂 | 过硼酸钠四水合物、过碳酸钠 |
| 荧光增白剂 | 二苯乙烯类 |

（四）添加剂的作用

在洗涤型洗消剂配方中，还要不同程度地添加一些其他助剂，例如抗结块剂、柔和剂、柔软剂、香精等。

1. 抗结块剂

将甲苯磺酸钠配入粉状洗消剂中，可增加含水量，同时对流动性、手感、抗结块性能等均有良好效果。

2. 柔和剂

柔和剂是改善洗涤型洗消剂对皮肤的刺激感，使之温和的助剂。洗消剂对皮肤产生刺激，主要是由于有些化学药剂通常不刺激皮肤，但与洗消剂结合后能渗入皮肤，对皮肤的角蛋白质有变性影响，引起刺激。

3. 柔软剂

柔软剂是改善洗消对象手感，使之柔软、手感舒适的辅助剂。用作柔软剂的主要有二烷基二甲基季铵盐、二酰氨基聚氧乙烯基甲基季铵盐和咪唑啉化合物。柔软剂在洗涤漂洗后再加入。

4. 香精

香料是能散发香味的一类原材料，将香料按照适当比例调配成为一定香气类型的产品叫作香精。在合成洗涤剂时，为掩盖某些组分散发的不良气味，加入香精，对洗消剂进行加香。所用香料的类型主要有茉莉、玫瑰、麝香、紫丁花、薰衣草等。

（五）洗涤型洗消剂的选用依据

洗涤型洗消剂种类繁多，包括洗衣粉、香皂、香波、浴液以及各类的金属清洗剂、管道清洗剂等。洗涤型洗消剂应用广泛。消防救援过程中，可以根据染毒对象的不同，对染毒人员、染毒衣物、染毒设备以及染毒场所等开展洗消工作。洗涤型洗消剂的选用依据如下。

1. 表面活性剂的特性

参考表面活性剂的 HLB 值所对应的性质和用途，按污染物的组成和性质选择表面活性剂。亲油性最强的表面活性剂的 HLB 值为 0，亲水性最强的表面活性剂的 HLB 值为 20。HLB 值并不是绝对正确的，使用时只做参考，应用效果更为重要。

在洗消过程中，表面活性剂取代污染物被吸附于染毒对象表面，形成大约 0.1 nm 厚的膜,用水冲洗难以完全除去。表面活性剂的残留有许多不良的影响。为了清除表面活性剂的残留,可用清水多次反复冲洗,提高洗消用水的温度。采用表面活性剂的溶剂,如用乙醇、异丙醇等浸泡。用亲水性更强的表面活性剂的水溶液洗消脱脂性强的表面活性剂,再用水冲洗。

2. 安全性

许多表面活性剂难以被生物降解,如有支链的烷基苯磺酸钠,会对环境造成污染,应尽量避免选用,可用直链的烷基苯磺酸钠代替之。烷基酚聚氧乙烯醚系列的非离子表面活性剂的生物降解性也不好,也应尽量避免或减少使用。尽量使用天然来源的物质及其结构相似物,它们的生物降解性较好,例如,使用以高碳醇、脂肪酸、葡萄糖等为原料的表面活性剂。含生物降解性不好的表面活性剂的废水,应经过活性污泥处理后才可排放。在使用助洗剂时,也应考虑环境污染的问题,例如,磷酸盐存在使水域富营养化的问题。

3. 使用浓度

只有当表面活性剂的浓度大于其临界胶束浓度(CMC),才表现出表面活性剂的特性,以充分发挥表面活性剂的洗消作用。因此,在使用表面活性剂时,一般应使其浓度在 CMC 以上,避免在 CMC 以下使用。需要注意的是,当表面活性剂的浓度超过 CMC 以后,其洗消能力不再随其浓度的增大而增加,应综合考虑清洗的效果和经济的合理性。

4. 溶解性

为了改善表面活性剂的溶解性,可使用增溶剂。配置液体洗消剂时加增溶剂,如甲苯、二甲苯、对异丙基苯的磺酸盐、磷酸酯和尿素等,可使洗消剂产品处于完全溶解状态。在配制粉状洗消剂时,增溶剂可改善粉体的流动性,防止结块。

5. 发泡性

在选择表面活性剂时应考虑洗消工艺对发泡性的要求,根据各类表面活性剂的发泡性选料。表面活性剂发泡性大小顺序为阴离子表面活性剂＞聚乙二醇醚型表面活性剂＞脂肪酸酯型非离子型表面活性剂。要求高泡稳泡时,可再加发泡剂、稳泡剂;要求低泡无泡时,再添加抑泡剂和消泡剂,也可以适当改变洗消工艺条件和设备形式以满足要求。

6. 使用温度和浊点

温度越高,具有离子性的表面活性剂越容易溶解于水,而聚乙二醇型的非离子型表面活性剂的溶解度,却随温度上升而降低,即在某一温度以上会很快变得不溶于水,此温度称为浊点。当非离子表面活性剂作为乳化剂制成产品,在乳化时,随乳化温度的不同,乳化液的稳定性不同。在浊点温度下,乳化往往不好。

7. 对硬水的稳定性

应考虑洗消现场水的硬度,当水的硬度较大时,应选择在硬水中稳定的表面活性剂。

8. 正确选择不同原料的配伍

应避免因原料配伍不当产生对洗消过程不利的影响。多数情况下,不同时使用阴离子表面活性剂和阳离子表面活性剂,因为二者混合容易产生沉淀。

9. 经济性

应考虑洗消成本,在保证洗消质量、洗消效率和安全性的情况下,首先选用成本较低的表面活性剂及助剂。

### 三、生物酶洗消剂

生物酶的化学本质为蛋白质,是一种无毒、对环境友好的生物催化剂。随着生物工程的迅速发展,生物酶因其无毒无害、高效环保的特性被广泛应用于纺织、石油、造纸、食品加工、污染治理等领域。

**(一)酶的催化机理与特性**

**1. 催化机理**

酶是一种存在于有机体内的有机化合物,是能加速反应的生物催化剂。

在酶催化的反应过程中,反应物又称为底物(S),被酶(E)作用并结合到酶分子上,生成酶-底物复合物(ES),称之为络合物中间体。此时,发生化学反应,底物分子(S)转变为最终产物(P),并和酶脱离开,脱离开的酶再和另一个底物分子结合,如此不断地进行下去。这个过程可以表示为:

$$E+S \rightleftharpoons ES(可逆)$$
$$ES \longrightarrow E+P$$

**2. 催化特性**

酶作为一种生物催化剂,既具有一般化学催化剂的共性,也具有生物催化剂的特性。

(1)酶作为一般化学催化剂所具有的特性

① 能降低反应的活化自由能

酶和一般的化学催化剂一样,其作用在于降低化学反应所需的活化自由能,但是其效率更高。因此,只要很少的能量即可使反应物变成"活化态",随着活化分子的数量增加,反应速率也逐渐加快。

② 用量少

作为催化剂,酶在化学反应过程中本身不发生变化,在参加一次反应后,可立即恢复原有状态,再参加下一次反应。因此,用少量的酶即可在短时间内催化大量的底物发生反应。

③ 不改变反应的平衡点

正如一般的化学催化剂一样,酶不能改变任何反应的热力学情况,不能使本不可能发生反应的过程发生,只能使在热力学上可能反应而在动力学上速率很慢的反应加快。

(2)酶作为生物催化剂所具有的特性

① 催化作用的专一性很强

酶对催化反应和参与反应的底物有严格的选择性,即一种酶只能催化一种或一类反应,作用于一种或结构相似的一类底物。催化作用的专一性是酶最重要的特性之一,也是酶与一般化学催化剂最主要的区别。

(a)绝对专一性

有的酶专门作用于某一种底物的性质,称为绝对专一性。例如,麦芽糖酶只作用于麦芽糖,使麦芽糖分解成葡萄糖;琥珀酸脱氢酶仅作用于琥珀酸,催化琥珀酸,使之脱氢,转变为反丁烯二酸,而不产生顺丁烯二酸;脲酶仅能分解尿素等。

(b)反应专一性

有的酶专门催化某种类型的反应,称为反应专一性。例如,蛋白酶专门催化动物蛋白酶和植物蛋白酶的水解反应;蔗糖酶专门催化蔗糖和棉子糖的水解反应;脂肪水解酶专门催化有机酸酯类的水解等。

（c）立体专一性

有的酶仅作用于立体异构的特性，称为立体专一性。多数和糖及氨基酸发生作用的酶有立体专一性，如胰蛋白酶仅可作用于 L-氨基酸的肽及酯键。

② 高效性

酶的催化作用效率很高，是一般无机催化剂的 $10^6 \sim 10^{13}$ 倍，而且它所要求的条件温和，不要求一般化学催化剂所需要的高温、高压、强酸性、强碱性等条件。只要很少量的酶，在常温常压下即可以使所催化的生物体内的化学反应非常迅速地完成。

③ 酶活性的可调节性

可以采用多种形式，对酶的催化作用进行调节、控制和激活。

（二）影响酶作用效果的因素

酶是具有催化活性的蛋白质，外界因素对其催化性能和生物活性有很大影响。

1. 激活剂

凡是能够提高酶活性的物质都称为酶的激活剂，包括无机离子、简单的有机化合物以及蛋白质类的大分子。激活剂是能加快酶的催化反应速率的物质，多数是无机离子或简单的有机化合物。

2. 抑制剂

抑制剂是在不使酶变性的情况下，使其结构发生改变，对酶的催化活性起抑制作用的外界物质。抑制剂的种类很多，一些对生物有剧毒的物质大多是酶的抑制剂。例如，氰化物可以抑制细胞色素氧化酶，有机磷农药可以抑制胆碱酯酶等。某些动物组织如胰、肺，某些植物种子如大豆、绿豆、蚕豆等都能产生胰蛋白酶抑制剂。一些肠道寄生虫如蛔虫，可以产生胃蛋白酶和胰蛋白酶的抑制剂，以避免在动物体内被蛋白酶消化。

（1）抑制剂重金属离子

$Cu^{2+}$、$Hg^{2+}$、$Ag^+$、$Pb^{2+}$ 等重金属离子可使酶失去催化活性，发生不可逆的变性。

（2）pH 值

pH 值会影响大多数酶的活性。酶反应的最适宜 pH 值是酶的催化反应具有最快速率的 pH 值条件。高于或低于此 pH 值，酶的催化反应速率都会降低。酶反应最适宜的 pH 值可通过实验测定，并会受反应底物的浓度、温度及其他相关条件的影响。pH 值可使酶的催化反应速率发生显著变化。一般的酶的适宜 pH 值范围在 7 左右。但是，也有的要求酸性或碱性条件。根据酶的最适宜 pH 值，可以把它分为酸性、中性和碱性几类，如胃蛋白酶是酸性蛋白酶，在盐酸的环境中具有良好的活性；脂肪酶在 pH 值高于 10 的环境中也能适应，是耐强碱性的酶。

（3）温度

随温度的升高，酶催化反应的速率加快。与一般的化学反应相似，在较低的一定温度范围内，温度每升高 10 ℃，反应速率增加 1~2 倍。温度超过 65 ℃，酶蛋白质会逐渐失去生物活性，酶的催化效率会降低。一般清洗用酶最好在 50 ℃ 左右使用。但是，不同种类的酶的最适宜温度条件不同。脂肪酶的最适宜清洗温度是 35 ℃。SA（Savinase 8.0）和 ES（Esperase 8.0）蛋白酶是 20 世纪 70~80 年代用于工业生产中的碱性蛋白酶，SA 的最适宜 pH 值为 9~10.5，温度范围为 20~65 ℃；ES 的最适宜 pH 值为 10~11.5，温度范围为 40~75 ℃。

（4）其他化学制剂

用于清洗剂中的酶应考虑其配伍性。表面活性剂及其他助剂对不同酶的活性有影响。例如，酶的结构为氨基酸，强的氧化还原剂会与其发生反应；氯会破坏酶的活力，在和含氯、过硼酸盐等漂白剂混合使用时，应先加入酶，再加入漂白剂；脂肪酶在非离子表面活性剂中所起的作用优于阴离子表面活性剂。

酶在水中的稳定性较差。酶所在的体系含水量过高，如果碱性又强，酶会发生降解。因此，长期储存的加酶洗涤剂中水的含量应控制在 40% 以下，pH 值在 7~9.5 之间。pH 值过高，酶会失去活性；pH 值过低，清洗性能不好。

（三）生物酶洗消剂的应用

有机磷降解酶是广泛存在于多种生物体内的一类酶，能够水解大多数的含磷毒剂，并且是众多有机磷降解酶中能对含 P-S 毒剂起作用的酶。近年来国内一些学者将有机磷降解酶应用于沙林、VX 等含磷化学战剂的洗消研究，并取得了良好的洗消效果。例如，张宪成就有机磷降解酶对沙林和梭曼的降解程度进行了实验研究，结果显示，有机磷降解酶对沙林和梭曼有一定的降解作用，并且随着酶量的增加，降解速率加快，在第 20 min 时，沙林和梭曼的降解率分别达到 50.8% 和 29.7%；齐秀丽等就有机磷降解酶对 VX 的催化水解作用也进行了深入研究。与此同时，国外也有学者将有机磷降解酶用于洗消研究。但目前将其应用于处理大批量化学战剂的技术仍不成熟。

目前，配备到消防救援队伍中的比亚有机磷降解酶是国家高技术研究发展计划重大生物工程成果，它能利用降解酶的生物活性快速、高效地将高毒的农药大分子降解为无毒的可以溶于水的小分子，可用于有机磷农药泄漏现场的洗消降毒。据有关资料统计，比亚有机磷降解酶亦可用于洗消神经性毒剂，对沙林的降解效果最好。

**四、纳米消毒材料**

（一）纳米金属氧化物

纳米金属氧化物具有粒径小、表面离子数多、比表面积大等特点，表面活性极高，对化学战剂具有超强的吸附能力。同时其高效的催化性能又可以降解化学战剂，对人体和环境都没有危害，是一类很有前景的洗消材料。刘红岩选择了市面上技术成熟、大量生产的纳米氧化物进行化学战剂的消毒评价试验，发现纳米 $TiO_2$ 对硫芥、梭曼有比较理想的消毒效果。目前大量研究人员一直致力于寻找、合成对常用化学战剂洗消效果更好的纳米金属氧化物消毒剂。

（二）纳米银

随着生物技术的迅速发展，国内外研究人员发现了一些纯天然的植物提取液具有消毒杀菌的物质，能够抑制细菌、真菌、寄生虫的生长。极少的纳米银可产生极大的杀菌作用，可在数分钟内杀死 650 多种细菌，广谱杀菌且无任何耐药性的特点，能够促进伤口的愈合、细胞的生长及受损细胞的修复，无任何毒性反应，对皮肤也未发现任何刺激反应。绿色合成的纳米银溶液被公认为是化学杀菌剂最好的替代品。国外的 Mohammad 等研究了变形链球菌和纳米银溶液混合物消毒剂的抑菌效果，证明了混合物消毒剂比纯纳米银溶液有更强的抑菌效果。邢玉斌等测试了市面上大多数的消毒剂，研究发现细菌与消毒剂多次接触后，该类消毒剂的最小抑制浓度升高，表明细菌产生了耐药性，而纳米银颗粒以独特的杀菌机理可以迅速杀死细菌，使其丧失繁殖能力，无法产生耐药性的下一代。纳米银离子的安全性是国际医学界所公认的,纳米银离子不带电荷,不会与人体内多种生物活性物质结合而沉淀,在主孔中吸附并杀死细菌,并会从体内排出,无任何毒副作用。随着植物源消毒剂的优越性逐渐被人们认识以及环保意识和对可持续发展战略的认识的逐步提高,加上我国植物资源丰富这一先决条件,预计今后我国植物源纳米银消毒剂的开发具有广阔前景。

（三）新型纳米复合材料

王甲朋成功合成了以蛋白类材料为内核,外层修饰高分子的新型纳米复合洗消材料。经测试,25 $\mu g$ 纳米洗消材料能有效洗消掉 0.94 $\mu g$ 梭曼毒剂,该洗消效率为目前所使用的 $NaHCO_3$、双氧水、活性炭的 5 至 20 倍以上,与同浓度下的强碱材料洗消效果相同。在满足高效洗消能力的同时,该纳米复合洗消材料,能够在 2 s 内完成对毒剂近100％的洗消,其洗消速率明显优于以强碱为代表的强化学洗消剂(2.5 min 内完成洗消),洗消时间缩短了 98.6％;与目前美军所装备的洗消材料 RSDL(10 s 内完成洗消)相比,洗消时间缩短了近 80％。而同等浓度的 $NaHCO_3$、双氧水、活性炭等,在 30 min 内最高仅达到 20％的洗消效率。

**五、微胶囊消毒剂**

微胶囊技术(microencapsulation)是一种将微量物质包裹在聚合物薄膜中,储存固体、液体、气体的微型包装技术。通过该技术得到的微小粒子称为微胶囊,包覆在微胶囊内部的物质称为芯材(或囊芯),成膜材料形成的包覆膜称为壁材(或囊壁)。早期使用的微胶囊壁材一般采用明胶等天然高分子材料,后随着高分子化学研究的逐步深入,微胶囊的制备越来越多地使用通过高分子聚合方法得到的合成高分子材料。目前来说,常用的高分子材料主要有聚脲、脲醛树脂等。此外,无机材料也可用作微胶囊壁材,如铜、镍、硅酸盐、玻璃、陶瓷等。微胶囊的应用领域不仅局限于最初的药物包覆,已经迅速扩展到医药、食品、农药、化妆品、纺织等行业。

（一）微胶囊的制备方法

微胶囊的制备首先是对液体、固体或气体囊芯物质(芯材)进行分析,然后以这些微滴(粒)为核心,使聚合物成膜材料(壁材)在其上沉积、涂层,形成一层薄膜,将囊芯微滴(粒)包覆,这个过程也称为微胶囊化。

目前已有接近 200 种制备微胶囊的方法,而根据囊壁形成的机理和成囊条件,通常将微胶囊制备方法分为三大类,即物理法、化学法和物理化学法。在每一类方法范围内,根据制备原理的不同,该方法又可进一步细化为多种具体的制备工艺和方法,而各种制备工艺和方法又具有各自的特点和适用范围。物理法主要是利用物理、机械的原理,主要有喷雾干燥法、空气悬浮法、挤压法等。化学法主要是利用单体小分子发生聚合反应生成高分子成膜材料并将囊芯物质包覆而形成微胶囊的方法,常用的有原位聚合法、界面聚合法和锐孔法。物理化学法是通过改变条件(如温度、pH 值、加入电解质等)使溶解状态的成膜材料从溶液中聚沉出来并将囊芯物质包覆形成微胶囊的方法,主要有水相分离法、油相分离法、熔化分散冷凝法、干燥浴法等。在这三大类方法中,物理法具有工艺简单、生产成本低廉和有利于大规模连续生产等特点;化学法和物理化学法合成微胶囊一般通过反应釜即可进行,因此这两类方法应用较多。

不同制备方法所得到的微胶囊囊壁的性能有很大差异。一般来说,界面反应合成的微胶囊囊壁致密性较好;以喷雾干燥法合成的微胶囊囊壁致密性较差;而以水相分离法合成的以明胶做囊壁材料的微胶囊机械强度较差。合成微胶囊时,应根据粒子的平均粒径、壁材和芯材的物理化学特性、应用场合、控制释放的机理、工业生产的规模及成本选择合适的微胶囊制备方法。

随着研究的深入,新的微胶囊技术不断地被创造和开发。目前,最新的微胶囊技术有多流体复合电喷技术、超临界流体快速膨胀技术、自组装技术及多种微胶囊方法复合技术等,微胶囊技术正朝着包覆率高、功能多样、结构与性能可方便调控、制备成本低等方向发展。

（二）微胶囊技术在洗消中的应用

微胶囊技术是一种有效的物质固定化技术,应用优势在于其具有的特殊核-壳结构可以将芯材与外界环境隔离开来,从而改善芯材的物理性质,提高芯材的稳定性,同时保留芯材原有的化学性质,起到保护、控制释放及屏蔽毒性等功能。使用时,在加压、升温、摩擦或辐射等特定条件下可释放出芯材,或在不破坏壁材的条件下,通过加热、溶解、萃取、光催化或酶催化等作用,使芯材透过壁材向外扩散,从而起到控制释放芯材的功能。随着科学技术的不断发展,目前这一技术在洗消领域也得到了较广泛的应用。

为了研制出一种能对皮肤、服装和装备消毒的多效消毒剂,国内外研究人员进行了大量相关研究。据报道,美国对微胶囊腔内填料和胶壁材料的选择、微胶囊的制备和评价进行了深入研究,从研制的 40 多种样品中筛选出 7 种用于伤员消毒试验,结果表明,其消毒效果良好,不仅能明显地降低芥子气、沙林和梭曼在皮肤上的渗透作用,而且还能提取已渗入皮肤的梭曼。20 世纪 70 年代末,美国南方研究院率先采用乙酸丁基纤维素、氯化橡胶、聚乙烯醇缩丁醛和聚偏乙烯等高分子材料对次氯酸钙和氯胺类（如二氯三聚异氰酸钠等）进行了微胶囊化研究,制备了相应的微胶囊。其中,这些高分子膜材料在消毒体系中主要起稳定消毒剂活性成分、降低腐蚀性的作用。1980 年美国公开了一种微胶囊吸附消毒材料。该胶囊材料为乙基纤维素,制备的微胶囊对毒剂有选择性吸附作用。我国在 20 世纪 90 年代初开始研究微胶囊消毒剂,以乙酸丁酸纤维素、氯化橡胶等为胶壁材料,以次氯酸钙为腔内填料,对微胶囊消毒剂的制备工艺、消毒效果进行了研究。研究结果表明,微胶囊消毒剂是一种有发展前途的消毒剂。

**六、高分子消毒树脂**

吸附反应型高分子消毒树脂是将单纯物理吸附与化学反应作用集中在一起的一种消毒剂。以美军在海湾战争中广泛使用的单兵消毒用 M291 型皮肤消毒包（图 7-2-1）为例,其主

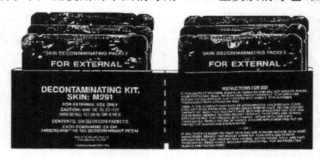

图 7-2-1　美国 M291 皮肤消毒包

要成分是吸附反应型消毒树脂 XE555，它是由表面积很大的吸附树脂、强酸性树脂和强碱性树脂组成的混合树脂。吸附树脂将毒剂从沾染表面快速吸附到其上，强酸性树脂和强碱性树脂将被吸附的毒剂分解掉。该消毒树脂不仅对液体毒剂有高效的吸附能力，而且能促使吸附的毒剂从中水解，对皮肤无毒无刺激，对环境无危害作用。

### 七、常用洗消剂简介

（一）PV-DAP 型敌腐特灵洗消罐

PV-DAP 型敌腐特灵洗消罐用于对被化学品污染的皮肤进行洗消，如图 7-2-2 所示。

（1）性能参数：一般在接触化学品 10 s 内使用效果最佳，有效使用期 5 年，容量 5 L。

（2）使用方法：与灭火器使用方法相同。拔下保险销，按下把手，用喷头对准污染处，距受害处 30～50 cm 进行喷射。

（3）维护保养：使用后可用独立的袋装洗消剂产品罐装后再次使用。

（4）注意事项：用洗消罐清洗前，必须脱掉全身衣物，否则衣物内残存的化学品会继续腐蚀人体，造成严重后果。

图 7-2-2　PV-DAP 型敌腐特灵洗消罐

（二）Mini Dap 敌腐特灵洗消剂

Mini Dap 敌腐特灵洗消剂用于对受到化学品污染的皮肤或器材进行洗消，如图 7-2-3 所示。

（1）性能参数：一般在接触化学品 10 s 内使用效果最佳，有效使用期 5 年，容量 106 mL。

（2）使用方法：打开盖子，对准污染处喷射即可。

（3）注意事项：洗消前，必须脱掉全身衣物，否则衣物内残存的化学品会继续腐蚀人体，造成严重后果。该物品为消耗品，无须维护保养。

（三）LIS 敌腐特灵洗眼剂

LIS 敌腐特灵洗眼剂用于对受到化学品污染的眼睛进行洗消，如图 7-2-4 所示。

图 7-2-3　Mini Dap 敌腐特灵洗消剂　　　　图 7-2-4　LIS 敌腐特灵洗眼剂

（1）性能参数：一般在接触化学品 10 s 内使用效果最佳，有效使用期 2 年，容量 50 mL。

（2）使用方法：打开盖子，将瓶子套于眼睛上，仰起头即可。

（3）注意事项：洗消前，必须清理眼睛周围异物，否则残存的化学品会继续腐蚀眼睛，造成严重后果。该物品为消耗品，无须维护保养。

# 第三节　洗消与输转设备

## 一、洗消帐篷

洗消帐篷可分为单人洗消帐篷［图 7-3-1（a）］、双人两通道洗消帐篷及公众多人大型洗消帐篷［图 7-3-1（b）］。其主要用于接触污染水、污染环境、污染物品的现场消防人员及公众人员的洗消，通过洗消系统加入相关的药液经高压喷淋装置洗消，消除毒物并集中处理。

（一）组成

洗消系统组成主要由充气帐篷、暖风发生器、喷淋头、污水池、污水泵、污水收集袋、高压调温热水泵、匀混罐、排污泵组成。

（二）特点

洗消帐篷为整体式充气帐篷，其主要材料为高强 PVC 复合气密布热合成型，－20～50 ℃可正常使用，具有携带运输方便、静水压≥50 kPa、充气压力为 20 kPa 的特点。

（三）配件

其使用配件主要有短充气接管、电动吹吸风泵、修理包一件、地纤、纤绳、手锤、包装袋、中岛式接头一套等。

（a）

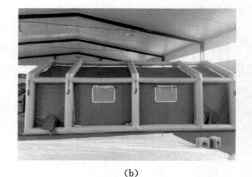
（b）

图 7-3-1　洗消帐篷

（a）单人洗消帐篷；（b）公众洗消帐篷

（四）维护保养

帐篷使用后的清理、维护很重要，它关系到帐篷的使用寿命，也直接影响着以后的使用。清理帐篷应按以下程序进行：

（1）清理帐篷底面，擦净泥沙，如有污染可用清水轻微擦洗。

（2）晾晒帐篷内外帐，待其恢复干燥后再收起来，如来不及将帐篷晾干，切记一定不能久存，以免着色和霉变，一有条件，立即晾晒。

（3）清理撑杆的泥沙。

（4）检查帐篷附件及完好程度。

（5）不宜用洗涤用品清洗以免影响防水效果。

## 二、高压清洗机

高压清洗机(图 7-3-2)应用了高温、高压、射流洗消等先进技术，是通过动力装置使高压柱塞泵产生高压水来冲洗物体表面的机器，它能将污垢剥离、冲走，达到清洗物体表面的目的。因为高压清洗是使用高压水柱清理污垢，所以高压清洗也是世界公认最科学、经济、环保的清洁方式之一。

图 7-3-2　高压清洗机

### （一）适用范围

高压清洗机的适用范围很广，其作为消防应急救援的洗消装备，主要用于清洗各种机械、车辆、建筑物、工具上的有毒污渍。

### （二）组成

高压清洗机主要由进水口、清洗剂吸嘴、高压水管、高压水枪、电机、高压泵总成、高压出口等组成。

### （三）维护保养

（1）冲洗接入清洁剂的软管和过滤器，去除任何洗涤剂的残留物以助于防止腐蚀。

（2）关断连接到高压清洗机上的供水系统。

（3）扣动伺服喷枪杆上的扳机可以将软管里全部压力释放掉。

（4）从高压清洗机上卸下橡胶软管和高压软管。

（5）切断火花塞的连接导线以确保发动机不会启动(适用于发动机型)。

### （四）注意事项

（1）当操作高压清洗机时需始终佩戴适当的护目镜、手套和面具。

（2）始终保持手和脚不接触清洗喷嘴。

（3）经常要检查所有的电接头、所有的液体。

（4）经常检查软管是否有裂缝和泄漏处。

（5）当未使用喷枪时，需设置扳机处于安全锁定状态。

（6）总是尽可能地使用最低压力来工作，但这个压力要能足以完成工作。

（7）在断开软管连接之前，总是要先释放掉清洗机里的压力。

（8）每次使用后总是要排干净软管里的水。

（9）绝不要将喷枪对着自己或其他人。

（10）在检查所有软管接头都已在原位锁定之前，决不要启动设备。

（11）在接通供应水并让适当的水流过喷枪杆之前决不要启动设备，然后将所需要的清洗喷嘴连接到喷枪杆上。

## 三、化学泡沫洗消机

化学泡沫洗消机主要用于洗消放射、生物、化学类污染，如图 7-3-3 所示。

（一）性能参数

(1) 水流量约 4 L/min 时,喷沫量为 8 m²/min;

(2) 一箱洗消液的洗消能力为 40 m²;

(3) 一瓶气可供 4 箱洗消液使用;

(4) 钢瓶:6 L/30 MPa;

(5) 工作压力:0.8 MPa;

(6) 最大进气压力:1.6 MPa。

图 7-3-3　化学泡沫洗消机

（二）操作方法

(1) 两人操作,着内置式重型防化服;

(2) 以配制炭疽洗消液为例,取贮液桶(空)加入添加剂和水,无须搅拌,将主机软管插入桶内即可完成调配任务;

(3) 打开主机上气瓶保护套保险装置,将 6 L/30 MPa 气瓶与主机连接,锁定保险,检查主机各接口、阀门是否插入好,打开气瓶调节压力,打开每个环球阀门检查软管接口是否漏气,工作压力是否正常;

(4) 然后迅速取出泡沫枪与主机上软管连接,并拖至洗消现场,打开泡沫枪开关,即会喷出泡沫。

（三）维护保养

每次使用后,清除设备上的污垢;设备有污染危险时,可对自身进行洗消;对管路清洗,只需将清洁水装入储液桶内按照开机步骤启动设备,直至出来的仅仅是清洁水和空气为止。

（四）注意事项

(1) 使用气瓶时,工作压力降到低于 0.8 MPa 时更换气瓶,检查进气工作压力最高不得超过 1.6 MPa;

(2) 每次使用先将添加剂装进塑料桶里,然后再装入水,否则将不能保证均匀混合;

(3) 每次洗消都需要专门的洗消添加剂,上述关于混合比例是针对混合总量为 20 L 而言的,计量不足将达不到预计洗消效果,过量则会导致对人体和环境的伤害;

(4) 确定剂量应使用分量瓶;

(5) 每次使用后将设备用清水清洗干净;

(6) 每次洗消时应由上而下地进行洗消;

(7) 在每次使用前必须先做好有针对性的个人防护;

(8) 洗消完毕后,注意个人洗消,防止二次污染;

(9) 在操作时,要爱护器材,避免碰撞。

**四、洗消常用泵**

（一）输转泵

消防输转泵(图 7-3-4)主要应用于应急救援领域,能抽吸各种液体,特别是易燃易爆液体,如燃油、机油、废水、泥浆、易燃化工危险液体、放射性废料等。其接触液体部分(泵体)有特殊涂层,能有效抵抗腐蚀性液体,并且有非常好的耐颗粒及缠绕物性能,泵体可自带移动轮,可以方便地移动到指定场合。目前市场上较多采用蠕动泵的结构,由压辊直接旋转挤压橡胶软管。

1. 组成

输转泵主要由主传动轴、泵盖、泵体、传动箱盖、吸液口、出液口、泄荷口等组成。

2. 维护保养

(1) 为了确保泵的使用寿命,应该定期加入合适的润滑油脂;

(2) 泵需要在正常的载荷和温度下运行。

（二）电动充（排）气泵

电动充（排）气泵（图 7-3-5）由一根 20 m 长电源线、一个进气口、一个出气口组成,电压 220 V,主要用于搭建洗消帐篷时给洗消帐篷供气,如图 7-3-5 所示。

图 7-3-4　消防输转泵　　　　　　　图 7-3-5　电动充（排）气泵

1. 使用方法

(1) 将充气泵电源插头插于线盘上,然后发动洗消车发电机;

(2) 将充气软管的接头接于充气泵的出气口上,将充气软管的另一端连接于帐篷的第一个充气节流阀;

(3) 打开第一个节流阀,关闭其他节流阀;

(4) 打开电源,充气泵开始工作;

(5) 等第一个气柱充足气后,关闭第一个节流阀,拔下充气管,盖上阀门盖子,接着充第二个,以此类推,将所有气柱充完为止。

2. 维护保养

多次充气后要对充气泵的性能进行测试,以使其能保持正常工作状态。

3. 注意事项

(1) 在充气过程中,要按顺序充气,不得同时充气;

(2) 如需排气,只需将充气软管接于充气泵的抽气接口即可。

（三）洗消供水泵

洗消供水泵为洗消站（帐篷）内的喷淋设备提供水源,如图 7-3-6 所示。

1. 性能参数

洗消供水泵有一个直径 45 cm 的进液口和出液口,可提供最大压力为 0.2 MPa 的洗消水。

2. 使用方法

操作时,将供水泵的进液口与洗消水管相连接,出液口与喷淋设备的进液口相连接,而后启动开关按钮即可。

3. 注意事项

（1）连接时，进液口与出液口不能接错；

（2）每次使用后要进行冲洗，保持清洁。

（四）洗消污水泵

洗消污水泵将洗消后的污水通过污水泵集中收集，然后转运处理。洗消污水泵如图7-3-7所示。

图7-3-6　洗消供水泵

图7-3-7　洗消污水泵

1. 性能参数

使用电压220 V交流电，带有两个直径45 cm的进出口。

2. 使用方法

将排污管连接于污水泵的进水口，将污水袋连接于污水泵的出水口。

3. 维护保养

使用完毕后，要对污水泵进行测试，以确认是否完好。

4. 注意事项

使用时，进水口在下，出水口在上，不能互接。

**五、空气加热送风机**

空气加热送风机用于向洗消站（帐篷）内输送暖风或自然风，实现空气流通，并通过恒温器保持适宜的室内温度如图7-3-8所示。

（一）性能参数

（1）电源220 V，50 Hz，由恒温器自动控制；

（2）双出口柴油加热风机，耗油量3.65 L/h，油箱51 L；

（3）工作时间：14 h；

（4）供热量：35 000 kJ/h；

（5）最高风温：95 ℃；

（6）质量：70 kg。

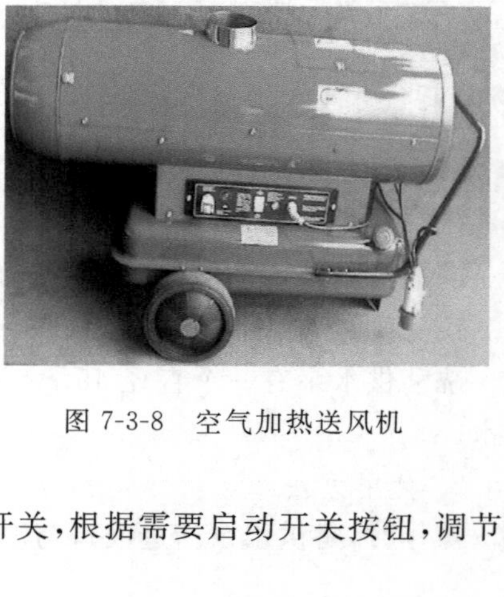

（二）使用方法

图7-3-8　空气加热送风机

将加热机的送风软管连接好，并置于帐篷内，

连接时要用铁钉座固定，然后安装排烟管道，打开电源开关，根据需要启动开关按钮，调节适

量的风量和温度。

（三）维护保养

（1）用清洁的燃油加满油箱；

（2）定期检查,清洁喷嘴；

（3）每月检查机器是否完好。

### 六、热水加热器

热水加热器由燃烧器、热交换器、排气系统、电路板和恒温器等组成,主要用于对供入洗消帐篷内的水进行加热,如图7-3-9所示。

图 7-3-9 热水加热器

（一）性能参数

（1）可以提供 95 ℃的热水,水的热输出功率在 70～110 kW 之间；

（2）水罐分为二挡工作,水流量 600～3 200 L/h；

（3）升温能力:对于 3 200 L 水罐为 30 ℃/h；

（4）供水压力:1.2 MPa；

（5）电源:220 V,50 Hz；

（6）质量:148 kg。

（二）使用方法

（1）将加热器抬至距离帐篷进水口 1.5 m 处,将 1 根红色水带及带有 65 mm 内扣式接口的一端连接至洗消车的出水口处,再将此红色水带及带有 65 mm×80 mm 内扣式接头的另一端接于供水泵进水口处；

（2）将装有均混桶 1 只、红色水管 1 根、丁字接头 1 个、金属架 1 只的塑料器材箱抬至供水泵旁；

（3）把均混桶夹于金属架当中(均混桶出水口朝下),再将塑料器材箱垫在金属架下面,之后将"丁"字型接头一头接于供水泵出水口,一头接于均混桶出水口；

（4）将红色水管一头接于供水泵出水口,另一头接于加热器进水口；

（5）将电线盘 1 只、柴油桶 1 只、蓝色供水管 3 根放至加热器旁；

（6）打开油桶盖,将加热器上的 2 根油管插入油桶中；

（7）依次从上而下,连接长、中、短 3 根蓝色水管,水管一头接于水加热器出水口,另一头插入帐篷的供水口处；

（8）将加热器的接头和供水泵的电源插头插入电线盘插座,洗消车发电机供电,打开洗消车供水开关,同时控制供水泵开关,打开电源；

（9）打开水加热器的电源开关,调节水温,并且注意观察压力表。

（三）维护保养

（1）每次使用完毕,擦拭热水罐外部及燃油过滤器；

（2）每 6 个月擦拭泵内过滤器和用酸性不含树脂的润滑油擦拭燃烧器马达；

（3）每使用 200 次点火器喷嘴后,检查是否积碳,并擦拭干净；

（4）每月检查机器是否运转正常。

### 七、洗消液均混器

洗消液均混器能按照被洗消人员受污染的程度,按浓度对洗消药液与水进行均匀混合,以达到不同洗消的目的,如图 7-3-10 所示。

主要性能参数:

(1) 均混量:10～25 000 L/h;

(2) 均混浓度:0.1%～3%任意可调;

(3) 最高均混温度:50 ℃;

(4) 出水压力:0.03～0.60 MPa。

### 八、其他器材

#### (一)有毒物质密封桶

有毒物质密封桶(图 7-3-11)由高密度聚乙烯材质制成,有较强的抗化学性能,主要用于运输、转运和临时储存损坏或泄露的存放有危险物质圆桶、有毒化学物质、腐蚀性物质如

图 7-3-10　洗消液均混器

酸、碱以及被污染过的土壤等。密封桶必须坚固、耐用,桶体和桶盖紧密配合,确保盛装物品在任何情况下不泄漏。

1. 作用

有毒物质密封桶可以用来做泄漏应急处理套装、二次包装、采集运输转运和用于废弃物处理,可以有效低成本地保障作业安全。

2. 使用方法

直接将需要转移的液体放置桶内,合上顶盖密封。

#### (二)围油栏

围油栏(图 7-3-12)是指用水下带裙边的浮体对水面油、污物进行围聚以防其扩散的一种设备。常用便携式围油栏可阻拦在海上、港口溢油事故中油污的扩散。围油栏根据使用区域可分为海洋型、近海型、港口型等多种型式,并具有相应的不同技术数据。

图 7-3-11　有毒物质密封桶

图 7-3-12　围油栏

1. 基本结构

围油栏的种类很多,形式各异,但基本结构都由浮体、裙体、张力带、配重和接头组成。

（1）浮体：为围油栏提供浮力的部分。它的作用是利用空气或浮力材料为围油栏提供浮力，使围油栏能够漂浮在水面上。浮体可置于围油栏表层内，也可置于表层外。

（2）裙体：指浮体以下围油栏的连续部分。它的作用是能防止或减少油从围油栏下方逃逸。

（3）张力带：指能够承受施加在围油栏上水平拉力的长带构件（链条、带子）。它主要用来承受风、波浪、潮流和拖带所产生的拉力。

（4）配重：使围油栏能够下垂、改善围油栏性能的压载物，可以使围油栏在水中处于理想的状态。一般为钢、铅材料，或利用水做压载物。

（5）接头：永久附在围油栏上，用于连接每节围油栏或其他辅助设施的装置。

2. 作用

围油栏的作用归纳起来主要有围控和集中、溢油导流和防止潜在溢油三种作用。

（1）围控和集中。发生溢油事故后，溢油在潮流、风和其他外界因素的影响下，会迅速扩散、漂移，形成较大的污染面积。在开阔水域、近岸水域或港口发生溢油时，及时布放围油栏，能将扩散中的溢油及时围控，通过围油栏拖带或缩小围拢范围，可以将油膜集结到较小的范围内进行回收，这样既可以防止溢油扩散，也可以增加油膜厚度，便于回收或进行其他处理。

（2）溢油导流。溢油事故发生后，在外界因素的作用下，溢油会任意漂流和扩散，为了便于回收作业或为了疏导溢油流向指定地点，特别是在河流或近岸水流湍急的区域里，为了有效控制溢油的流向便于回收或为防止溢油进入敏感区，通常利用围油栏按照设定的角度进行设防。溢油导流一般有两种情况，一种是采用围油栏长期布放，一般布放在取水口和发电厂等处；另一种情况是临礁时布放围油栏，主要是溢油发生时，根据具体情况临时布放围油栏，实现溢油导流，将溢油引至容易回收的区域或其他非敏感资源的区域。

（3）防止潜在溢油。防止潜在溢油通常指在有可能发生溢油或存在溢油风险的地方，根据当地水域情况，提前布放围油栏进行溢油防控。这样可以在真正出现溢油时，防止溢油扩散，采取回收措施，将围控中的溢油及时回收。船舶在码头进行油类装卸作业时或在锚地进行油类过驳，通常都要按照规定要求提前布放围油栏进行设控；有时，对搁浅、沉没的船舶在尚未打捞之前，也要根据实际情况进行适当的围控。

3. 储存

（1）为了保证快速反应，围油栏的存放地点应尽可能靠近码头、作业点和敏感资源保护地，并保证围油栏存放地点方便车辆船舶的进出；

（2）存放在室内外的围油栏，均应确保存放地点排水情况良好并注意虫害、防潮，避免阳光直接照射；

（3）需要折叠存放的围油栏，应放在隔架上并且其上面不得堆放其他物品，避免过度受压引起围油栏变形，并定期把叠放的围油栏展开检查，重新折叠时应避开原来的折叠痕迹；

（4）如需将围油栏存放在卷轴上，应避免围油栏在卷绕过程中出现扭曲，并定期将缠绕的围油栏全部展开，检查后再重新回收起来。

4. 保养

（1）回收作业结束后的保养：主要检查围油栏是否破损、附属件是否齐全或是否需要更换和维修；

（2）日常维护保养：一般检查围油栏有无因扯拉和其他装卸原因造成的围油栏磨损、破裂、纤维老化、连接器腐蚀或坏损，并进行必要的维修和更换；

（3）对于长期布放在水域中的围油栏，也要定期进行维护，一般根据具体情况应定期将围油栏拖上岸，清除附在围油栏表面的海洋生物和其他粘着物；

（4）不论进行的是哪种维护和保养都要详细作好记录，并根据记录安排检查和保养项目，确保在一定的时间段内对围油栏所涉及的全部内容都能够进行一次普遍的检查和保养，从而使围油栏时刻处于良好的备用状态。

（三）吸附垫

吸附垫可吸附强酸、强碱等腐蚀性的化学品，也可以吸收水分、油污、溶剂以及部分有害的液体，另外，遇到泥浆也不易沾粘，比较容易清洗，不分解、不变质、安全环保、使用寿命长。其应用非常广泛，是消防抢险救援等必备的产品。吸附垫如图7-3-13所示。

1. 作用

在灾害事故现场用于抑制和清理有毒液体，以保障人员的生命安全。

2. 适用范围

适用于清理、围堵、预防任何可能出现的油液和化学品泄漏的区域，包括生产制造业、运输业、石油化工业、海上紧急救援、港口、航空、消防、医疗业、能源电力业、食品加工业等任何需要清除泄漏液体的场所。

3. 组成结构及其特点

其组成成分是微粒纤维，这些微粒纤维能提供更大的吸附力和强度，可以吸附超出自身重量许多倍的液体，而独一无二的精巧微凹设计使得吸收污浊液体的速度提升很多，同时能够锁住被吸收的液体，保证在拿吸收材料的时候不会发生滴漏。另外，其厚重的结构可以用于艰巨的任务以及大量的清理工作，而且有孔洞的吸污垫可以轻松地撕开，使用灵活。其中防火材料的吸污垫不会像纤维素垫一样立即燃烧，即使放置在高温下也只会熔化，不会燃烧，而且使用后可以拧干、焚烧，以减少废料或者用于混合燃料使用。

4. 使用方法

直接将吸附垫置于需要吸附的地面或物体表面，拧干后可重复使用。

图 7-3-13　吸附垫

# 【思考与练习】

1. 什么是洗消？洗消技术包括哪些部分？
2. 洗消的意义有哪些？
3. 洗消的原则是什么？为什么？
4. 洗消的方法有哪些？简要说明其优点和局限。
5. 如何正确选择洗消剂？
6. 简述洗涤型洗消剂的洗消原理及过程。
7. 简述表面活性剂和添加剂在洗涤型洗消剂中的作用。
8. 影响生物酶洗消剂作用效果的因素有哪些？请简述原因。
9. 简述洗消帐篷的维护保养程序。
10. 简述围油栏的作用和储存保养方式。

# 第八章 消 防 车

【本章学习目标】

1. 了解消防车的发展概况及消防车自身特点。

2. 掌握消防车的分类、型号及各类消防车的用途。

3. 熟悉水罐消防车、泡沫消防车、干粉消防车等灭火类消防车的结构组成、操作注意事项。

4. 熟悉登高平台消防车、云梯消防车等举高类消防车的结构组成、操作注意事项。

5. 了解专勤类消防车、保障类消防车以及特种消防装备的结构组成、操作注意事项。

6. 了解各类消防车的维护与保养要求。

## 第一节 概 述

消防车是将消防泵、灭火救援器具及行驶机构组合在一起的消防装备之一。自1518年德国奥格斯堡市世界上最早的消防车的诞生,消防车经历了动力由人工到机动,功能由单一到综合,伴随科技进步而不断发展的过程。

消防车是配备于消防队执行灭火救援等消防业务所使用的机动车辆的总称。它装配有灭火救援器材、灭火救援装备以及灭火剂,承载消防员,可机动、高效地完成火灾扑救、灾害和事故救援等多项任务,是消防救援队伍装备的主体。消防车灭火范围广、车载器具多、救援功能强,因此,消防车的技术水平,既反映了一个国家消防车辆的制造水平,又是国家消防装备整体水平的体现和综合实力的象征。

### 一、消防车发展概况

世界上第一台内燃机消防车(内燃机既驱动汽车也驱动消防泵)由德国于1910年制造,我国第一辆消防车于1932年由震旦机器铁工厂制造。我国第一种批量生产的消防车 CG13 型水罐消防车于1965年由公安部消防局组织上海消防器材厂、长春消防器材厂和震旦消防机械厂等消防车生产企业在上海联合设计,并于1967年投入生产。改革开放后,我国消防车发展迅速,由只有低压泵进入中压、高压和超高压泵迅速发展的局面。

20世纪90年代中期,针对我国举高消防车当时液压系统落后、故障率高的现状,组织举高消防车生产企业直接从国外引进液压元(器)件和密封件,使我国举高消防车的质量迅速提高。

自我国第一辆消防车诞生至今,经过多年发展,国产消防车品种日益增加,基本上能满足国内市场的需求。尤其近几年,我国消防行业发展速度加快,研发能力逐步提高,已能够自行制造大多数消防车型。消防车作为特种改装车辆,其作用的有效发挥,主要依赖于底盘性能和车载的各种消防装备(消防泵、消防枪、消防炮)的性能以及底盘和消防装备的合理匹配。

### 二、消防车的特点

消防车是灭火战斗的武器,整体性能与其他车辆相比有以下几个特点。

1. 比功率大

消防车底盘发动机的功率与满载质量之比(比功率)要大于普通车辆,比功率大的消防车行驶加速性能好,起步快,在复杂的交通条件下,能尽快到达火场。按照我国国家标准《机动车运行安全技术条件》(GB 7258—2017)规定,普通汽车的比功率应大于等于 5.0 kW/t,而目前国内消防车的比功率见表 8-1-1。

表 8-1-1　比功率

| 车类 | 消防车满载总质量/kg | 比功率/(kW/t) |
|---|---|---|
| 罐类车 | ≥12 000～14 000 | ≥13 |
| | ≥14000 | ≥12 |
| 特种类车 | 500～3 500 | ≥10 |
| | ≥3 500～12 000 | ≥9 |
| | ≥12 000 | ≥8 |
| 举高类车 | ≥12 000 | ≥7 |

2. 发动机额定功率与消防泵轴功率须匹配

发动机的功率比水泵轴功率大得越多,消防车工作越可靠,可以长时间连续运转。根据标准 XF 39—2016 的要求,对汽油发动机,消防泵轴功率不超过发动机功率的 60%。对柴油发动机,消防泵轴功率不超过发动机功率的 65%。这个要求是非常低的,因为我国目前大功率发动机的生产量还非常低,价格也很高,为了兼顾使用、生产和价格,标准规定了最低的限制。实际上国外的消防车发动机功率比消防泵轴功率大得多,一般消防泵轴功率不会超过发动机功率的 40%。

3. 行驶稳定性高

由于消防车接警后要迅速到达火场,所以消防车的行驶速度很快,转弯也很急,而且罐类消防车的罐内载有液体,车上一般还会乘坐 4～9 个消防员,这就要求消防车应该具备高的行驶稳定性。为了满足稳定性要求,消防车设计时必须控制质心高度,进行稳定性校核,出厂前应该进行侧翻试验以检验消防车的稳定性。此外,由于消防车的行驶稳定性不如普通商用车,所以驾驶员在驾驶消防车时要避免急转弯、急刹车,应以适当车速行驶,而且不得超载。

**4. 消防车种类繁多**

我国消防救援队伍除救火外,还担负着抢险救援的任务。不同的要求,就需要不同种类的消防车。目前标准《消防车 第 1 部分:通用技术条件》(GB 7956.1—2014)规定了 36 种消防车,但实际上消防车种类已远远超过了标准的规定。随着消防任务的增加,新火灾的出现,新型消防车也不断出现。

**5. 操作简便**

对于消防车来说,越复杂的操作,在火场上越容易发生失误,而现在消防车向多功能发展,必然会带来复杂的操作。为了简化操作必须采用自动控制技术。此外消防车上的仪表和操作手柄必须标识清楚其功能。操作人员可见处应该有简单的操作步骤和注意事项的标识。

**6. 部分部件超出车体**

超出车体的部分(如:器材厢翻板、举高消防车的支腿)在火场很容易造成消防员碰伤,所以这些部件在翻下或伸出车体时应该有闪烁的灯光,以引起消防员的注意。

**7. 大开度的乘员室门**

很多消防车乘员室内放置了空气呼吸器,消防员下车时,空气呼吸器已背好,为了方便消防员背着空气呼吸器下车,车门开度应比普通汽车的开度大,目前要求门的开度不小于 80°。

**8. 较低的侧面和后部裙围**

为了防止自行车和行人不小心钻入车下,国家标准规定车辆侧面裙围和后部裙围离地高度不得大于 550 mm。除特殊用途的消防车外,消防车裙围应该不要超过上述规定值,除了安全因素外,低裙围的消防车其器材厢踏板也可降低,方便上、下。

### 三、消防车分类

对于消防车的分类方法,各个国家的规定不尽相同,习惯上通常消防车按功能、结构特征、水泵位置、泵压等进行分类。

**1. 按功能分类**

消防车按各自功能的不同,可分为灭火类消防车、举高类消防车、专勤类消防车、保障类消防车四大类。

**(1) 灭火类消防车**

灭火类消防车是指可喷射灭火剂并能独立扑救火灾的消防车。这类消防车主要包括泵浦消防车、水罐消防车、泡沫消防车、联用消防车等。

① 泵浦消防车:又称"泵车",指搭载水泵的消防车,这种消防车上装备有消防水泵和其他消防器材及乘员座位,抵达现场后可利用现场消防栓或水源直接吸水灭火,也可用来向火场其他灭火喷射设备供水。

② 水罐消防车:又称"水箱车",车上除了消防水泵及器材以外,还设有较大容量的贮水罐及水枪、水炮等,可在不借助外部水源的情况下独立灭火,也可以从水源吸水直接进行扑救,或向其他消防车和灭火喷射装置供水。在缺水地区也可作供水、输水用车,适合扑救一般性火灾,是消防队常备的消防车辆。

③ 泡沫消防车:主要装备消防水泵、水罐、泡沫液罐、泡沫混合系统、泡沫枪、炮及其他消防器材,可以独立扑救火灾。特别适用于扑救石油及其产品等油类火灾,也可以向

火场供水和泡沫混合液,是石油化工企业、输油码头、机场以及城市专业消防队必备的消防车辆。

④ 高倍泡沫消防车:主要装备高倍数泡沫发生装置和消防水泵系统。可以迅速喷射发泡 400~1 000 倍的大量高倍数空气泡沫,使燃烧物表面与空气隔绝,起到窒息和冷却作用,并能排除部分浓烟(一般带有风机),适用于扑救地下室、仓库、船舶等封闭或半封闭建筑场所火灾,效果显著。

⑤ 二氧化碳消防车:主要装备有二氧化碳灭火剂的高压贮气钢瓶及其成套喷射装置,有的还设有消防水泵。主要用于扑救贵重设备、精密仪器、重要文物和图书档案等火灾,也可扑救一般物质火灾。

⑥ 干粉消防车:主要装备干粉灭火剂罐、干粉喷射装置、消防水泵和消防器材等,主要使用干粉扑救可燃和易燃液体、可燃气体火灾、带电设备火灾,也可以扑救一般物质的火灾。对于大型化工管道火灾,其扑救效果尤为显著,是石油化工企业常备的消防车。

⑦ 干粉泡沫联用消防车:车上的装备和灭火剂是干粉消防车和泡沫消防车的组合,它既可以同时喷射不同的灭火剂,也可以单独使用,适用于扑救可燃气体、易燃液体、有机溶剂和电气设备以及一般物质火灾。

(2) 举高类消防车

举高类消防车是指具有登高救援和举高灭火作业等功能的消防车。这类消防车主要有云梯消防车、登高平台消防车和举高喷射消防车。

① 云梯消防车:车上设有伸缩式云梯,可带有升降斗、工作斗、转台及灭火装置,供消防人员登高进行灭火和营救被困人员,适用于高层建筑火灾的扑救。

② 登高平台消防车:车上设有大型液压臂和升降平台,供消防人员进行登高扑救高层建筑、高大设施、油罐等火灾,营救被困人员。

③ 举高喷射消防车:主要装备有折叠、伸缩或组合式臂架、转台和灭火喷射装置。消防人员可在地面遥控操作臂架顶端的灭火喷射装置在空中向着火目标进行喷射扑救。

(3) 专勤类消防车

专勤类消防车是指不直接用于灭火而用来执行灭火救援中某一项或某几项技术作业的消防车。这类消防车主要有通信指挥消防车、照明消防车、抢险救援消防车、排烟消防车、供液消防车等。

① 通信指挥消防车:车上设有无线通信、发电、照明、火场录像、扩音等设备,可供火场指挥员指挥灭火、救援和通信联络,通常会在应对需要指挥调度的任务时出动。

② 照明消防车:车上主要装备发电、发电机、固定升降照明塔、移动灯具以及通信器材,为夜间灭火、救援工作提供照明,同时兼作火场临时电源,为通信、广播宣传和破拆器具提供电力。

③ 抢险救援消防车:车上装备各种消防救援器材、消防员特种防护设备、消防破拆工具及火源探测器,是担负抢险救援任务的专勤消防车。

④ 排烟消防车:车上装备风机、导风管,用于火场排烟或强制通风,以便消防队员进入着火建筑物内进行灭火和营救工作,特别适宜于扑救地下建筑和仓库等场所火灾时使用。

⑤ 供液消防车:车上主要装备泡沫液罐及泡沫液泵装置,是专给火场输送补给泡沫液的后援车辆。

（4）保障类消防车

保障类消防车是指主要装备各类保障器材设备，为执行任务的消防车辆或消防员提供保障的消防车，如勘察消防车、器材消防车、宣传消防车、供气消防车、呼吸器瓶充气保障车等。

① 勘察消防车：车上装备有勘察柜、勘察箱、破拆工具柜，装有气体、液体、声响等探测器与分析仪器，也可根据用户要求装备电台、对讲机、录像机、录音机和开闭路电视。它是一种适用于公安、司法和消防系统特殊用途的勘察消防车，用于火灾现场、刑事犯罪现场及其他现场的勘察，还适用于大专院校、厂矿企业、科研部门和地质勘察等单位。

② 器材消防车：用于将消防吸水管、消防水带、接口、破拆工具、救生器材等各类消防器材及配件运送到火场。

③ 救护消防车：车上装备担架、氧气呼吸器等医疗用品、急救设备，用来救护和运送火场伤亡人员。

④ 宣传消防车：车上主要装备各种模拟灾害现场的装置，用于向公众宣传消防知识的消防车。

2. 按结构特征分类

（1）罐类消防车，如水罐消防车、泡沫消防车、干粉消防车等。

（2）举高类消防车，如举高喷射消防车、登高平台消防车等。

（3）特种类消防车，如抢险救援消防车、照明消防车等。

3. 按水泵安装位置分类

根据水泵的安装形式分为前置式、中置式和后置式三种。目前大部分消防车都是中置式或后置式，前置式的消防车早期较多，现在很少，因为发动机主轴前端的输出功率小，与轴功率大的泵不匹配，整车布置不好。我国大部分中型消防车水泵是中置式，安装在乘员坐垫下方，节省了空间。重型消防车水泵采用后置式，便于操作维护。

4. 按泵的工作压力分类

（1）低压泵消防车，泵的额定压力大于等于 1 MPa，小于 1.4 MPa。

（2）中压泵消防车，泵的额定压力大于等于 1.4 MPa，小于 2.5 MPa。

（3）中、低压泵消防车，泵的低压额定压力大于等于 1 MPa，小于 1.4 MPa；中压额定压力大于等于 1.4 MPa，小于 2.5 MPa。中、低压可以联用。

（4）高、低压泵消防车，泵的低压额定压力大于等于 1 MPa，小于 1.4 MPa；高压额定压力大于 3.5 MPa，小于等于 4 MPa。高、低压可以联用。

（5）超高压泵消防车，泵的额定压力大于 10 MPa，主要用于高压喷雾。

5. 国外消防车的分类

目前国际上对消防车分类还没有公认的统一方法，国外比较常见的是把消防车分为城市消防车、工业消防车、机场消防车。

**四、消防车型号编制**

1. 消防车产品型号编制依据

《消防车 第1部分：通用技术条件》(GB 7956.1—2014)对消防车产品型号作了规定，其是为识别不同用途的消防专用汽车而给定的一组汉语拼音字母和阿拉伯数字组成的编号。

2. 消防车产品型号的组成

消防车的产品型号由消防车企业名称代号、消防车类别代号、消防车主参数代号、消防车产品序号、消防车结构特征代号、消防车用途特征代号、消防车分类代号、消防装备主参数代号组成，必要时附加消防车企业自定代号。型号编制方法如图 8-1-1 所示。

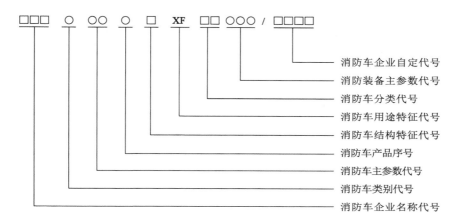

图 8-1-1 消防车的型号编制

消防车企业名称代号：位于消防车产品型号的第一部分，为识别消防车制造企业的代号，用代表企业名称的两个或三个汉语拼音字母表示，其代号由国家有关部门给定。

消防车类别号：位于消防车产品型号的第二部分，表明消防车所属分类的代号，归属于专用汽车专用半挂车，其规定为 5 或 9。单车式消防车代号为 5，半挂式消防车代号为 9。

消防车主参数代号：位于消防车产品型号的第三部分，是表明消防车主要特征的代号，用两位阿拉伯数字表示，主参数代号为车辆的总质量，单位为吨（t）。

消防车产品序号：位于消防车产品型号的第四部分，用一位阿拉伯数字 0，1，2，…，9 顺序使用表示。

消防车结构特征代号：位于消防车产品型号的第五部分，是反映消防车结构特征的代号，用一个汉语拼音字母表示。

消防车用途特征代号：表示消防车用途的特征号，位于产品型号的第六部分，统一用"XF"表示。

消防车分类代号：为识别消防车主要装备不同种类的代号，位于产品型号的第七部分，用两个汉语拼音字母表示，其含义见表 8-1-2。

消防装备主参数：代表消防车主要装备主参数的代号，位于产品型号的第八部分，由二位或三位阿拉伯数字表示，其构成含义及单位见表 8-1-2。

消防车企业自定代号：企业按需要自行规定的补充代号，位于产品型号的最后部分，其使用应在消防装备主参数以前的符号不能区别时采用，以不大于四位的汉语拼音字母和阿拉伯数字表示。

表 8-1-2　部分消防车结构特征代号、消防车类别代号、消防装备主参数代号含义表

| 序号 | 消防车名称 | 结构特征代号 | 分类代号 | 消防装备主参数代号 | |
|---|---|---|---|---|---|
| | | | | 含　义 | 代号单位 |
| 1 | 水罐消防车 | G | SG | 额定水装载量 | 100 kg |
| 2 | 泡沫消防车 | G | PM | 水、泡沫液额定总装载量 | 100 kg |
| 3 | 供水消防车 | G | GS | 额定水装载量 | 100 kg |
| 4 | 供液消防车 | G | GY | 额定泡沫液装载量 | 100 kg |
| 5 | 压缩空气泡沫消防车 | G | AP | 水、泡沫液额定总装载量 | 100 kg |
| 6 | 机场消防车 | G | JX | 额定灭火剂装载量 | 100 kg |
| 7 | 供气消防车 | T | GQ | 充气泵的供气能力 | m³/h |
| 8 | 泵浦消防车 | T | BP | 水泵额定流量 | L/s |
| 9 | 干粉消防车 | G | GF | 额定干粉装载量 | 100 kg |
| 10 | 干粉泡沫联用消防车 | G | GP | 灭火剂总装载量 | 100 kg |
| 11 | 干粉水联用消防车 | G | GL | 灭火剂总装载量 | 100 kg |
| 12 | 抢险救援消防车 | T | JY | 抢险救援器材件数 | 件 |
| 13 | 排烟消防车 | T | PY | 排烟机额定流量 | m³/s |
| 14 | 照明消防车 | T | ZM | 发电机组额定功率 | kW |
| 15 | 高倍泡沫消防车 | T | GP | 泡沫液、水额定装载量 | 100 kg |
| 16 | 自装卸式消防车 | T | ZX | 装载箱总质量 | 100 kg |
| 17 | 水带敷设消防车 | T | DF | 携带水带总长度 | m/100 |
| 18 | 化学救援消防车 | T | HJ | 化学救援器材件数 | 件 |
| 19 | 洗消消防车 | T | XX | 洗消液装载量 | 100 kg |
| 20 | 登高平台消防车 | J | DG | 最大工作高度 | m |
| 21 | 云梯消防车 | J | YT | 最大工作高度 | m |
| 22 | 举高喷射消防车 | J | JP | 最大工作高度 | m |
| 23 | 器材消防车 | T | QC | 消防器材件数 | 件 |
| 24 | 勘察消防车 | T | KC | 火场勘察器材件数 | 件 |
| 25 | 通信指挥消防车 | T | TZ | 通信指挥设备总功率 | W |
| 26 | 宣传消防车 | T | XC | 专用设备数 | 套 |

示例 1：

某企业（企业代号：SXD）生产的泡沫消防车，总质量 12 t，载液量 5 t，没有进行过改动，没有企业自定义代号，其型号为 SXD5120GXFPM50；

示例 2：

某企业（企业代号：WSD）生产的举高喷射消防车，总质量 20 t，最大工作高度 25 m，经过一次改动，没有企业自定义代号，其型号为 WSD5201JXFJP25；

示例 3：

某企业（企业代号：MXF）生产的化学救援消防车，总质量 7 t，装载 100 件化学救援器

材,没有进行过改动,没有企业自定义代号,其型号为 MXF5070TXFHJ100。

# 第二节　灭火类消防车

## 一、水罐消防车

### (一)水罐消防车

水罐消防车(图 8-2-1)是以消防水泵(含低压、中低压、高低压与高中低压消防泵)、水罐、消防水枪、消防水炮等消防器材为主要消防装备,以水为主要灭火剂的消防车。在消防部队主要担负火灾扑救任务的年代,水罐消防车一直是最重要的消防车辆。随着时代的发展,水罐消防车也逐步升级换代,一些担负抢险、举高等特种救援任务的消防车辆上也装置了载水装置,在救援的同时进行灭火作业。一些水罐消防车则加装了抢险救援器材成为城市主战消防车,综合救援的功能得到加强。

图 8-2-1　水罐消防车

水罐消防车根据消防水泵安装位置不同,可分为中置泵式水罐消防车和后置泵式水罐消防车两种类型。在中置泵式水罐消防车中,水泵安装在车辆的中部,器材箱设置在车辆的后部。而在后置泵式水罐消防车中,车辆的后部为泵房,器材箱设置于车厢前后两侧。

常用的水罐消防车主要有中型和重型两种,主要采用中型和重型汽车底盘改装而成。目前水罐消防车仍以中型水罐消防车为多。

### (二)结构组成

中型水罐消防车和重型水罐消防车可分为带水炮和不带水炮两种。不带水炮的水罐消防车一般为中型车。中型水罐消防车属常规出动车辆,用于日常执勤及火灾初、中期的现场控制与扑救。其特点是机动灵活,便于操控。带水炮的水罐消防车(多为重型车)是在不带水炮消防车的基础上,增加了水炮、水炮出水管路以及水炮回转和俯仰操作机构等。重型水罐消防车适用于大型火场及危险、缺水地区的灾害现场,其特点是载水量大、喷射距离远。

水罐消防车由底盘、乘员室、容罐、水泵及管路、功率输出及传动装置、消防器材及固定装置等组成。其中泵、容罐、器材箱可采用一体结构,也可采用独立安装结构,目前以独立结构为主。

#### 1. 底盘

目前我国消防底盘都采用定型的普通商用底盘,并加装功率输出装置、乘员室等消防车辆必需的部件。其优点是底盘产量大,价格相对便宜,零、配件供应充足,且维修网点多。

2. 乘员室

由于灭火战术的要求,每辆消防车需乘坐 6～12 人,所以水罐消防车一般都有乘员室。目前国内消防车辆乘员室有独立式和一体式两种类型。乘员室与驾驶室不联成一体且两个室之间采用对讲系统通信的为独立式。这种乘员室的优点是对底盘驾驶室的改动很小,但缺点是相互的通信不是很方便。将底盘驾驶室后围切下,将驾驶室接长,加装车门、乘员座位和后围的为一体式。其乘员室的优、缺点与独立式乘员室的相反。

3. 容罐

容罐主要用于盛放灭火剂,水罐消防车的水罐从结构分有内藏式和外露式两种。在车外看不到的为内藏式水罐。直接露在车外的为外露式水罐。近年来大载水量的水罐消防车增多,为了降低整车质心高,外露罐使用得越来越多。我国水罐的罐体多采用金属材料(碳钢或不锈钢)制成,而欧美国家多采用增强玻璃钢作为容罐的材料。这种材料强度、刚度、耐腐蚀性和抗老化性都很好,同样容积的罐体采用这种材料比采用金属材料质量轻大约 1/3。容罐结构见图 8-2-2。

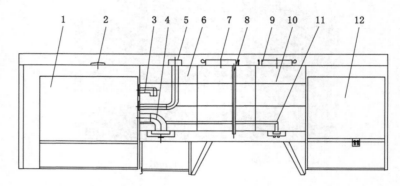

1—泵房;2—炮座;3—注水管;4—吸水管;5—充水管;6—水罐;7—水罐人孔;8—溢水管;
9—泡沫罐人孔;10—泡沫液罐;11—吸液管;12—器材箱。

图 8-2-2 容罐结构示意

4. 水泵及管路

水罐消防车可以配备不同的消防泵,如低压消防泵、中低压消防泵、高低压消防泵和超高压消防泵。消防泵(包括各类引水装置)的结构、型式、工作原理等见第二章第二节消防水泵部分。泵管路由进水管路、出水管路、放余水阀、冷却水管路等组成。

(1)进水管路由外进水管路和后进水管路(吸水管)组成。外进水管路是外接水源的通路;后进水管路是容罐向水泵供水的通路,由位于泵房内的后进水球阀控制(若后置泵,后进水管路是外接水源吸水的通路,前进水管路是容罐向水泵供水的通路)。

(2)出水管路由侧出水管路、后出水管路、后注水管路、上出水管路组成。侧出水管路连接灭火用消防水带,水泵压力水通过此管路从水枪喷出而灭火,它由泵房两侧的球阀控制;后注水管路是向容罐加水的通路,由球阀控制;上出水管路是为泵房顶部的消防炮提供压力水的通路,由泵房顶上的球阀控制。

(3)放余水阀使消防车在使用完毕后能放尽水泵、引水器及管路中的余水。

（4）冷却水管路由冷却水管、发动机附加冷却器、取力器冷却器、球阀等组成（图 8-1-8）。冷却水管由散热性极好的铜管制成，利用水泵打出的压力冷水经各冷却器的回形管带走发动机水箱的高温。调节附加冷却器的控制器开度的大小，可使发动机水温保持在 80～90 ℃的正常工作温度。

### 5. 功率输出及传动装置

我国消防车功率输出装置有夹心式、断轴式、上盖式和侧盖式等。其中夹心式使用较多，这种功率输出方式是将功率输出装置安装在底盘离合器和变速器之间，一般由功率输出装置、水泵传动轴、中间传动轴等组成。这种功率输出方式在上述 4 种功率输出方式中输出的功率最大，但由于夹在离合器和变速器间，所以安装和维修均不方便，而且变速器一轴需加长。断轴式功率输出方式（国内有时称"传动轴式"）是将底盘传动轴断开，将功率输出装置安装在断开的传动轴间，通过拨动不同的齿轮来接合底盘驱动轴或消防泵。这种功率输出方式美国使用得较多，特点是安装和维修较夹心式方便，但可取用的功率较夹心式低。上盖式功率输出方式结构简单，安装在变速器上盖之上，通过拨叉拨动齿轮组接合或脱开。这种功率输出装置的输出功率比夹心式和断轴式都小，齿轮的润滑和冷却都很困难，所以齿轮磨损很快，使用寿命短。20 世纪 80 年代以前我国消防车使用较多，现已基本不用。侧盖式功率输出方式主要用在部分功率输出的场合，例如举高类消防车驱动液压泵。这种功率输出装置通过变速器取力窗口安装在变速器壳体侧面，由于取用功率小，一般不加辅助冷却机构。

### 6. 附加装置

附加电器装置指原车电气以外增装的电器设备，如电子警报器、警灯、液位指示器、消防泵转速表、照明灯及开关等。其线路均采用单线制，负极接地。目前许多进口和新型车的变速口上接有取力点，全功率取力器也可直接由底盘设计安装，底盘多采用 CAN 总线，系统电气和控制装置直接由 CAN 总线开放接口。

### 7. 消防器材及固定装置

随车携带的水枪、水带等器材，布置在器材箱内并加以固定。

### 8. 车厢

车厢由水罐、水泵及其管路、器材箱等组成。一般器材箱设在后部或左右两侧，器材箱内部放置随车消防器材，每一件器材都设有专门的固定装置，防止行驶途中器材因颠簸脱离而受到损坏或引起事故。器材箱和水泵操作间的门普遍采用卷帘门，有利于战斗展开。车厢顶部放置有消防火钩、二节拉梯和单杠梯等，车厢尾部下方装有脚踏板或在尾部装一只垂直上下的小梯，供上车顶取用梯子等物件。器材箱的上部装有照明灯。

水罐一般采用优质低碳钢板经剪切、折边、冲压、焊接而成。为了防止腐蚀，钢板表面必须做防锈耐腐蚀处理。例如，水罐内表面经过喷丸、酸洗、清洗等多道工序后，喷涂防锈耐腐蚀涂料。目前很多水罐消防车采用不锈钢、玻璃钢和新型高分子组合材料等制造而成，强度和耐腐蚀能力有了很大提高。考虑消防车的稳定性和前后轴荷，水罐安装在车辆的中部偏后。

水罐与支承的安装方式有许多种，一种是三点活动支承型式，与车架相连接；另一种是在水罐底部加工有副车架（副大梁），副车架与车架相连，前端为刚性支承，后端为弹性支承，或反之；还有采用四点弹性支承。

水罐顶部开有人孔，装有扶手和吊装用圆环，内部设溢水管、防荡板等。人孔有密封盖，溢水管安置在罐顶中部，使水罐内保持与大气相通，确保输水流畅。在水罐内部的纵向和横向设有防荡板,把水罐分隔成几个容积互相连通的小舱,不仅能增加水罐强度,也能减少行驶中水力振荡对罐壁的冲击。隔舱板上也开有人孔供检修用。水罐底部有排除污物积存口,与泄污阀相连。在积存口邻近的前封(或后封)罐壁上,有进水管、出水管和补水管,进水管与水泵注水管路连接,水泵由此向水罐注水。出水管与水泵进水管路连接,水罐由此向水泵供水。补水口是用来与其他供水水带连接的接口。在水罐内,还装有浮球式液位指示器或电子液位传感器,水位的升降引起电信号的变化,经过信号处理后再把液面高度在仪表上显示出来。也有用竖直方向的一串信号灯来反映液位高低,这种方式比较直观。

(三)器材配备

水罐消防车器材配备表见表 8-2-1。

**表 8-2-1　水罐消防车器材配备表**

| 序号 | 名称 | | 单位 | 数量 | 消防车类型 | | 备注 |
| --- | --- | --- | --- | --- | --- | --- | --- |
| | | | | | 水罐车 | 供水车 | |
| 1 | 消防水带 | | 米 | 200 | 必配 | 可不配 | 根据压力等级合理配置 |
| | | | | 320 | 必配 | 必配 | |
| | | | | 400 | 必配 | 必配 | |
| 2 | 消防枪 | 直流水枪 | 支 | 2 | 必配 | 必配 | |
| | | 导流直流喷雾水枪 | 支 | 2 | 必配 | 必配 | |
| 3 | 干粉灭火器 | | 具 | 1 | 必配 | 必配 | 8 kg,ABC 干粉 |
| 4 | 集水器 | | 件 | 1 | 必配 | 必配 | 按照相应压力等级合理配置 |
| | | | | 2 | 必配 | 必配 | |
| 5 | 分水器 | | 件 | 2 | 必配 | 必配 | 按照相应压力等级合理配置 |
| | | | | 3 | 必配 | 必配 | |
| 6 | 吸水管扳手 | | 个 | 2 | 必配 | 必配 | |
| 7 | 橡皮锤 | | 个 | 1 | 必配 | 必配 | 用于吸水管连接 |
| 8 | 地上消火栓扳手 | | 件 | 1 | 必配 | 必配 | 根据地域要求进行合理配置 |
| 9 | 地下消火栓扳手 | | 件 | 1 | 必配 | 可不配 | |
| 10 | 消防梯 | | 架 | 1 | 必配 | 必配 | ≥6 m |
| 11 | 异径接口 | | 个 | 出水口数量 | 必配 | 必配 | 每个出水口配备一个异径接口 |
| 12 | 护带桥 | | 副 | 2 | 必配 | 必配 | |
| 13 | 水带包布 | | 件 | 8 | 必配 | 必配 | |
| 14 | 水带挂钩 | | 件 | 8 | 必配 | 必配 | |
| 15 | 消防斧 | | 件 | 1 | 必配 | 必配 | |
| 16 | 可充电式手提照明灯 | | 只 | 2 | 必配 | 必配 | |
| 17 | 消防吸水管 | | 根 | 2 m 长,4 根 | 必配 | 必配 | |
| 18 | 吸水管滤水器 | | 只 | 每 8 m 吸水管配一个 | 必配 | 必配 | |

表 8-2-1(续)

| 序号 | 名称 | 单位 | 数量 | 消防车类型 | | 备注 |
|---|---|---|---|---|---|---|
| | | | | 水罐车 | 供水车 | |
| 19 | 移动式排烟机 | 台 | 1 | 可不配 | 可不配 | |
| 20 | 手抬泵 | 台 | 1 | 可不配 | 可不配 | |
| 21 | 破拆工具 | 套 | 1 | 可不配 | 可不配 | |
| 22 | 空气呼吸器 | 套 | 乘员数 | 可不配 | 可不配 | |
| 23 | 管线式泡沫比例混合器 | 套 | 1 | 必配 | 可不配 | |
| 24 | 泡沫管枪 | 支 | 2 | 必配 | 可不配 | |

（四）操作使用

1. 用水罐内水

用水罐内水是最常用的一种方法。消防救援队伍接警出动到达现场后，主战车(有些地方称为头车)立即展开战斗,水枪手把水带铺设好后出水灭火,快速出水可起到迅速遏制火灾的效果。具体操作方法是:

(1) 使用低压泵水罐车时,铺设水带并将水带等供水器材与水泵出水口连接好;使用中低压或高低压水罐车时,首先根据实际情况选择好泵的出水状态,并相应连接好所需类型的水带。使用中压或高压软管卷盘时,应及时打开软管卷盘的盘卷。

(2) 除打开压力表旋塞外,检查各出水阀门、放水旋塞(特别是真空表旋塞)是否关闭。

(3) 启动发动机,接合取力器,使水泵低速运转。

(4) 打开后进水阀门,使水罐水流入水泵。

(5) 打开相应的出水管球阀,根据前方水枪手的需求,操纵油门调整水泵的出水压力,即能供水,从而满足灭火需要。

2. 用消火栓水

按相关规范要求,我国城乡沿道路设置室外消火栓,消火栓的间距不应超过 120 m,道路宽度超过 60 m 时,宜在道路两边设置消火栓。在大的机关、厂企、小区等单位内部也都设置有消火栓。因此,用消火栓的水比较方便,常用的方式有以下两种。

(1) 用吸水管取水

① 取出吸水管、地上(或地下)消火栓扳手,将吸水管一端与水泵进水口连接,另一端与消火栓的大出水口连接,检查各个接口是否牢固,然后用消火栓扳手缓慢打开消火栓开关并开足。

② 按上述"用水罐内水"操作步骤(1)、(2)、(3)、(5)进行。

(2) 用水带给水罐补水

① 取两盘水带分别接消火栓两边的出水口,水带的另一端与水罐的补水口相接。未设补水口的消防车,可将水带的端口从水罐人孔放进水罐。

② 按上述用"用水罐内水"操作步骤(1)、(2)、(3)、(5)进行。

3. 用天然水源

大部分火灾扑救成功与否,取决于消防车的供水能力。尤其发生重特大火灾时用水量大、供水时间长,城市消火栓的供水能力往往受到用水高峰和水厂供水压力的影响,不能满足多台消防车同时用水,所以利用天然水源显得非常重要。

（1）用水环泵引水

① 关严水泵与水罐之间的后进水阀门,除真空表、压力表旋塞打开外,检查各阀门、旋塞、闷盖是否关闭;并检查水环泵贮水箱是否加满水,冬季应加防冻液;根据实际情况选择好水泵的出水状态,并相应连接好所需类型的水带。使用中压或高压软管卷盘时,应及时打开软管卷盘的盘卷。

② 启动发动机,变速器操纵杆放入空挡,将取力器操纵手柄向后拉,使水泵低速运转,并注意水泵的运转情况是否正常。

③ 水环泵引水的控制方式大致有两种,一种是机械式,方法是将水环泵引水手柄推到引水位置,使水环泵工作;另一种是用电磁离合器控制水环泵工作。

④ 逐步增大油门加速水泵运转,同时注意观察水泵真空表和压力表,当真空表达到一定数值、水泵压力达到 0.2 MPa 时,将水环泵引水手柄复原位,停止水环泵工作。

⑤ 缓慢打开出水阀,即可供水。根据需要操纵油门,调节水泵压力。

（2）其他引水方式

除了利用上述的水环泵引水外,还可利用刮片泵、活塞泵以及薄膜泵等真空引水泵。引水泵的动力一般从水泵轴上安装的齿轮、皮带盘或凸轮上获得。在水泵轴上装有离合器,通过离合器的控制机构（或电信号）使引水泵工作。目前大多数消防车的引水泵实现了自动引水功能,利用水泵的压力或进出口的压差来自动接合引水泵。

4. 用空气泡沫

（1）取出水带、空气泡沫枪及其吸液管。将水带与水泵出水管连接好,吸液管插入泡沫液桶内,泡沫枪启闭手柄扳至吸液位置。

（2）按水泵使用方法供水,控制好水泵压力,以满足空气泡沫枪标定的进口压力,空气泡沫即从枪口喷出。

（3）灭火后应清洗空气泡沫枪及吸液管。

（五）水罐消防车的注意事项

水罐消防车是用作消防灭火或其他紧急抢救用途的专用车辆。消防车在不同情况的使用中须注意以下事项。

（1）消防车辆进入火场投入灭火救援时在操作中应注意以下几个问题。

① 消防车辆进入火场后,首先应将车辆停稳在火场指挥员指定的位置。车辆的停放要能够满足对火场进攻与撤退的需要,必须确保车辆能灵活自如地随时撤出危险位置。车辆发动机不可盲目熄火,必须保持运转状态。消防车开始供水时,应逐步升高水压,避免因水枪的反作用力造成战斗人员伤亡或水带爆破,影响灭火救援工作的顺利开展。

② 在接入水源的过程中,应保证消火栓供水压力满足消防车需要。调取天然水源时应注意河塘的水深情况、淤泥情况等,防止因水源深度过浅以及淤泥堵塞进水管吸水口而导致火场供水中断。

③ 如果水源和火场之间的距离在消防车的直接供水能力范围之外,这时对火场供水可以采用多台消防车接力的方式。但需要保持适当的供水量以防受水车溢水管的溢水。如果无法观察到溢水情况时,为了防止供水量过大发生涨罐现象,驾驶员可以打开本车水罐上部

的人孔。受水车在供水过程中应选择坚硬的路面停放,如果无法停放在坚硬路面时,应采取必要的措施,防止因溢水而使车辆陷入泥潭。各车之间必须相互协调,防止因操作不当使供水中断。此外应注意保持适当水压以防直接供水压力较高伤及战斗人员。

(2)消防车到达火场后必须停放在灭火的有利位置,然后迅速开始灭火。

① 消防车在驶向火场的过程中必须确保安全迅速行驶。对于多个消防通道,消防车应从距火场最近的消防车通道行进。当有多台车同时出警时,各车间应保持 50 m 至 80 m 的安全距离行进。到达火场后,应该服从指挥员调度,避免多台车辆同时进入一个作战区域,影响调度和灭火战术实施,延误战机。

② 在火场环境中消防车驾驶员必须坚决服从指挥员指令,使整个灭火战斗顺利进行。如果火势较大不可逆转,直接危及消防车的安全,这时应将消防车驾驶到较为安全的地方再试图灭火,并且及时将车辆位置报告给指挥人员。

(3)防止水锤作用的发生。

当消防阀门、消火栓、水枪等迅速关闭或车辆等重物跨压水带时,有压力的水在管道、消防水带内瞬时停止流动,从而造成管道、消防水带内的水压瞬时升高,升高的水压对管道、消防水带等的作用,如同锤击一样,这样的现象称为水锤作用。这种作用下管道、水带内增加的压力可高至数百大气压,因此极有可能损坏管道、消防水带等消防设备、器材,进而直接影响火场救援工作。因此,在消防灭火工作中必须防止水锤作用的发生。

(4)用过海水、污水或含其他杂质的水源后,应对水罐消防车的水泵系统、管路及水罐进行清洗,以防腐蚀。

(5)离心泵工作时,应将附加冷却器开关打开,进行强制冷却,改善发动机冷却条件,保证发动机在正常温度下工作。

(6)水泵不能长时间无水工作,或有水工作而长时间不出水,会导致水泵过热,加速水泵磨损及密封垫圈损坏。

(7)用消火栓供水或本车水罐内水时,不使用引水装置。

(六)维护保养与故障分析

水罐消防车能否在灭火中充分发挥设计性能,经久耐用,除了取决于设计及制造工艺水平外,还与正确的使用保养有很大关系。水罐消防车在使用中发生故障或技术性能下降,主要原因是使用不当、保养不良和自然磨损等。为使消防车经常处于良好的技术状态,保障灭火战斗顺利进行,必须及时对水罐消防车进行维护保养。现在部分消防救援总队或救援支队建立了装备维修中心,通过与消防车辆制造商建立合作的方式,建立了本部门消防车辆档案,对消防车辆进行定期维修保养。

1. 离心泵及引水装置

(1)润滑。水泵累计运转 3~6 h,有齿轮箱的应检查润滑油量是否下降,如下降应及时补充;及时对水泵泵轴的尾部支承、中部支承加注润滑脂。

(2)水泵使用过后,应及时放掉泵内、管路内的存水,防止腐蚀和冻裂。水泵进出水口用闷盖盖好,并在螺扣处涂上润滑脂。

(3)定期清除排气引水器的积炭。

(4)冬季应向水环泵贮水箱中添加防冻剂。

(5)定期对离心泵及引水泵装置的最大吸深、引水时间、最大出水量进行实测,凡不符合性能指标的,应及时修复。

2. 灭火器材及附件

(1) 检查器材及附件是否齐全,位置固定是否可靠,保持清洁干燥,技术性能良好。

(2) 经常检查吸水管、水带、水枪、各类消防器材的密封橡胶垫圈是否齐全,如有缺损、老化,应及时更换补充。

(3) 附加冷却器在严寒季节使用后,应及时将进、回水管路内存水排出。

3. 消防车底盘部分

消防车要适应能迅速出动的要求,因此除按原车要求进行维护保养外,还必须做到:

(1) 车库清洁、干燥,出入方便,并应设有保温装置。

(2) 及时添加燃油、润滑油、冷却水。车辆达到四不漏(即不漏油、水、气、电)要求。

(3) 检查轮胎气压及风扇皮带的紧度是否符合标准。

(4) 经常检查、保养灯光、信号、喇叭及蓄电池,保证其工作良好。

(5) 定期检查发动机、取力器、水泵等是否可以正常运作,有无异常响声。做到全车整洁,润滑良好,紧定可靠,调速适当,使车辆处于良好的战斗状态。

4. 常见故障及排除方法

水罐消防车常见故障主要发生在水泵、真空管路、压力管路及引水装置等处,表现为水泵抽不上水、水泵出水量不足及水泵中断出水等。水罐消防车常见故障及排除方法如表8-2-2所示。

表 8-2-2　水罐消防车常见故障及排除方法

| 故障及现象 | | 原因 | 排除方法 |
|---|---|---|---|
| 引水装置达不到最大真空度 | | 摩擦轮接合不良 | 调整 |
| | | 贮水箱内贮水量不足 | 加注 |
| 不上水 | 真空表不指示真空度或真空度很小 | 吸水管路密封不好 | 检查排除 |
| | | 引水装置故障 | 检修 |
| | | 滤水器露出水面 | 按要求沉入水中 |
| | 真空表所指示真空度很大 | 滤水器单向阀卡塞 | 排除 |
| | | 吸水管坏 | 更换 |
| | | 泵进水口堵塞 | 清除 |
| | | 吸水深度过大 | 降低吸水深度 |
| | | 滤水器被垃圾堵塞 | 清除 |
| 出水量不足 | 出水压力低、真空度大 | 吸入管路堵塞 | 清除 |
| | 出水压力低、发动机转速高 | 超过泵的额定流量 | 减少出水流量 |
| | 出水压力低、发动机转速慢 | 发动机有故障 | 检查、调整 |
| | 出水压力减低、真空度增加 | 吸入管路逐渐堵塞 | 清除 |
| 泵工作正常,但压力表不显示压力 | | 压力表损坏 | 更换压力表 |
| | | 压力表孔道堵塞 | 冲洗压力表孔道 |

表 8-2-2(续)

| 故障及现象 | | 原因 | 排除方法 |
|---|---|---|---|
| 中断出水 | 压力表指针摆动厉害，发动机转速加快 | 吸水管入水深度不够,在滤水器处形成涡流,吸入空气 | 将滤水器按要求沉入水中 |
| | | 发动机有故障 | 检查、调整 |
| | 压力表不显示压力发动机转速快 | 滤水器露出水面 | 按要求沉入水中 |
| | | 吸水管接头松动 | 重新安装 |

**二、泡沫消防车**

泡沫消防车是指装配有水泵、泡沫液罐、水罐以及成套的泡沫混合和产生系统可喷射泡沫扑救易燃、可燃液体火灾,以泡沫灭火为主,以水灭火为辅的灭火战斗车辆。泡沫消防车是在水罐消防车的基础上通过设置泡沫灭火系统改进而成的,具有水罐消防车的水力系统及主要设备,根据泡沫混合的不同类型分别设置泡沫液罐、泡沫比例混合器、压力平衡阀、泡沫液泵、泡沫枪炮等,是扑救 B 类火灾的主要装备。

（一）结构组成

泡沫消防车主要由乘员室、车厢、泵及传动系统、泡沫比例混合装置、泡沫-水两用炮及其他附加装置组成,如图 8-2-3 所示。泡沫比例混合装置根据空气泡沫比例混合系统的形式来确定,主要由泡沫比例混合器、压力水管路、泡沫液进出管路及球阀等组成。消防管路用不同颜色区分,消防泵进水管路及水罐至消防泵的输水管路应为标准规定的深绿色,泡沫液罐与泡沫液泵或泡沫比例混合器的输液管路应为规定的深黄色,消防泵出水管路应为规定的大红色。泡沫消防车配备器材见表 8-2-3。

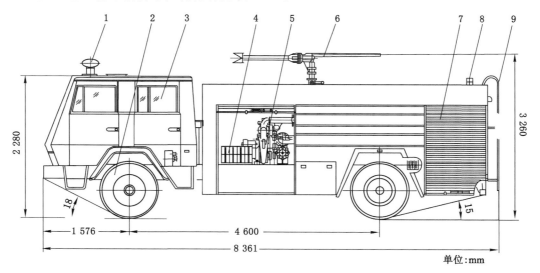

1—警灯及报警器;2—底盘;3—驾驶室;4—器材;5—水泵及进出水系统;6—空气泡沫-水两用炮;
7—后器材箱及卷帘门;8—后照明灯;9—后爬梯。

图 8-2-3　泡沫消防车示意

表 8-2-3  泡沫消防车器材配备表

| 序号 | 名称 | | 单位 | 数量 | | 备注 |
|---|---|---|---|---|---|---|
| 1 | 消防水带 | | m | $Q \leqslant 30$ L/s | 200 | $\phi 65$ mm |
| | | | | 30 L/s$<Q \leqslant 60$ L/s | 320 | $\phi 80$ mm |
| | | | | $Q > 60$ L/s | 400 | $\phi 100$ mm 或 $\phi 150$ mm |
| 2 | 消防枪 | 直流水枪 | 支 | 2 | | |
| | | 导流直流喷雾水枪 | 支 | 2 | | |
| | | 空气泡沫枪 | 支 | 2 | | |
| 3 | 干粉灭火器 | | 具 | 1 | | 8 kg，ABC 干粉 |
| 4 | 泡沫外吸管及扳手 | | 套 | 1 | | |
| 5 | 分水器 | | 件 | $Q \leqslant 60$ L/s | 2 | 按照相应压力等级合理配置 |
| | | | | $Q > 60$ L/s | 3 | |
| 6 | 吸水管扳手 | | 个 | 2 | | |
| 7 | 橡皮锤 | | 个 | 1 | | |
| 8 | 地上消火栓扳手 | | 件 | 1 | | 根据地域要求进行合理配置 |
| 9 | 地下消火栓扳手 | | 件 | 1 | | |
| 10 | 消防梯 | | 架 | 1 | | $\geqslant 6$ m |
| 11 | 异径接口 | | 个 | 出水口数量 | | 每个出水口配备一个异径接口 |
| 12 | 护带桥 | | 副 | 2 | | |
| 13 | 水带包布 | | 件 | 8 | | |
| 14 | 水带挂钩 | | 件 | 8 | | |
| 15 | 消防斧 | | 件 | 1 | | |
| 16 | 可充电式手提照明灯 | | 只 | 2 | | |
| 17 | 消防吸水管 | | 根 | $\geqslant 8$ m($4 \times 2$ m) | | |
| 18 | 吸水管滤水器 | | 只 | 每 8 m 吸水管配一个 | | |
| 19 | 移动式排烟机 | | 台 | 1 | | 选配 |
| 20 | 手抬泵 | | 台 | 1 | | 选配 |
| 21 | 破拆工具 | | 套 | 1 | | 包括剪阔器、开门器 |
| 22 | 空气呼吸器 | | 套 | 乘员数 | | 不含驾驶员，选配 |

注：表中"$Q$"表示"消防泵额定流量"。

1. 泵及管路

泵及管路见第二章第二节中相应内容。但泡沫消防车比水罐消防车多了泡沫系统管路，其典型管路见图 8-2-4。

2. 泡沫混合装置

泡沫混合装置分为正压式和负压式两大类，每类又有不同的结构和原理。我国目前泡沫消防车主要采用负压式泡沫混合装置。这种装置的混合比在整个工作压力范围内的混合比误差较大，但结构简单，价格较低。

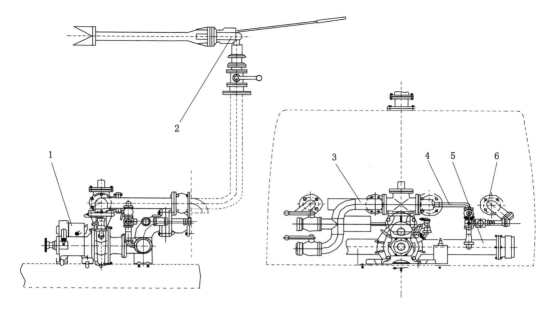

1—水泵；2—泡沫-水两用炮；3—出水管；4—泡沫系统；5—进水管；6—充水管。

图 8-2-4　泵及进出水管路和泡沫系统

3. 空气泡沫-水两用炮

泡沫消防车装有空气泡沫-水两用炮或泡沫炮。其由仰俯机构、回转机构、两用炮或泡沫炮、球阀等主要部件构成。

4. 空气泡沫比例混合系统

空气泡沫比例混合系统用于泡沫灭火时，使水和泡沫液按一定的比例（97：3、94：6）混合，并由水泵将混合液送至泡沫发生装置。

空气泡沫比例混合系统有多种布置形式，基本上分为两类，第一类是出口侧混合方式，第二类是进口侧混合方式。

（1）预混合系统。预混合系统预先将泡沫液和水按一定的比例混合好，其优点是结构简单、比例准确；缺点是不能喷水、喷泡沫两用，而且只适用于轻水泡沫。这是因为普通蛋白泡沫和氟蛋白泡沫不能长期与水预混合。

（2）线型比例混合系统。在消防泵与车辆出水口之间设置文丘里管（缩放喷管），利用水流流过收缩部位所产生的真空度吸入泡沫液，获得给定比例的空气泡沫混合液。移动式线型比例混合器，通常安装在水带连接处。这种设计结构比较简单，故障少，造价便宜。但是，因为管路向出口端收缩，压力损失大，且吸入量和送水量都受到限制，使枪、炮进口的压力较低。

（3）环泵式比例混合系统。从水泵的出水管上引出一路压力水，通过一只泡沫比例混合器在它的收缩部位造成真空（实际也就是喷射泵，利用文丘里管的原理），此处经管道与泡沫液罐相连接，泡沫液在大气压作用下进入混合器。泡沫液的流量由混合器调节阀（计量器）控制，指针对着某一数字，表示有相应流量的泡沫液参加混合。在泡沫比例混合器出液管中首先制成 20%～30% 比例的浓混合液，再将这种浓度的混合液送入泵的进水管，进而使泵出水管路中的混合液浓度达到规定的混合比例。

这种泡沫比例混合器结构简单,故障少,造价低,采用刚性泡沫容器,与线型比例混合系统相比可以获得较大的流量和压力,但为了吸取泡沫液,必须使水泵先正常工作。此外,进水口不能直接使用压力水源,适宜使用天然水源或将压力水先注入水罐。

(4) 自动压力平衡式比例混合系统。自动压力平衡式比例混合系统采用将泡沫液强制地压入水中形成混合液的混合方式,其泡沫混合液的过程是由泡沫液泵把泡沫液加压后进入平衡阀,通过平衡阀调节后注入比例混合器。它有依靠出水压力压送和采用专用泡沫液泵压送两种方式。目前采用正压式自动比例混合系统的泡沫消防车,多数使用泡沫液泵压送方式。这种方式对精确监测和控制的要求高,优点是比例控制精确,缺点是造价高,在高端泡沫消防车上应用较多。

5. 泡沫-水两用炮

泡沫-水两用炮,只有一个炮筒,既可喷射水灭火,又可喷射泡沫灭火。

PP48 型泡沫-水两用炮主要由炮筒、多孔板、吸气室、导流片、喷嘴、俯仰手轮及回转手轮等组成,水平回转 360°,俯仰 70°(最有利的射角为 30°~50°),喷射泡沫射程可达 65 m 以上,喷射水射程可达 70 m 以上。

6. 泡沫液罐

泡沫液罐的构造与水罐基本相同,容积小于水罐。由于泡沫液的腐蚀性很强,国外一般采用含镍、铬的不锈钢制造泡沫液罐,也有完全采用 PP 高分子抗腐材料或玻璃钢加强塑料制造。

罐顶设有人孔,便于人员出入维修。有些泡沫消防车在水罐与泡沫液罐之间有可拆卸的连通孔盖,根据需要可全部装水,变成一般的水罐车。两罐均装有液位指示器。

7. 配备的工具、附件

泡沫消防车配备的工具、附件应符合相关行业标准的规定。用户可根据本区域的灭火战术特点向厂方提出选配要求,双方要严格遵守车辆的安全技术规范,特别是在超重、超尺寸、重心、轴荷等方面,务必要高度重视。

(二) 操作使用

1. 加注泡沫液

向泡沫消防车的泡沫液罐加注泡沫液主要有两种方法:一是从人孔口直接加入;二是用专用泡沫液输转泵加入。

2. 使用泡沫灭火

(1) 内吸泡沫液产生泡沫(用泡沫液罐内储存的泡沫液)

内吸泡沫液是指泡沫比例混合器从消防车泡沫液罐内吸取泡沫液,其操作步骤如下:

① 将水带一端接水泵出水口,一端接泡沫枪;

② 将泡沫枪启闭手柄放在"混合液"或"水"的位置上;

③ 启动水泵供水;

④ 打开通向泡沫比例混合器的压力水旋塞;

⑤ 加大油门,调整水泵出水压力,使之达到泡沫枪标定的压力值;

⑥ 旋转泡沫比例混合器上的调节阀,将指针指在泡沫枪标定的泡沫液定量孔位置上;

⑦ 打开泡沫液进液阀,泡沫比例混合器便连续不断地定量吸入泡沫液。

（2）外吸泡沫液产生泡沫

外吸泡沫液是指泡沫比例混合器从车外的泡沫液桶内吸取泡沫液，具体方法如下：

① 关闭泡沫液进液阀，打开外吸泡沫液的闷盖，接上外吸液管并将其插入泡沫液桶内。

② 打开泡沫液桶充气接嘴，使泡沫液桶内与大气相通。然后，再按内吸液的方法步骤进行。

无论采用上述方法中的任何一种方法产生泡沫灭火，灭火后都应清洗水泵、泡沫比例混合器、泡沫枪及管路。

（三）故障分析

泡沫消防车泡沫系统常见故障主要有两种：一是泡沫枪只喷射水、不喷射或中断喷射空气泡沫；二是喷射出的空气泡沫质量异常。泡沫消防车泡沫系统、空气压缩系统常见故障、原因及排除方法见表8-2-4和表8-2-5。

表 8-2-4　泡沫系统常见故障、原因及排除方法

| 故障现象 | 原　　因 | 排除方法 |
|---|---|---|
| 枪或炮只喷射水，不喷射或中断喷射空气泡沫 | 泡沫比例混合器未打开；<br>水源压力大于 0.049 MPa；<br>泡沫液罐上的通气孔被堵塞；<br>泡沫液罐上的通气孔未打开；<br>吸取泡沫液的管路系统阀门未打开或被堵塞；<br>吸液管未被拧紧或橡胶垫片损坏、脱落 | 开启混合器；<br>取用压力小于 0.049 MPa 的水源；<br>清除堵物；<br>打开阀门，清除管路堵物；<br>拧紧或配上新的橡胶垫片 |
| 喷射的空气泡沫质量异常 | 泡沫比例混合器的吸液量与枪或炮的标定值不匹配；<br>枪或炮的吸气孔被堵塞；<br>发泡网损坏；<br>泡沫液变质 | 按规定旋转混合器阀芯；<br>清除堵物；<br>调整发泡网；<br>调换泡沫 |

表 8-2-5　泡沫消防车空气压缩系统常见故障、原因及排除方法

| 故障现象 | 原　　因 | 排除方法 |
|---|---|---|
| 真空值持续下降（引水困难） | 水泵系统漏气；<br>进水管道连接处渗漏；<br>吸水管闷盖或接扣处漏气；放水旋塞未关；<br>出水单向阀（即升降、往复止回阀）渗漏，阀杆卡住；阀密封面上有异物；滤水器露出水面；<br>引水自动开关活塞卡住；<br>阀门与阀座密封损坏或阀面上有异物；<br>水泵轴油封处渗漏 | 拧紧连接处螺栓；<br>检查闷盖接口密封圈，重新拧好；关闭放水旋塞；<br>关闭所有出水阀、炮球阀；检查止回阀是否灵活，清除异物；<br>将滤水器沉入水面 200 mm 以下；检查自动开关活塞、弹簧，使活塞灵活；上下调换弹簧或阀门，排除异物；检查阀门与阀座以及阀面是否正常；注入适量黄油，损坏时需拆换油封 |
| 水泵引不上水 | | |

表 8-2-5(续)

| 故障现象 | 原　因 | 排除方法 |
|---|---|---|
| 出水(液)压力不高 | 泵内或叶轮内有异物；<br>吸水管道或滤水器被堵塞；排量过大；<br>泵向水罐注水阀未关闭 | 清除异物；<br>下沉滤水器，防止进入空气或污物堵塞；<br>减少出水排量；<br>关闭水罐注水阀 |
| 水泵运转有异声,喷射水流不稳定 | 供水量不足，叶轮松动；泵内或叶轮内有异物；<br>滤水器或吸入口外露，吸入了空气；水罐水位太低，水流旋转进入空气 | 供水车或消火栓供给足够水量,修理水泵叶轮；<br>清除异物；<br>下沉滤水器，防止污物堵塞；检查水罐水位 |
| 水泵水流突然下降 | 水泵高速运转或空转导致发热而使泵内汽化 | 停泵,打开放水旋塞,排尽泵内剩水和气体,重新启动引水,避免高速长期运转 |
| 消防炮射程不足 | 未达到标定工作压力；炮筒内进入异物；<br>水泵系统运转不正常；<br>供水(液)量不足,同时使用了数支水枪(泡沫枪)或混合液量未达到空气泡沫灭火设备所需的混合液量 | 调整到所需工作压力；检查炮筒,取出异物；检查水泵排除故障；<br>减少同时使用水枪数量；<br>调节混合器,把指针拨到空气泡沫灭火设备所需的混合液量标定数值 |
| 空压机不能运行 | 气缸的气源或气管有问题,气缸不工作；<br>变速箱有问题；结合顺序不对 | 修理变速箱；先结合空压机,再结合水泵 |
| 空压机建立不起压力或流量太低 | 空压机没有结合上；<br>针阀是关闭的；压力调节得太低；<br>发动机转速太低,不能满足流量要求 | 重新结合空压机；<br>打开空压机进气阀上针阀,手动调高压力；<br>增加发动机转速 |
| 空气压力连续上升,不能被控制 | 控制空气压力的管路漏气；<br>进气阀上的衬垫安装位置不对,影响了压力控制 | 检查控制管路是否漏气,修理漏气部件 |
| 水带里的泡沫液运动不稳定 | 泡沫比例低 | 减少空气量；增加泡沫比例 |
| 泡沫太干 | 水和空气的比例不合适；泡沫比例过高 | 增加水的流量或减少空气流量；降低泡沫比例 |
| 泡沫太稀 | 水和空气的比例不合适；泡沫比例过低；<br>使用的泡沫枪不对；水带长度不够 | 减少水的流量或增加空气流量；增加泡沫比例；使用直流水枪,将阀全开；增加水带长度,不能折叠、打卷 |
| 压缩空气里附带液压油 | 储油罐里液压油过多；油气分离器失效；<br>油管连接不对；回油管堵塞；油的型号不对 | 调节液压油量；更换分离器；<br>检查并重新连接油管；清理回油管；<br>更换液压油 |
| 压力建立比较迟缓 | 进气阀孔堵塞 | 清理进气阀孔 |
| 空压机过热报警 | 油温过高；<br>水泵的水过热；热交换器失效；油温调节阀失效 | 停止运行一段时间,然后再试；让水泵里的水一直是循环的；检查清理热交换器水管；调节清理油温调节阀 |
| 泡沫泵运转,但没有泡沫 | 泡沫泵内有空气；泡沫阀是关闭的；泡沫出口不对 | 让泡沫泵内充满泡沫；打开泡沫阀；<br>确认泡沫出口正确 |

表 8-2-5(续)

| 故障现象 | 原　　因 | 排除方法 |
|---|---|---|
| 泡沫泵吸泡沫不好,并有噪音 | 泡沫管漏气;吸泡沫管堵塞 | 修理漏气管;清理泡沫管 |
| 泡沫泵不运转,电器系统工作正常 | 流量传感器处没有水流动;流量传感器失效;<br>流量传感器导线失效;<br>泡沫罐里的泡沫低于传感器位置;<br>液位导线失效 | 流量传感器处应有水流动;更换传感器;<br>更换或修理导线;加注泡沫;<br>更换或修理导线 |
| 在控制器上显示"LO.CON" | 泡沫罐里的泡沫量少;液位传感器失效 | 加注泡沫;更换传感器 |
| 在控制器上显示"LO.CON"几分钟后,显示"NO.CON" | 泡沫罐里液位过低或没有泡沫;传感器失效 | 加注泡沫;更换传感器 |
| 打开电源开关后,泡沫泵全速运转 | 负极线连接不好;电机控制盒有问题 | 确认负极线连接可靠;更换控制盒 |
| 在控制器上显示"ER-ROR" | 负极线连接不好;速度传感器有问题;泵有问题 | 确认负极线连接可靠;更换传感器;<br>修理泵 |
| 在控制器上显示"?" | 传感器处有水流动但流量太低 | 增加水流量 |
| 控制器上显示"HYPRO" | 功率不足;导线细 | 增加电源功率;更换粗导线 |

### 三、干粉消防车

干粉消防车是指主要装配有干粉罐及全套干粉喷射装置与吹扫装置的灭火消防车。干粉消防车以干粉为灭火介质,以惰性气体为动力,通过干粉喷射设备瞬时大量喷射干粉灭火剂来扑救可燃及易燃液体、气体及电气设备等火灾。如使用 ABC 干粉,也可扑救一般固体物质火灾。由于干粉消防车结构复杂、维修操作不便,配备使用数量越来越少。

（一）结构组成

我国干粉消防车主要采用国产汽车底盘改装,仍保持原车底盘性能。车上装备干粉罐、加压装置、整套干粉喷射装置及其他消防器材。现在的贮气瓶式干粉消防车是由贮气瓶贮存的压缩气体能量驱动喷射干粉的消防车。少数干粉消防车在装备一套干粉灭火系统的同时,还装配有消防水泵及其管路系统,使干粉消防车同时具有泵浦消防车的功能。

1. 结构

贮气瓶式干粉消防车主要由乘员室、车厢及干粉氮气系统等组成。部分干粉消防车还配备水罐和水泵系统。

干粉氮气系统是贮气瓶式干粉消防车的主体部分,它主要由动力氮气瓶组、干粉罐、干粉炮、干粉枪、输气系统、出粉管路、吹扫管路、放余气管路及各控制阀门和仪表等组成。

（1）动力氮气瓶组。动力氮气瓶组是输送干粉灭火剂的动力源,安装在车厢后部,用卡簧固定在车厢器材箱内,并设有减震、防松动橡胶垫。

(2) 干粉罐。干粉罐通过固定支撑结构安装在车厢中部,是贮存干粉灭火剂的容器。顶部设有安全阀接头、放余气接头和压力表接头。进气机构为单向阀结构,防止干粉倒流。

(3) 干粉炮。干粉炮主要由炮管、弯头内套管、定位机构及变量控制阀等组成。干粉炮是一种可变量炮,一般有 2~3 个不同的喷射强度,可视不同火情选择使用。

(4) 输气系统。输气系统的作用是将喷射干粉的压缩氮气按要求输送到干粉罐内,以推动干粉沿出粉管路、干粉炮(枪)喷洒到火场。输气系统分为高压输气系统和低压输气系统两部分。高压输气系统是指由氮气瓶到减压阀的高压入口之间的部分,它主要由集气管、截止阀、减压阀及管路组成,这部分管件均能承受 15 MPa 的压力。低压输气系统是指从减压阀出口处至干粉罐进气环管之间的部分,它主要由三通管、球阀、软管接管等组成。

(5) 减压阀。减压阀将氮气瓶内 13.7~14.7 MPa 的高压氮气减压到 1.4 MPa,供给干粉罐作为动力。当干粉罐内压力达到工作压力时,自动停止供气,当罐内压力低于工作压力时又自动补气,使之维持工作压力,它是输气系统中的重要零件。

(6) 出粉管路。干粉消防车出粉管路有三条:炮出粉管路、左干粉枪出粉管路和右干粉枪出粉管路。

(7) 吹扫管路。在干粉消防车喷射干粉完毕后,必须将枪、炮及管路中的余粉清除干净,否则会影响下次使用。为此,在干粉消防车上装了一套吹扫管路。吹扫管路由吹扫总管路、炮吹扫管路、左右枪吹扫管路、分配管及管路控制阀门等组成。

(8) 放余气管路。放余气管路的作用是当干粉停止喷射后,将罐内的余气放掉,以免发生危险。

此外,全部干粉氮气系统共设有四只压力表。其中一只用以观察气源压力,另外三只分别安装在干粉炮和车厢两侧的器材箱内,以显示干粉罐内压力。

2. 工作原理

干粉氮气系统流程:打开氮气瓶组,高压氮气经减压阀压力降至 1.4 MPa。打开进气球阀,这时便对干粉罐充气,当罐内压力达到 1.4 MPa 时,减压阀处于平衡状态。当打开干粉炮或干粉枪喷粉时,罐内压力降低,这时减压阀又自动开启,继续向干粉罐内补充氮气,如此反复进行。

工作时,消防员(或利用自控系统)把氮气瓶的阀门打开,高压氮气的压力经减压至 1.4 MPa,打开进气阀门对干粉罐充气。氮气通过管道从罐的底部进入干粉罐,强烈搅动干粉,使罐内的气、粉两相混合流处于"沸腾"状态。当罐内压力达到 1.4 MPa 时,打开出粉球阀或枪出粉球阀,干粉与气体的混合流便通过干粉炮或枪喷出。干粉气流在与火焰接触时,吸收燃烧反应链中的自由基团,中断连锁反应,从而使火焰熄灭。干粉罐内压力可通过炮操纵杆上的压力表或器材箱内的罐压力表读出。罐上设有安全阀,确保干粉罐的安全。

(二) 主要性能参数

除轻型干粉消防车没有配备干粉炮,中型、重型干粉消防车都装备干粉炮。目前,国产干粉消防车有十余种型号,部分干粉消防车的主要性能参数见表 8-2-6。

表 8-2-6 部分干粉消防车的主要性能参数

| 型号名称 | SXF 5100 TXFGF 20 P | SXF 5140 TXFGF 35 P | ZDX 5190 TXFGF 40 | CX 5130 GXFGF 40 |
|---|---|---|---|---|
| 外形尺寸 /(mm×mm×mm) | 7 200×2 400×3 320 | 8 300×2 500×3 300 | 9 500×2 500×3 500 | 7 190×2 480×3 200 |
| 底盘型号 | EQ 1092 F | EQ 1141 | STEYR 1291 | CA 1130 PK 2 L 2 |
| 发动机额定功率/kW | 99 | 132 | 191 | 117 |
| 最高车速/(km/h) | 90 | 90 | 95 | 97 |
| 满载总质量/kg | 9 200 | 14 100 | 18 525 | 13 000 |
| 干粉质量/kg | 2 000 | 1 750×2 | 4 000 | 3 600 |
| 氮气瓶数量/只 | 9 | 12 | 18 | 15 |
| 氮气瓶工作压力/MPa | 15 | 15 | 15 | 15 |
| 可乘员额/位 | 1+4 | 1+5 | 1+2 | 1+2 |
| 干粉炮射程/m | ≥35 | ≥35 | ≥35 | ≥40 |
| 干粉炮喷射率/(kg/s) | 30 | 30 | 35 | ≥40 |

（三）操作使用

1. 检查

（1）检查各吹扫球阀、放气球阀、进气球阀是否处在关闭位置。

（2）检查干粉炮上下左右转动是否灵活,挡位调节杆是否放在需要的位置上。

（3）检查出粉球阀是否处在关闭位置。

检查时,先打开气源截止阀,然后打开炮位操纵盒的前后罐出粉换向阀手柄,气缸即动作,使出粉球阀打开;当操纵盒上两指示灯亮时,表示球阀开启到最大位置。检查完后,将球阀关闭。

2. 装粉

（1）装粉前应检查干粉罐底部放余粉法兰螺栓是否松动,橡胶密封垫是否垫好,如有不当应重新安装,并均匀将螺栓拧紧。

（2）打开加粉口盖,检查罐内有无积水、杂物和潮湿结块的剩余干粉,若有应予排除。装粉时,不得将结块干粉或杂质装入罐内,以免堵塞管道造成事故。

（3）安装加粉口盖时,必须将罐口、口盖密封面及密封垫等擦干净,不得有干粉或杂物,以免影响密封而漏气。

3. 操作程序

（1）向罐内充气。向罐内充气有气动和手动等操作方法,应严格按照制造厂商的使用说明进行充气。这里介绍常用的手动方法。

① 打开所有氮气瓶瓶头阀。

② 调整减压阀,使其压力达到 1.4 MPa。在调整减压阀调节螺杆时,动作应缓慢,使压力均匀逐渐达到预定工作压力。

③ 按标牌所示位置打开干粉罐进气球阀,向罐内充气,当罐内压力达到 1～4 MPa 时,

减压阀处于平衡状态。

④ 干粉罐内的压力数值可由干粉罐压力表读出。

（2）干粉炮的操作使用方法如下：

① 使用干粉炮前，首先打开炮口闷盖，而后检查炮操纵盒上的各操纵手柄是否处于关闭位置。

② 调整操纵扶手位置。操作人员根据自己工作需要，可调整操纵扶手的高度。调整时，操作人员手握干粉炮操纵扶手，右手同时扳动右侧扶手下的拉销手柄，扶手便可随意转动，待转到合适位置后，松开拉销手柄，定位销自动复位，即到所需工作位置。

③ 打开炮定位销。操作时，将炮左侧操纵扶手上的定位销手柄向下按，同时向后拉至开的位置，松开定位销手柄，使其卡入开位置缺口中。干粉炮即可在垂直方向俯仰角±45°、水平方向±270°范围内运动。

④ 视火情确定干粉炮喷射强度。当需要喷射不同强度干粉时，可将强度调节手柄按箭头所指方向进行调节。

⑤ 当干粉喷完后，将罐出粉阀门关闭。如果连续使用，可再打开前罐干粉球阀，即可连续喷粉。灭火后，将前罐干粉阀门关闭。

（3）干粉枪的操作使用方法如下：

① 对出干粉枪的干粉罐充气。

② 打开车厢左侧后下器材箱门，取出喷枪，拉出胶管，对准火源，胶管另一端与后罐干粉快速接头连接，接通出粉管路。

③ 当干粉罐的表压达到工作压力时，打开枪出粉球阀，然后扣动扳机，干粉即从枪口高速喷出。

④ 工作完毕后，关闭后罐进气球阀、枪出粉球阀，待吹扫干净放回原处。

（4）吹扫。喷粉工作结束后，应对干粉炮或干粉枪进行吹扫，清除余粉。

① 打开吹扫总球阀，再打开炮吹扫球阀，对干粉炮进行吹扫；打开干粉枪吹扫球阀，即可对干粉枪及出粉胶管进行吹扫。

② 吹扫完后，关闭各吹扫球阀。将炮转到原固定位置，把胶管从快速接头上取下，缠到卷车上。

③ 将氮气瓶瓶头阀门关闭，再将气源截止阀关闭。

（5）放余气。干粉罐充气后，如果没有喷粉或罐内干粉只喷出一部分，应将罐内存气放掉。

先打开干粉罐放余气球阀进行放气，放完后关闭球阀。然后打开减压阀的泄放阀，将管路内余气放出，气放净后关闭泄放阀。

4. 使用注意事项

（1）干粉消防车所携带的干粉灭火剂应用于扑救其所适合的火灾类别。

（2）严禁将干粉消防车停在下风口进行逆风喷射。

（3）对于干粉系统的压力容器和压力管路不得随意敲打和改动，以防发生意外事故。

（4）使用干粉炮喷射干粉时，必须使干粉罐充气至额定压力后再行喷射，否则会因压力不足而影响射程和灭火效果。

（四）维护与保养

（1）该装置要有专人管理，阀门、操作手柄不得随意乱动，操作人员必须熟悉操作规程。对各部件要加强检查，按照说明书要求确保设备完好无损。

（2）按氮气瓶维护保养要求每一个月检查一次瓶内压力，氮气瓶压力低于 1.2 MPa（20 ℃）时，应重新充装。

（3）干粉灭火剂储罐应由具有压力容器制造许可证的企业生产，每三年进行一次水压强度试验，试验压力为 2.4 MPa，保压 10 min 无渗漏。

（4）罐体每三年至少进行一次全部检查，同时对罐底部进气单向阀进行检查，有堵塞、锈蚀现象应及时清理和更换。

（5）罐体上安全阀开启压力为 1.7～1.8 MPa，安全阀每年至少进行一次定期检查和校验。高压空气减压阀使用、维护、保养按《高压空气减压阀使用说明书》进行。

（6）所有阀门应经常启闭，以保持灵活可靠。

（7）喷枪卷盘应经常检查，保证转动灵活。

# 第三节　举高类消防车

举高类消防车是指装备有支承系统、回转盘、举高臂架和灭火装置，可进行登高灭火和救援的消防车。

## 一、举高类消防车概述

### （一）举高类消防车的分类和用途

1. 按举高类消防车用途分类

举高类消防车根据举高臂架系统和配备的消防装备的不同，以及在功能和用途上存在的差异，可分为登高平台消防车、云梯消防车和举高喷射消防车三种。

（1）登高平台消防车是指装备折叠式或折叠与伸缩组合式臂架、载人平台、转台及灭火装置的举高消防车。车上设有工作平台和消防水炮（水枪），供消防员进行登高扑救高层建筑等火灾、营救被困人员、抢救贵重物资以及完成其他救援任务。

（2）云梯消防车是指装备伸缩式云梯（可带有升降斗）、转台及灭火装置的举高消防车。其梯架结构为开口槽型桁架式，适用于在高层建筑火灾现场进行灭火和营救被困人员。

（3）举高喷射消防车是指装备折叠式或折叠与伸缩组合式臂架、转台及灭火装置的举高消防车。消防员可在地面遥控操作臂架顶端的灭火喷射装置在空中向施救目标进行喷射扑救，用于扑灭高层建筑火灾，特别是石油化工等行业的火灾。

2. 按臂架的结构型式分类

（1）曲臂举高类消防车。臂架由铰接的多节臂组成，车辆处于行驶状态时，臂架折叠；工作状态时，通过各自的变幅机构举升臂架。

（2）直臂举高类消防车。臂架由多节同步伸缩臂组成，工作状态时，由伸缩油缸及链绳机构驱动。

（3）组合臂举高类消防车。臂架由同步伸缩的多节臂和铰接臂组成。

（二）举高类消防车常用的术语和定义

1. 安全工作范围

安全工作范围是指举高车可安全工作的臂架（梯架）运动区域。

2. 最大工作高度

带工作斗的举高类消防车最大工作高度是指工作斗空载状态臂架（梯架）举升到最大高度，工作斗站立面到地面的垂直距离。

没有工作斗的举高类消防车最大工作高度是指臂架（梯架）举升到最大工作高度，臂架（梯架）顶端到地面的垂直距离。

3. 最大工作幅度

举高类消防车的最大工作幅度是指工作斗空载，向举高车侧面伸展臂架（梯架）至安全限位装置停止臂架（梯架）运动，工作斗远离臂架（梯架）的边缘至臂架（梯架）回转平台中心的水平投影距离。

没有工作斗的举高类消防车的最大工作幅度是指臂架（梯架）顶端至回转平台中心的水平投影距离。

4. 支腿横、纵向跨距

举高类消防车支腿跨距分为纵向跨距和横向跨距。将举高类消防车支腿向外伸展至最大，支承举高类消防车并调平，沿举高类消防车纵轴线方向两支腿接地面中心距为支腿纵向跨距，沿举高类消防车纵轴线垂直方向两支腿接地面中心距为支腿横向跨距。

5. 工作斗

工作斗是指由底板和围栏组成的钢结构件，安装在臂架（梯架）顶端用于承载人员或物品。

6. 滑车

滑车是指安装在云梯消防车梯架上的移动式升降平台，由绳索依次绕过若干滑轮组成，用于梯架顶端和地面之间的快速运输。

7. 应急操作装置

应急操作装置是指应急状态下用于控制支腿、臂架（梯架）和工作斗动作的装置。

**二、登高平台消防车**

登高平台消防车是指主要装备曲臂或直、曲臂和登高平台，可向高空输送消防员和灭火救援器材，救援被困者和喷射灭火剂的举高消防车。根据臂架结构不同，登高平台消防车可分为曲臂式和组合臂式两种。登高平台消防车是一种由液压驱动、360°回转、曲臂结构的消防车。20世纪90年代以来，采用组合臂（伸缩臂＋曲臂），设有消防救援附梯结构，集抢险救灾与灭火于一身的登高平台消防车越来越流行。在控制方面，还可将车辆常用的操作方式编制成程序输入控制计算机，可以对车辆进行一键式操作。

下面主要以组合臂结构的登高平台消防车为例进行介绍。

（一）结构

登高平台消防车主要由底盘、支腿系统、转台、回转支承、回转机构、臂架、载人平台、附梯、线缆及液压软管输送托链、幅度限制器、消防系统、液压系统、电气系统等组成，典型结构见图8-3-1，有些重型登高平台消防车还安装了水泵和水罐系统。登高平台消防车的底盘、支腿系统、转台、回转支承、回转机构和载人平台与云梯消防车相近，不再详述。

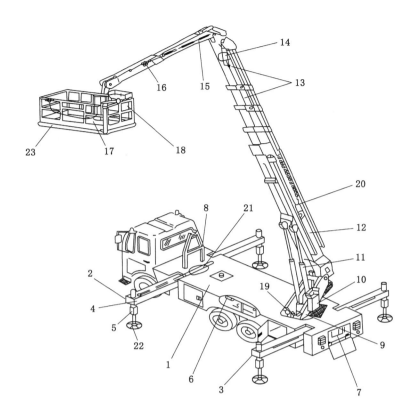

1—副车架；2—前支腿；3—后支腿；4—水平支腿；5—垂直支腿油缸；6—后轴锁；7—支腿控制盘；8—臂行车托架；
9—转台；10—转台控制台；11—变幅油缸；12—第一节臂；13—伸缩机构；14—曲臂油缸；15—曲臂；
16—平台调平油缸；17—工作平台；18—平台控制盘；19—回转机构；20—线缆托链；
21—水平支腿油缸；22—腿底脚板；23—折叠踏板。
图 8-3-1　登高平台消防车示意

1．臂架

臂架由伸缩臂机构及曲臂构成。

2．附梯

附梯是由钢型材焊接而成的营救梯,有多节伸缩梯和一节折叠梯,靠转台部位还设置了伸缩斜梯,沿着附梯可以使上、下形成一个完整通道。

3．线缆及液压软管输送托链

输送托链是使通向工作平台的供电线缆、控制线缆、液压控制和执行管线等液压软管随伸缩臂而升降的输送装置,主要由链盒、伸缩滑道、电缆及液压软管输送托链、盖板等组成,是上、下车控制的连接通道。

4．幅度限制器

幅度限制器由三角板、拉杆、限位开关盒及凸轮等部件组成,布置在伸缩臂下面,其作用是当臂架的工作幅度达到最大工作位置时能自动停止动作,对整车及臂架起安全保护的重要作用。

5. 液压系统

消防车液压系统的实现是由许多液压基本回路来共同完成的,主要由换向回路、卸荷回路、限压回路及平衡与锁紧回路组成。

6. 电气系统

目前举高类消防车普遍采用电液比例先导控制系统。近年来随着电子控制技术的发展,登高平台消防车控制安全系统普遍采用 PLC 控制和 CAN 总线数据传输技术,实现下车自动调平和上车自动控制。多媒体液晶仪表,能清楚显示臂架工作状态和诊断故障;人性化智能操控系统的应用,能实现自动监测限速、极限位置自动减速停止、过载保护等,使车辆的使用更方便、更简捷、更安全。

(1)登高平台消防车下车电路的基本组成

登高平台消防车下车电路包括电源电路、起动电路、熄火电路、切换电路、支腿闪光电路、警报器电路、器材箱灯电路、支腿缩回电路、左支腿指示电路、右支腿指示电路。

(2)登高平台消防车上车电路

登高平台消防车上车电路包括操纵选择开关、起动电路、熄火电路、急停电路、水炮控制电路、工作平台回转电路、照明电路、紧急操作电路、报警电路、手动调平电路、左(右)支腿指示和单面作业电路、工作平台防碰电路和防碰恢复电路(当防碰栏碰到障碍物或超声波传感器检测到障碍物时,防碰指示灯亮,同时切断放大板电源,上车动作停止。按下防碰恢复按钮可强制为放大板送电,恢复上车动作)、转台旁通电路、支腿旁通电路、工作平台自动调平电路、臂架的基本运行控制电路、有线对讲系统和臂架运行的保护电路等。

臂架运行的保护电路包括前方区域保护电路,伸缩限制电路,幅度限制电路,曲臂限制电路,伸缩臂下俯限制电路,伸缩臂、曲臂过仰保护电路,幅度显示电路。

(3)登高平台消防车的安全保护装置

登高平台消防车具有可靠、周密、完善的安全装置、操作标牌指示及各种照明装置。其安全保护装置具体如下:

① 支脚调平装置:支脚调平装置设置有计算机自动调平和手动调平两种装置。当整车在不平地面进行消防作业时,计算机自动调平装置应将车架自动调至水平,以确保整车作业的稳定性;当进行手动操作时,也可通过目测水平仪调整垂直支腿将车架平台调平。

② 倒车监控器:车尾部装摄像头,驾驶室内装显示器。

③ 上、下车互锁:下车支腿没有支好,"支腿指示灯"不亮,上车无法工作;伸缩臂不落在其行车托架上,下车支腿无法工作。

④ 单边作业保护:如果由于场地的限制只能将单侧水平支腿全部伸出时,则作业范围应限制在水平支腿全伸的那一侧。

⑤ 转台对中:如果伸缩臂没有处在其行车托架的正上方,"转台对中"指示灯不亮,则伸缩臂降到一定程度无法继续下落。

⑥ 工作平台对中:只有工作平台处在正中位置即"工作平台对中指示灯"亮,曲臂才能全部合上,伸缩臂才能落到其行车托架上,以防夜间操作压坏驾驶室。

⑦ 曲臂附梯状态监测:只有曲臂附梯扶手合上,曲臂才能收回到行驶状态,防止梯架被挤压。

⑧ 驾驶室区域保护:在车的正前方 50°扇形区域内,只有伸缩臂仰角超过 40°,曲臂才可

打开,上车才可以回转,以防曲臂和驾驶室相碰。

⑨ 极限位置限制:当伸缩臂俯 3°或仰 80°时能自动停止;伸缩臂在到达全伸或全缩时能自动停止;曲臂在到达 0°或 180°两个极限位置时亦能自动停止。

⑩ 臂架伸缩保护:只有曲臂和伸缩臂夹角超过 10°,伸缩臂才可伸缩。

⑪ 工作平台防碰保护:当工作平台碰到障碍物时,臂架的动作将会自动停止,按下复位开关后,可将工作平台向安全的方向运动。

⑫ 工作平台防倾保护:在任何情况下,只要工作平台和水平面之间的倾角超过 10°,当前动作会自动停止,并且发动机熄火。

⑬ 工作平台回转限制:当工作平台与曲臂间的夹角小于 65°时,工作平台的左右回转被禁止,如果工作平台不在中位,而工作平台与曲臂间的夹角又因某动作的继续小于 65°时,该动作将被自动停止。该功能的设定是为了防止工作平台与曲臂或折叠梯发生碰撞。

⑭ 伸缩链检测:只要有任何一套伸缩链松动或断裂,"伸缩链检测指示灯"就会亮。

⑮ 备用动力源:主发动机出现故障,可启动汽油机驱动的备用泵,以在底盘发动机不能工作时,为整车提供液压动力。

⑯ 紧急降落装置:当主发动机出现故障,汽油机也来不及启动时,可以通过开关使伸缩臂利用自动缩回并下落。

⑰ 幅度限制器:整车装有电子式和机械式两种幅度限制器,保证工作平台的最大工作幅度(半径)不超限,到达极限位置时,正在进行的动作会自动停止。

⑱ 多媒体显示器:随时显示伸缩臂的伸出长度、伸缩臂的仰角、工作平台的工作高度、工作平台的工作幅度,当接近最大值时报警。

⑲ 空气呼吸系统:高压供气软管由下车甲板通至工作平台的供气接口,可由下面大型气瓶向上供气。

⑳ 救生系统:工作平台设置缓降器支架和救生通道支架可使人员从工作平台上通过缓降器或救生通道自行降落到达地面。

8. 消防系统

消防系统由下车消防系统及上车消防系统两部分组成。下车消防系统由水泵系统及下车管路组成,水泵系统布置在车辆中部泵室内,由泵室内操作仪表板控制,用以由水源吸水和输出压力水流,供消防灭火用;下车管路分别布置在泵室内、罐体下方、副车架内及车架后部等,一般两侧各有两个出水口和一个进水口。上车消防系统由上车管路及电动消防炮组成,上车管路布置在伸缩臂及曲臂的右侧,伸缩臂上的水管也为套筒伸缩式,各管末端有水封;固定水管与软管延伸至工作平台与电动消防炮相连,电动消防炮由转台控制台或工作斗控制盘上的控制开关进行控制。供水管路在工作平台还接有管线通向自保喷头和带球阀的水带接口,可向楼内延伸供水。上车管路装有安全泄压阀和放余水阀,水泵和下车管路最低处也装有放余水阀。

9. 其他

对有三节臂的曲臂臂架,为了避免造成臂架折断,举高消防车控制系统限制中臂角度。当下臂变幅角度<45°时,限制中臂与水平夹角不得大于 45°;当下臂变幅角度>45°时,限制中臂与水平夹角不得大于 70°。

（二）操作方法

登高平台消防车支腿和臂架部分的操作可参考云梯消防车的相关内容。有些登高平台消防车装备了大流量水泵、水罐和电动空气泡沫-水两用炮,既可由其他水罐车向其提供高压水举高灭火,又可由消防栓供水通过自身水泵加压举高灭火或为地面消防炮/消防枪提供高压水灭火。水或泡沫系统的操作方法与水罐消防车和泡沫消防车相同。

（三）维修与保养

（1）检查车辆的燃油油量。

（2）检查液压油油量,当整车处于行驶状态时,液压油油位应处于液位计的 100～110 之间。

（3）检查是否有漏油的可能性,特别是液压泵、阀、油缸等地方,应认真仔细检查。

（4）检查所有控制板上的停止和起动按钮的功能。

（5）检查紧急下降装置的功能。

（6）检查应急停止按钮的功能,特别要对上车按钮的锁定性能进行认真的检查。

（7）检查整个系统是否符合生产厂家的要求。

**三、云梯消防车**

云梯消防车（图 8-3-2）设有伸缩式云梯及液压登高平台工作斗,可供消防人员进行登高扑救高层建筑、高大设施、油罐等火灾,营救被困人员,抢救贵重物资以及完成其他救援任务。

图 8-3-2　云梯消防车

云梯消防车的生产发展趋向多功能化。日本森田泵株式会社,是世界老牌云梯消防车制造厂之一。50 m 级的云梯车,在现场 55 s 之内可完成升梯准备,95 s 即可升梯至工作高度。根据需要,可以安装工作斗（吊篮）,选用升降机（滑车）,操作简便,构造合理。强调多功能化是一个国际上消防云梯制造厂家共同关注的趋向。具有 130 多年消防车生产历史的德国马基路斯公司是欧洲最大的云梯消防车制造厂家。其"系列智能型云梯车",产品系列有 6 种型号,6 种不同的最大工作高度,分别是 19 m、26 m、32 m、39 m、44 m 和 53 m。

安全化是云梯消防车生产发展的一个大趋势。法国贝麦斯公司是欧洲最古老的消防厂家之一,其主要有 30 m 和 32 m 两个型号。这两个型号的云梯消防车的底盘都较为稳定,梯子上有超载报警装置,如果在使用过程中超过额定的负荷,消防车便自动停止运转,以保证安全。

本节以 30 m 云梯消防车(图 8-3-3)为例进行介绍。

1—载人工作平台;2—梯架总成;3—回转机构及变幅机构;4—后支腿;5—前支腿。

图 8-3-3　30 m 云梯消防车

**(一)结构**

云梯消防车采用全回转、直伸梯结构。各机构均采用电器控制、液压驱动。驱动系统采用了电液比例阀,设置有转台与载人工作平台的电控、液控两套操作方式,并通过液压转换阀,使云梯消防车可达到上、下车油路互锁,实现顺序控制。云梯工作时,在电脑显示屏上可直接显示云梯的变幅角度以及伸梯长度。梯架顶端的载人平台可自动调平且始终与地面保持水平状态。平台上设有通信和水炮灭火系统,使云梯消防车在抢险、救援作业中安全、平稳可靠地工作。

云梯消防车由汽车底盘、支腿机构(包括四个水平油缸和四个垂直油缸)、下车水路系统(包括水泵、水罐、泡沫罐)、围板、回转机构、转台、变幅机构、梯架总成、伸缩机构、载人平台(工作斗)、平台调平机构、安全限位机构、液压系统、电气控制系统和配套消防器材组成。

1. 支腿机构

常见的有"H"形和"X"形支腿。"X"支腿在国内不常使用,这里仅介绍"H"形支腿(图8-3-4)。这种结构的支腿主要由安装在副梁架前端和后端的水平套筒和四组油缸组成,每组包括一个水平油缸和一个垂直油缸,正面看去呈"H"形。水平油缸带动水平内套筒伸出时,横向两个支腿间的距离称为支腿横向间距,支腿横向间距越大,支撑面积就越大,车的稳定性就越好。每个支腿可同时升、降,也可单独升、降,以适应路面的高低不平,而且每个支腿有底脚板与垂直油缸活塞杆端以球头节铰接,可随地面起伏自行调节。

2. 回转机构

回转机构(图 8-3-5)主油泵产生的压力油驱动液压马达转动,通过安装在转台上的回转机构带动主动小齿轮转动,并与固定在副大梁上的轴承大内齿圈啮合,驱动了转台左右转动。

3. 梯架机构

梯架机构由四节梯子依次套在一起,第一节梯通过螺栓固定在托架上;第二节梯通过钢丝绳由油缸活塞杆滑轮推出;第三节梯通过钢丝绳和滑轮由二节梯拉出;第四节梯通过钢丝绳和滑轮由三节梯拉出。而各节梯的收回与伸梯原理相同,也是通过钢丝绳和滑轮来完

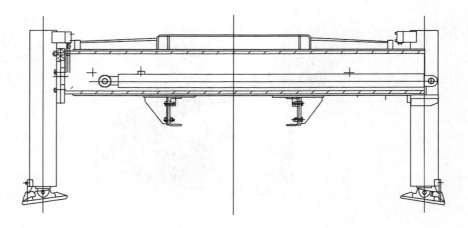

图 8-3-4　支腿机构示意

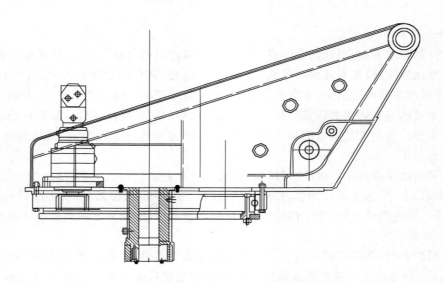

图 8-3-5　回转机构示意

成的。

4. 变幅机构

变幅机构主要由安装在转台上面的支架、梯组托架和两个变幅油缸等组成。靠变幅油缸的伸缩使托架可绕支架的通轴在－12°～75°之间任意俯仰，从而达到使梯架可在－12°～75°之间变幅运动。

5. 载人平台

载人平台（工作斗）设置在梯架的顶端，云梯消防车进入现场操作时，载人平台由调平油缸自动调平，始终与地平面保持水平。

平台内的额定载荷为 180～400 kg，并设有遥控水炮或手动水炮，可实现不同角度与方位的空中射水，扑救高大建筑物火灾。在供水管路上装有带球阀的水带接口，可将水带延伸至楼内灭火。工作平台下部还安装有自保喷头，以防护辐射热。

6. 液压系统

云梯消防车的液压系统过去多采用纯液压控制,随着技术的进步,目前一般采用电液比例阀、电气控制系统。

(1)上、下车液压驱动系统配备了由电控制的转换阀,在操作下车支腿运动时,上车液压系统油路中断。在操作上车各机构运动时,下车液压系统油路中断,实现了上下车液压系统及运动的互锁功能,达到了顺序操作,以确保云梯消防车的使用安全。即支腿展开前,梯架不能动作,梯架收回前支腿不能收回。

(2)四个支腿垂直油缸各配备安装了双向液压锁,当支腿油缸停止工作时,即可封闭油缸上、下二腔,从而使云梯车在作业和行驶工况下均不会产生"软腿"现象。

(3)上车液压系统的操作一般选用电液比例阀,由电流控制器控制操作,并能实现无级变速的调整,使机构运动更加平稳、可靠。限位过去多采用接触式限位开关,这种开关可靠性差,臂架停止突然,冲击大,目前多采用无触点接近开关限位,有效地保证了云梯消防车在变幅、回转、伸缩各机构运动极限位置前的减速至极限位置的停止功能,使云梯的应用更安全、可靠。

(4)在变幅油缸、平台油缸和伸缩油缸底部均安装了液控单向阀,在梯架变幅、平台调平和伸缩运动停止时,将自动闭锁油缸回油油路,从而在工作时,甚至连接的液压管路突然断裂时,均不会产生梯自下滑和回落事故。

(5)变幅动作、伸缩动作液压系统中均配备了液控平衡阀(限速锁),可控制变幅油缸和伸缩油缸的下滑和收梯速度,以及有效地保持其在任何一个工作位置的停止,确保了使用安全。

(6)回转减速机中附设制动装置,回转油路中又安装了双向缓冲阀、棱阀,从而使梯架-转台在回转运动中减少惯性冲击,以及转动停止后制动锁紧的功能,确保了云梯操作中的稳定性。

(7)上车液压系统安装的电液比例阀设有两套操作装置。正常操作使用电控手柄,可确保云梯消防车操作中的安全可靠性。当电控系统失灵时,可直接采用液压手柄操作。此操作必须打开截止阀,才能保证云梯消防车的正常使用。但此时电控安全限位装置不起作用,这种操作非常危险,应由经验丰富的人员操作。

(8)备有应急系统装置。当云梯消防车动力系统和主油泵发生故障,又不能在短时间内修复时,可借助此装置将展开的梯架、平台、支腿收到行车位置,撤离现场。

(二)操作方法

1. 使用前的准备

云梯消防车消防实战或演练时,操作者应采取下列措施以确保其随时投入使用:检查燃料的储备、轮胎压力、蓄电池的电是否充足;在行驶起动前,还须检查各支腿及臂架是否全部收回锁定或卡牢,检查取力器是否脱离。

2. 作业现场

云梯消防车到达火场后,应停放在具备以下要求的适当地方作业。

上方没有障碍物妨碍梯架的升、降或回转。安全作业范围内不得有动力线。地面坚硬、平坦,足以支撑支腿的压力。支腿下面及周围应躲开暗沟、井盖和不坚固的地下建筑物。环境温度—25~40 ℃,风速不大于6级。

**3. 启动液压泵**

在完成上述程序停放到适当场地后,踏下离合器,按标牌要求接合取力器,使液压系统主油泵运转,向系统供油。操作时应控制油门,使主油泵保持在额定转速内工作。

注意运转音响是否正常。如果发现不正常现象,立即关闭,排除故障后再进行运转。

**4. 操作水平支腿**

操作者在下车操作台打开电源开关,此时指示灯亮,电路畅通。操作下车时,首先扭开下车转换开关,此时下车转换灯亮,说明下车油路已畅通。按操作台标牌指示把操作手柄同时搬至"水平"位置,再搬动主换向阀手柄向下或向上驱动四个水平油缸做伸缩运动,即可带动水平支腿伸出或收回,待水平支腿全部伸出后,可将换向阀手柄放回中间位置。

**5. 伸缩垂直支腿调平车身**

采用四个垂直支腿同时动作调平车身时,首先需按操作台标牌指示把操作手柄同时搬至"垂直"位置,再搬动主换向阀手柄向下或向上,驱动四个垂直支腿油缸做伸出或收回运动。如果遇到地面高、低不平,需单独调整某一个支腿时,可将该支腿的操作手柄搬至"垂直"位置后,再搬动主换向阀手柄向上或向下即可,直到调平车身。

调整支腿调平车身时,当所有轮胎脱离地面后,必须随时观察安装在操作台上的水平仪,如果纵向和横向水银柱均在中间位置,说明车身已经调平,但也要观察车身平台是否调平。

在云梯消防车操作或作业中,若其任一个支腿出现回缩(软腿)现象则报警,此时支腿灯闪烁且电喇叭鸣响,操作人员应及时调整支腿,避免事故发生。

当云梯消防车上车作业操作完毕需要收回支腿时,要按上述方法先收回垂直支腿再收回水平支腿,注意切不可先收水平支腿。目前,新型云梯消防车可以一键支好、自动调平,也可一键自动收回。

**6. 梯架变幅**

操作者进入上车操作台,首先扭开转换开关,接通电源,红灯亮,说明上车电路、油路已经畅通,并通过转台/平台切换开关选择转台操作,或是工作平台操作,然后开始操作。当达到所需要的工作角度停止时,安装在变幅油缸和平台油缸底部的液控单向阀随即关闭油路,从而确保了云梯变幅和平台作业的安全可靠。注意扳动变幅电控手柄操作时,必须缓慢平顺地增减速度,不允许突然起动或突然停止。

**7. 回转动作**

如果将上车操作台左侧电控手柄按下主控开关向左或向右扳动,转台即可向左或向右做回转运动。注意扳动回转电控手柄操作时,必须缓慢平顺地增减速度,不允许突然起动或突然停止。

**8. 梯组的伸缩运动**

如果将上车操作台左侧电控手柄按下主控开关向前或向后扳动,梯组通过钢丝绳由伸梯油缸活塞杆滑轮系推拉做伸出或缩回运动。

当梯架伸展到极限前 1 m 时,减速限位开关控制电液比例阀减速至极限位置时停止。在伸梯到达极限位置前,作业幅度自动限制系统自动减速,到达极限位置自动停止,以保障车梯工作处于安全状态。注意扳动回转电控手柄操作时,必须缓慢平顺地增减速度,不允许突然起动或突然停止。

9. 液控应急操作的使用

当云梯消防车电气系统发生故障失灵时,上车可采用液控手柄操作。操作时必须将操作台下的截止阀打开,接通油路,可扳动四联液控手柄操作云梯的变幅运动、回转运动、梯组伸缩运动。必须注意,在使用液控手柄操作时,作业幅度自动限制系统不能工作。因此,使用液控手柄操作时,一定要随时观察仪表上的指针,任何情况下不允许超出工作曲线。扳动液控手柄操作时,必须缓慢进行,不允许突然起动和突然停止。

10. 平台(工作斗)操作

进入平台内进行高空作业的人员为更有效地投入实战抢险救援工作,可在平台内的操作台上遥控操作梯架的伸缩、变幅、回转等机构的运动。此时,应将切换开关调至"平台"位置,按下电源开关,即可同在转台一样操作云梯消防车。

11. 动力单元应急操作的使用

当云梯消防车动力系统或液压系统主油泵发生故障而在短时间内不能修复时,可借助本操作将展开的梯架及支腿收回到行车位置,以便将云梯消防车及时撤离现场。其使用方法分述如下:

操作者按动动力单元开关,起动应急马达并驱动应急液压泵转动,向云梯消防车液压系统供油。操作时先操作上车,后操作下车。即关闭下车截止阀,同时打开上车截止阀,使上车液压系统畅通供油,就可以进行操作。

(1)收回梯组和平台:将上车操作台上的梯组液控手柄按标牌指示扳至收回位置,即可将伸出的梯组和平台收回。

(2)梯架回转到位:将上车操作台上的梯架回转液控手柄,按标牌指示扳至所需左转或右转位置,即可将梯架回转到原行车位置。

(3)变幅复位:将上车操作台上的梯架变幅液控手柄,按标牌指示扳至下俯位置,即可将梯架和平台收回到行车托架的原位上。当上车梯架和平台收回到行车位置后,应转入下车操作时,要先关闭上车系统截止阀,同时打开下车系统截止阀,使下车液压系统畅通供油,即可操作。应急变幅复位时,工作斗可能无法自动调平,此时应使用工作斗手动应急调平。

(4)收回垂直支腿:将下车操作台上的多路换向阀手柄按标牌指示同时扳至"垂直"位置,再扳动主换向阀手柄向上,即可将四个垂直支腿同时收回到原位。

(5)收回水平支腿:将下车操作台上的多路换向阀手柄按标牌指示同时扳至"水平"的位置,再扳动主换向阀手柄向上,即可将四个水平支腿同时收回到原位。

12. 注意事项

(1)由专职人员操作,操作人员必须熟练掌握使用方法、云梯性能和安全注意事项。

(2)云梯消防车投入实战使用时,必须将四个垂直支腿全部支实于地面。准备工作完成后,可将安装在四个支腿顶端的指示灯开关打开,使信号灯处于开启状态。若由于外部条件限制,仅能伸展单侧支腿时,臂架的工作范围只能在伸展支腿的一侧。

(3)梯架位于驾驶室上方,上车时应该先进行变幅运动然后进行回转运动。只有当梯子的扬起角度大于 15°以上时才可以进行回转和伸梯的动作。

(4)梯架运动至伸展极限、变幅角度极限时可自动停止,可由安装在操作台前方梯架上的红色灯光显示,操作云梯消防车时应予以注意。云梯消防车应在安全工作范围内工作。

(5)需要水平或负角度使用云梯消防车时,云梯伸出水平投影距离一般不允许超过 18

m,载荷一般不允许超过 360 kg。当梯架全伸出后,变幅小于 70°时不能回转。操作时更要注意这一点。

(6)当平台上正在实施登高作业时,操作员必须坚守在主操作台上,并注意观察和监护,保持上、下联系,不允许随意操作云梯,以防发生意外。

(7)消防人员在梯子顶端平台内射水灭火时,应事先系好安全带,射水时水炮可根据需要上、下或左、右偏转,对准火源有效扑救火灾。但必须注意云梯回转时不得同时射水,以确保梯子的稳定性和安全性。

(8)云梯顶端平台内的水炮不能突然开始或突然停止喷水。供水车的泵浦压力不得大于 1.3 MPa,当需要供水加压或减压时,应缓慢进行。

(9)瞬时风速超过 5 级时,云梯消防车可以投入实战使用,但应把两根安全绳挂在梯架顶端平台两侧,绳索另一端由地面人员分两侧牵引,以保持平台的平衡与稳定。当瞬时风速超过 6 级时,应停止使用云梯车。必须记住 20 m 以上高度的风速明显高于地面。

(10)当平台登高作业完毕,由一定变幅角度落回时,要注意先将梯子全部收好,待其旋转至回转标记后,再把梯平台准确地降落在行车托架之中。

(11)云梯消防车在实战登高作业状态时,梯架尾部不准站人。地面指挥人员应随时注意火场周围的架线、建筑、地面、行人等情况,以免发生其他意外事故。

(三)维护与保养

正确地操作和维护、保养云梯消防车是确保该车随时处于备战状态并延长其使用寿命的重要因素。云梯消防车的维护和保养内容要求如下。

(1)云梯消防车的保管:应停放在清洁、干燥、环境温度为 10~20 ℃的车库内,并保持非工作状态。

(2)云梯消防车底盘和驾驶室的维护保养应参照底盘厂商提供的驾驶员操作保养手册的规定和要求进行。

(3)发动机保养间隔时间,推荐按云梯消防车工作 1 h 约对应 60 km 的行驶里程掌握。

(4)日常应随时检查云梯消防车各总成机构的连接件、紧固件是否保持完整、紧固、锁紧有效,应防止松动、脱落和丢失,确保云梯消防车各机构能可靠与安全地投入登高作业。

(5)应经常检查是否需添加燃油、润滑油,加注润滑脂。添加制动液、液压油,保持云梯消防车的正常工作。

(6)操作员要经常检查牵引梯组升降运动的钢丝绳有无伸长放松现象,对于出现延伸现象的钢丝绳要通过拉紧螺栓及时调整。并应随时检查钢丝绳有无断丝、离股、脱节、变形及腐蚀等情况,如果发现上述问题之一,钢丝绳必须更换。同时钢丝绳要定期清洁,用指定润滑剂润滑,确保云梯消防车使用中的安全运行。

(7)对于云梯消防车各机构运动的接触部件,每月或者实战使用后,都应注油,保持润滑,使其动作灵活、自如、可靠。云梯消防车各机构润滑点如下:

① 梯架:相互运动的导轨和导轨滑块、托轮、侧滑轮、伸梯轮、收梯轮、调节杆(架)以及平台(工作斗)摆动的轴和轴架、仪表机构传动的链条、转轴、导线轮和轴、锁梯轴和轴架等。

② 变幅机构相互运动的支架,与托架连接的轴和轴架,与变幅油缸连接的轴、架套和吊耳等。

③ 回转机构的回转支承、内齿圈以及减速机等。

④ 支腿机构内外套筒,水平油缸固定轴销,支腿球面摆动底脚板,以及手压泵压杆轴与轴架等。

(8) 液压系统的维护和保养:云梯消防车的液压驱动系统是以油液作为传递能量的工作介质的,因此必须要经常保持系统液压油的清洁。液压系统用的工作油必须经过严格的过滤,滤油器每季度要检查、清洗一次。根据工作情况,隔半年至一年更换液压油一次为宜。云梯消防车作业中,要随时检查并发现液压驱动系统或液压件是否存在性能失常、失控现象。分析云梯消防车的常见故障,做好维修工作,对云梯消防车是极为重要的。在云梯消防车液压系统维护和保养过程中,必须防止空气或杂物进入液压系统中,因为溶解在油液中的空气会使液压系统和执行机构的动作产生爬行、噪声现象,甚至引起振动。混入系统或元件中的杂物,将造成液压系统和执行机构失灵、失控以至不能正常使用。

(9) 正常条件下云梯消防车每隔三个月应通过使用对整车各机构进行一次实战演练性全面检查,做到战时有备无患,随时出动。

(10) 对于使用过后的云梯消防车,应小心加以清洗、擦拭、注油润滑,并认真检查、维护和保养。

（四）故障排除

云梯消防车液压系统常见故障、原因及排除方法见表 8-3-1。

表 8-3-1　云梯消防车液压系统常见故障、原因及排除方法

| 故障 | 原　　因 | 排除方法 |
|---|---|---|
| 发出噪声 | 吸油管吸入空气,滤油器堵塞;油的黏度太高,油太冷,泵转速过高;泵轴和分动箱轴不同心;阻尼阀堵塞 | 紧固接头,清洗滤油器;更换液压油,加热油液,降低转速;重新安装油泵;清洗阻尼阀或更换 |
| 泵排不出油 | 油面过低,滤油器堵塞,油的黏度过高;泵转向不对或转速过低,油泵不转动 | 加油;清洗滤油清器,更换液压油,改正泵的转向;检修传动系统和油泵本身 |
| 压力不足或系统无动作 | 油泵排不出油,系统泄漏严重,油泵损坏,溢流阀工作不正常,转速过低;多路换向阀滑阀不动作;电磁阀不换向,不复位;油缸密封件损坏 | 拆泵检查维修;对系统检查修理;清洗、更换或修理,加大油门;修复或更换换向阀;更换电磁铁,采用手动推杆;更换弹簧或推杆;更换密封件 |

**四、举高喷射消防车**

举高喷射消防车与登高平台消防车相比,在臂架顶端没有工作平台不能载人,但装有大流量的泡沫炮、水炮,射程远,故可以在距火源较远的地方,居高占领有利位置作业。它适用于扑救危险性较大的大型石油化工、油罐仓库及高大建筑的火灾。近年来举高喷射消防车向多功能化发展,臂架顶部安装有穿刺式喷头。

（一）结构

举高喷射消防车(图 8-3-6)由底盘、支腿系统、臂架系统、回转机构、水路系统、液压系统和电气系统等组成。

举高喷射消防车和本章登高平台消防车的结构在底盘、支腿系统、回转机构、电气系统等方面基本相同,对两种车相同的部件这里不再重复,对有区别和该车所特有的部件介绍

1—下臂;2—中臂;3—上臂;4—回转机构及变幅机构;5—后支腿;6—前支腿。
图 8-3-6　多节臂大跨度举高喷射消防车

如下。

1. 臂架结构

其中一种举高喷射消防车工作臂架是由下臂、中臂、上臂组合而成的,由液压油缸驱动展开,其形式为曲臂(图 8-3-7)。

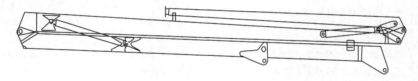

图 8-3-7　曲臂式臂架结构

该臂架结构的特点是臂架的伸展较为灵活,特别是在高层建筑周围有障碍物的情况下,它的跨越性比较好。但是,该臂架结构必须限制中臂与水平线的夹角,即在任何工作状态下,中臂与水平线的夹角都不得超过 70°。如果夹角超过 70°,将会发生折臂事故。

2. 水路系统

举高喷射消防车的水路系统由水泵、水罐、泡沫罐、泡沫比例混合系统、管路、接口、消防炮等组成。

其工作原理是由汽车发动机提供动力,通过全功率取力器带动水泵,输出高压水流,经过水路和水炮形成高压水柱,实现凌空喷射作业。

3. 液压系统

该车液压系统由两套主要回路组成,一套是控制下车支腿动作的回路,另一套是控制上车转台回转和臂架升降动作的回路。

其工作原理是由汽车发动机提供动力,通过功率输出装置带动液压油泵输出高压油,由系统中各控制元件和执行元件完成支腿动作以及臂架开合回转动作。

系统的额定工作压力设定,分别由装在上、下车操纵阀内自带的溢流阀调定。当系统压力超过给定值时,溢流阀被打开,压力油通过溢流阀回到油箱,保证系统正常工作。

（二）操作方法

使用前的准备、作业现场的要求、下车的操作及调平与云梯消防车相近,此处不再赘述。

1. 上车操作方法

打开电源开关蜂鸣器响 5 s,蜂鸣器停止,系统灯亮,这时系统已准备就绪。踩下脚踏开关接通上车液压油路,并加大油门。

按住大臂手柄上的主开关,扳动手柄,按照标牌上指示操作大臂起、落和小臂起、落。

按住中臂手柄上的主开关,扳动手柄,按照标牌上指示操作中臂起、落和臂架左转、右转。

如发出意外情况需要急停时,可立即松开脚踏开关。

（1）自动对中的操作

当要把臂架降到行车托架上时,可以自动对中后再进行。

① 使臂架处于驾驶室方向左右 70°范围内。

② 按一下对中按钮,这时对中指示灯开始闪烁。

③ 自动对中完成后,对中指示灯常亮,自动程序自动停止。

④ 在对中过程中,再按一下对中按钮,即可终止对中。

（2）慢速操作

当臂靠近障碍物时,为了避免碰撞,可选择慢速操作。

① 按一下慢速按钮,这时慢速指示灯亮。

② 扳动电控手柄完成所需动作。

③ 再按一下慢速按钮,回到正常速度。

（3）强制操作

对各种可能发生危险和碰撞的情况,都应设有安全限制程序。如需特殊操作时,可使用强制方式。注意:此时应由经验丰富的人员小心缓慢操作。

① 按一下强制按钮,这时强制指示灯亮,并且蜂鸣器发出报警。

② 扳动电控手柄完成所需动作。

③ 再按一下强制按钮,回到正常状态。

（4）安全控制解除的操作

当主安全控制系统失灵时,第二道安全装置启动,此时,上车全部动作无法进行。只有使用解除开关使臂架恢复安全状态。

① 安全装置启动后,切断上车油路和底盘发动机油门,指示灯亮。

② 按住上车操作面板的解除开关,同时扳动手柄进行大臂起或大臂落,当解除开关上的指示灯熄灭即可。

③ 一切操作应小心缓慢,臂架的操作必须向收回和安全的方向进行。使用后立即与生产厂家联系。注意:新手不要进行这种操作。

（5）中断控制

为了避免臂架碰撞到车体,应设有中断控制。

① 当臂架面向驾驶室方向,防止大臂碰到水罐与驾驶室。

② 当臂架背向驾驶室方向,防止中臂碰到水罐与驾驶室。

③ 防止水炮炮头碰到地面。

（6）自动减速功能

臂架各个动作到达极限位置之前,应设有自动减速功能,确保各动作平稳地到达极限位置。

（7）故障处理

有些举高喷射消防车设有自动故障诊断功能。当状态灯连续闪烁,说明系统出现错误,操作者应该视为安全控制系统失灵处理。一切操作应小心缓慢进行。举高喷射消防车系统灯状态信息见表 8-3-2。

表 8-3-2　举高喷射消防车系统灯状态信息

| 系统灯 | 状态 | 校正灯 | 对中灯 | 慢速灯 | 强制灯 | 归位灯 | 软腿灯 | 故障原因 |
|---|---|---|---|---|---|---|---|---|
| 正常 | 正常 | | | | | | | |
| 闪烁 | 错误 | 0 | 0 | 0 | 0 | 0 | 1 | 大臂起阀短路 |
| 闪烁 | 错误 | 0 | 0 | 0 | 0 | 1 | 0 | 大臂落阀短路 |
| 闪烁 | 错误 | 0 | 0 | 0 | 0 | 1 | 1 | 小臂起阀短路 |
| 闪烁 | 错误 | 0 | 0 | 0 | 1 | 0 | 0 | 小臂落阀短路 |
| 闪烁 | 错误 | 0 | 1 | 0 | 0 | 0 | 1 | 左转阀开路 |
| 闪烁 | 错误 | 0 | 1 | 0 | 0 | 1 | 0 | 右转阀开路 |
| 闪烁 | 错误 | 0 | 1 | 0 | 0 | 1 | 1 | 中臂起阀开路 |
| 闪烁 | 错误 | 0 | 1 | 0 | 1 | 0 | 0 | 中臂落阀开路 |
| 闪烁 | 错误 | 1 | 0 | 0 | 0 | 0 | 1 | 左转阀短路 |
| 闪烁 | 错误 | 1 | 0 | 0 | 0 | 1 | 0 | 右转阀短路 |
| 闪烁 | 错误 | 1 | 0 | 0 | 0 | 1 | 1 | 中臂起阀短路 |
| 闪烁 | 错误 | 1 | 0 | 0 | 1 | 0 | 0 | 中臂落阀短路 |
| 闪烁 | 错误 | 1 | 1 | 0 | 0 | 0 | 1 | 大臂起阀开路 |
| 闪烁 | 错误 | 1 | 1 | 0 | 0 | 1 | 0 | 中臂起阀开路 |
| 闪烁 | 错误 | 1 | 1 | 0 | 0 | 1 | 1 | 小臂起阀开路 |

注:表中 1 表示对应列所在灯光闪烁,0 表示不闪烁。

如出现以下情况应立即与厂家联系。

① 状态灯闪烁:线路故障。

② 校正灯常亮:角度传感器偏差过大。

③ 归位灯常亮:安全控制系统失灵。

2. 电控水炮的操作

水泵准备好后,调整水炮方向进行灭火作业。

（1）按下水炮开关,接通电源。

（2）扳动操作板上的水炮手柄，完成上摆、下摆、左转、右转。

（3）按动操作板上的开花按钮和直流按钮，控制炮嘴的直射和散射。还可以通过遥控盒进行远距离遥控操作，操作方法与上述相同。

3. 破坏箭（冲击式破拆装置）的操作

当遇到玻璃幕墙、门窗等阻碍水流进入火点时，可使用破坏箭击碎障碍物。打开位于控制台的应急泵开关，再扳动换向手柄，转向"破坏箭"。破坏箭控制盒如图 8-3-8 所示。

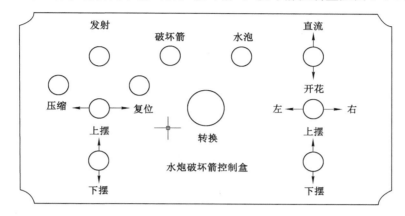

图 8-3-8　水炮破坏箭控制盒

（1）连接好遥控操作盒。

（2）按下"水炮开关"接通电源。

（3）将切换开关转至"破坏箭"。

（4）扳动开关至"复位"，直到复位指示灯亮。

（5）扳动开关至"压缩"，直到压缩指示灯亮。

（6）扳动"上摆"和"下摆"开关，调整好打击方向。

（7）按动"发射"按钮即可。

4. 消防灭火操作

举高喷射消防车的供水系统可分为三种方式：一种为外部消防车供水、供液，一种为自带水泵、水罐和泡沫液罐供水和供泡沫，一种为自带水泵和泡沫液罐从外部吸水。

（1）喷射泡沫的操作

操作者在水泵操作控制板上，打开电源开关、气源开关，并同时打开水罐出水和水炮射水开关、水位指示开关、泡沫指示开关、泡沫液阀门和进水阀以及泡沫混合器，根据扑救火灾实况的需要选择适当混合比例浓度。

举高喷射消防车臂架展开后发动机运转时，应摘掉油泵取力器，并接通水泵取力器，操作油门向左旋逐渐加速至压力表显示 1.0 MPa 时，泡沫炮即高空喷射。随时观察泡沫指示和水位指示，1/5 高度指示明亮时，说明水或泡沫液将用完，油门应逐渐右旋至原位，然后可停掉水泵。

（2）水枪或空气泡沫枪的操作

举高喷射消防车进入火灾现场，根据消防实战的需要，用两侧出水口接水枪或泡沫枪，配合扑救地面中小型火灾时,应注意调整水的流量,其工作压力不应超过 0.7 MPa。

5.消防作业结束后的操作

在完成消防实战或演练作业后,须将水泵放水阀及各水路系统中的开关打开,放净余水,并通入清水对水路系统、水泵进行清洗,然后收回展开的工作臂架和支腿。注意收回臂架时,水炮放水阀、车底部放余水阀和水泵进水口应当打开。确认余水放干,臂架、支腿收回到位,取力器摘挡,器材收好,卷帘门关严后,恢复到行驶状态。

(三)维护与保养

举高喷射消防车和登高平台消防车在工作原理、结构设计上基本相同,所以两车的维护与保养也基本一致。可参考本章登高平台消防车的相关内容。

(四)故障排除

举高喷射消防车的故障排除与登高平台消防车也基本一致,可参考本章登高平台消防车的相关内容。

# 第四节　专勤类消防车

专勤类消防车主要是指担负除灭火之外的某专项消防技术作业的消防车。具体有通信指挥消防车、抢险救援消防车、排烟消防车、照明消防车、勘察消防车、宣传消防车等。

## 一、通信指挥消防车

通信指挥消防车是用于火场通信联络和指挥的专用消防车辆,通常配备有齐全的通信设备,集发电、升降照明、无线通信、火场录像、扩音指挥等功能为一体。通信指挥消防车是消防无线通信三级网中的管区覆盖网的主要通信设备,由它形成火场临时指挥部,在火场上指挥员可以通过车内通信设备进行现场指挥。

(一)结构组成及主要功能

通信指挥消防车(图 8-4-1)通常采用越野车、客车及轿车底盘改装,一般主要由车体、发电照明系统、通信指挥系统等组成。内部器材箱的结构为采用铝合金型材制作的可调式固定架,配有部分可移动式托架及旋转架、塑料周转箱。

图 8-4-1　通信指挥消防车

通信指挥消防车应具备通信、视频传输、大功率广播、录音、远距离全场景观察、强光照明、自备电源、现场办公会议等功能。具体参见表 8-4-1。

表 8-4-1　通信指挥消防车主要功能及实现途径

| 功　　能 | | 实现途径 |
|---|---|---|
| 通信功能 | 语音通信功能 | 用若干部车载电台或者是车载有线、无线电话进行通信联系 |
| | 数据通信功能 | 通过车载计算机和调制解调器进行双向数据通信，用车载数传电台和指挥中心的数传电台进行双向通信 |
| | 组网功能 | 用车载中继电台和手持机组成无线常规网，通过程控交换机、电话机、被复线有线组网 |
| 视频传输功能 | 静态图像传输功能 | 通过无线互动图像通信器、手持机等可以将火场的静态图像传输到指挥车内 |
| | 无线实时图像传输功能 | 通过便携式发射和车载接收系统可以将火场内外的图像实时传送到指挥车上；通过车载的图像发送电台和指挥中心的接收电台可以将指挥车接收到的火场图像传送回指挥中心 |
| 大功率广播功能 | | 用于火灾现场指挥和救援的广播。两个 200 W 定向喇叭，环境噪声 80 dB 时传输距离达 200 m 以上 |
| 录音功能 | | 实时记录所有通过电台的通话和通过广播系统的喊话，并能够重复播放 |
| 远距离全场景观察功能 | | 通过指挥车顶上设置的 CCD（电荷耦合器件存储器）摄录监控系统，指挥车可以在 200～500 m 远距离观察火场全貌 |
| 强光照明功能 | | 两只镝灯，总功率达 2 000 W，照射半径在 100 m 以上，并可以用作夜间火场摄像的光源 |
| 自备电源功能 | | 自备电源应有 3 种形式，即外接市电、车载发电机发电、车载蓄电池逆变供电 |
| 现场办公、会议功能 | | 指挥车上设有会议桌椅、传真机、投影系统等方便指挥员现场开会和办公 |

**（二）指挥系统及构成**

通信指挥消防车的各种功能是依靠各种系统实现的，消防车的通信指挥系统一般由计算机系统、通信系统、视频采集和传输系统、视频控制和显示系统、照明系统、广播系统、录音系统、办公和会议系统、控制及电源系统、警示系统等组成（具体参见表 8-4-2），各系统分工合作，为火场的通信指挥工作提供保障。

表 8-4-2　通信指挥系统及主要构成

| 通信指挥系统 | 主要构成 |
|---|---|
| 计算机系统 | 工控机和工控显示器、便携式电脑、调制解调器、声卡等 |
| 通信系统 | 车载语音电台、数传电台、中继电台、手持电台、车载电话、GSM 固定式移动通信终端、便携式程控交换机等 |
| 视频采集和传输系统 | CCD 监控系统、无线互动图像通信器、数码相机、摄像头、无线发射机、接收机等 |
| 视频控制和显示系统 | 画面分割器、液晶显示器、长延时录像机、投影仪、幕布或等离子显示屏等 |
| 照明系统 | 镝灯、启辉器、整流器、全方位室外云台等 |

表 8-4-2(续)

| 通信指挥系统 | 主要构成 |
|---|---|
| 广播系统 | 话筒、音频控制器、功率放大器、喇叭、云台等 |
| 录音系统 | 数字式记录仪等 |
| 办公和会议系统 | 传真机、长条会议桌椅、电话机、设备及文件柜、车内照明、车内播放、车用饮水机等 |
| 控制及电源系统 | 直流 12 V 电源、汽油发电机、在线长延时 UPS、接市电用电缆绞盘、配电箱等 |
| 警示系统 | 警灯警报器、标志灯箱等 |

**（三）最新发展**

为了解决大型火场的现场指挥、跨区域协调调度问题，国内外先进的通信指挥消防车利用通信卫星或无人机可将火场图像和声音传送到远离火场的指挥部去。利用无线或有线网络、图像传输、车载传真、数字通信等技术将灭火预案传送至火场。利用定位系统可以定位消防车辆，可同时指挥多辆消防车协同作战并且可以为火场提供照明和供电。大型的通信指挥消防车还设有会议室、休息室、生活保障室等，供开会和消防员用餐、休息。为了扩大使用空间，除采用大型客车改装外，还出现了车顶外挂伸缩遮阳篷和车厢整体伸缩结构等。

**二、抢险救援消防车**

抢险救援消防车主要是为火灾现场和各种事故现场提供各种抢险救援器材和物资的特种消防车。其一般需要具备自救、起吊、发电、照明等功能，现有的抢险救援消防车还会装备大量先进的抢险救援工具和器材，属于特勤消防车。抢险救援消防车广泛用于消防救援，应对各种自然灾害、突发事件及抢险、抢救等各个领域。

**（一）结构分类**

抢险救援消防车的结构组成（图 8-4-2）包括汽车底盘、上装厢体（内装抢险救援器材）、取力器及传动装置、发电机（轴带式或独立发电机组）、绞盘（液压或电动）、随车吊机（一般为折臂式，在车体后方）、升降照明系统、电气系统等。根据抢险救援消防车的用途不同，车的具体配置也不一样，如随车吊机、绞盘、发电机、升降灯等不一定所有的抢险车都有。抢险救援消防车按照使用场景可分为普通抢险救援车、化学救援消防车、特殊抢险救援车（如地震救援车等），按照底盘载体不同可分为轻型车和重型车两个类型。

1. 照明总成

在消防员室和器材箱之间，安装有举升灯杆，其顶端为电动云台，安装有照明灯组。照明灯组电源由车载汽油发电机组或者现场 220 V、50 Hz 交流电源提供。

2. 器材箱

器材箱内部安装有整套发电设备，其他空间根据所配装的各种器材和工具的外形，被分隔成大小不同的空间，采用高强度铝合金型材及内藏式连接件装配成为一个整体，以便卡装所配置的各种器材和工具。

3. 随车吊机和绞盘

抢险救援消防车后部安装有随车吊机，其被固定在车辆的后部车架上，两侧均有操作把手，可方便地操作起吊机。绞盘安装在随车吊机的底部，通过导向装置，将牵引钩引至驾驶室保险杠位置（也有将绞盘直接装于前保险杠上的）。在变速箱左侧配置侧取力器，驱动液

1—牵引装置；2—乘员室；3—升降照明灯；4—器材箱；5—随车吊机。

图 8-4-2　抢险救援消防车示意

压油泵，作为整个液压系统的动力源。在手动换向阀关闭时，液压油经液压管到达起重机，实现起吊功能；在手动换向阀打开时，液压油经另一路液压管到达绞盘，驱动绞盘工作，实现牵引或自救功能。

（二）配备情况

由于灾害类型因地而异，且抢险救援消防车资源有限，各种类型的车辆应根据灾害地区性质、地形地貌、任务特点等有选择地配备。例如功能齐全、装备先进的重型抢险救援消防车应优先供应于特勤消防站；一级消防站需配备装有牵引、吊臂、照明系统的中型抢险救援消防车；二级消防站可配备小型抢险救援消防车；山区或非铺装道路区地形复杂，应配备带牵引绞盘的小型越野底盘的抢险救援消防车，以提高车辆的通过性，增强作战适应性。

抢险救援消防车应配备车载牵引绞盘、固定发电机与照明灯、液压吊臂及工作附件，并随车携带个人防护类、警戒类、救生类、破拆类、排烟类、照明类及梯子等器材装备（包括但不限于各种破拆工具：救生气垫、消防梯、消防工作灯、各种消防服、空气呼吸器、堵漏装置、排烟机等）。其他随车器材应根据辖区任务特点有针对性地配备，既要注重器材装备的实战性，并适度超前于当地社会经济的发展需要，又要避免社会资源长期闲置。

**三、排烟消防车**

排烟消防车（图 8-4-3）简称排烟车，根据不同排烟量的大小，采用不同型号的底盘和排烟机。目前国内排烟车的排风量为 $3\times10^4\sim8\times10^5$ m³/h。排烟消防车主要是以排烟、通风为主要目的，广泛应用于高层建筑、地下车库、隧道等场合火灾发生时的消防排烟和通风换气，也适用于人防工程、地铁、矿井等的排烟和通风换气。

（一）主要结构

该车主要由底盘、排烟系统、动力传动机构、操纵机构以及车厢组成，如图 8-4-3 所示。

1. 排烟系统

排烟系统由单向阀、溢流阀、手动转阀、液压油泵、液压马达、轴流式风机、油箱、过滤器及其管路组成。其工作原理是通过底盘侧取力器带动液压泵工作，液压泵驱动液压马达带动轴流式风机叶轮转动，达到排烟的目的。

图 8-4-3 排烟消防车

**2. 动力传动机构**

排烟车动力有三种：① 底盘发动机/变速箱取力器驱动液压泵,通过液压马达驱动轴流风机。② 底盘发动机/变速箱取力器驱动发电机,由电动机驱动对流风机。③ 底盘取力器通过传动轴驱动离心风机。

**3. 操纵机构**

操纵机构主要用于操纵排烟机,控制排烟机的启动、停止及转速调节。根据要求,布置好排烟管道,当左边为进风管右边为出风管时,该排烟机为正压排烟,反之为负压排烟。踩下离合器,以切断发动机动力,然后将取力器开关置于开的位置,缓缓松开离合器,通过调节油门来控制风扇转速(例如发动机转速为 1 200 r/min 时,风扇转速为 1 200~1 400 r/min,此时排烟量为 30 000 m³/h)。

**(二)最新发展**

**1. 多用途排烟车**

近两年国内开发了带有灭火功能的多用途排烟车,其可用于地铁站的远距离排烟和灭火作业。高倍泡沫排烟消防车配有泡沫比例混合器和水驱动移动式高倍泡沫发生器,可出水或高倍泡沫灭火;另有取力器直接带动离心风机,风机全压达到 2 800 Pa,风量为 35 000 m³/h,可同时或分别连接 80~100 m 的吸风管和 80~100 m 的送风管。

**2. 小型排烟车**

这种排烟车(图 8-4-4)将排烟机装在小型履带式或其他型式的底盘上,底盘可以灵活地上、下楼梯,或爬 30°以上的坡道。在排烟机的风道上布有喷水喷头,需要时可通过水带向这些喷头供水并由排风带向火场以降低火场的温度和烟尘,用于地铁、地下商场等大型车辆不便进入的场所。使用时由运输车将小型排烟车送到火场附近。

**3. 可升降排烟机的排烟车**

这是由国内自行开发研制的一种可升降、可旋转排烟机的排烟车(图 8-4-5)。该车在底盘上安装一个可升的支架,排烟机

图 8-4-4 小型排烟车

装在支架上的一个回转盘上。排烟机的风道上布有喷头，由底盘驱动的消防泵供水。排烟机可升降并可回转。这种排烟车的排烟量比小型排烟车大，不仅可以排烟，也可以用消防泵向排烟机的喷头供水，用水雾降低火场的温度和烟尘。

图 8-4-5　可升降排烟机的排烟车

### 四、照明消防车

照明消防车主要包括发电机、固定升降照明塔、移动灯具以及通信器材等，为夜间灭火、救援工作提供照明，同时兼作火场临时电源，为通信、广播宣传和破拆器具提供电力。根据标准要求，照明消防车的照度在距照明灯 100 m 并左右 30°范围内不小于 5 lx。照明灯的总功率可达 40 kW。根据需要，车上还可配备移动式照明灯、吊车、牵引、抢险救援工具，其亦可作为器材车辆或抢险救援车辆。排烟照明消防车是排烟消防车和照明消防车组合，是以火场排烟、火场照明为主要功能的特种消防车。

（一）结构及系统

照明消防车主要由底盘、发电机系统、照明系统、功率输出装置、控制系统、升降系统组成。由于动力系统的不同，发电机系统分为独立动力系统和底盘动力系统。照明升降系统常见的有液压升降系统、机械升降系统和气动升降系统。

1. 发电机系统

发电机组选用独立动力系统。发电机可在车辆移动时，保证额定功率发电，确保照明效果。

2. 照明系统

主照明灯一般采用金属卤素灯或 LED 为光源，该灯管中有各种稀土金属卤化物，是高强度气体放电灯，有体积小、光色好、光效高、耗电少、寿命长等优点，是目前国内较先进的光源，适用于车站、码头、体育馆、河岸及有较重空气污染的工厂区内外以及较大火场等的照明。

3. 控制系统

配电箱将机组电源、外电切入电源、回转俯仰、升降照明等控制集于一体，一般配置在发电机旁边。为确保用电安全，车上装有自动漏电保护器，它是整个供电系统的电源总开关和电路的安全保护元件。当系统或输出线路有漏电、短路和触电发生时，它自动切断整个系统的电源，达到安全保护的目的。一旦该元件发生自动切断电源的情况，应认真检查，排除故障后方可合闸。切忌盲目合闸。

4. 气动升降系统

主要用于抢险救援车的小型灯具,气动升降系统的主要结构由铝合金制成,轻便可靠,上升平稳。气动推杆即可自动升降,并能实现任意位置锁定;操作电动云台按钮,可实现照明灯具的旋转、俯仰功能,满足火场、事故现场等的照明需要。部分车辆配备远距离无线遥控操作系统,可在 50 m 范围内遥控操作。

(二)操作方法

1. 控制柜的使用

(1)外电切入。在火场上有外部电源时,可以通过随车提供的插接头插入控制柜将外电引入,合上外电开关。注意:此时整个电系统还是由发电机提供电源,必须关掉发电机电源开关后,系统自动转入外接电源供电。

(2)漏电保护器。每次使用后,应检查漏电保护器的可靠性。启动发电机,合上此开关,待电压指示灯呈红色高亮时,按下漏电保护器上测试按钮,看其是否"跳闸","跳闸"表示正常。

2. 主灯的使用

(1)主灯开启后,必须等其完全点亮,才能关闭,关闭后,在 1～2 min 后才能再次开启,确保灯管的使用寿命。当主灯完全开启、完全点亮后不要对其直视,防止灼伤眼睛。升起升降杆。待主灯离开车顶大于 1 m 时,才能调节灯具的左右、俯仰角度。否则会损伤云台。

(2)使用完毕后,按下云台复位按钮,云台自动复位。必须等灯具调整到初始位置,才能下降升降杆。待灯具安放在支承架上后才能开车行驶。

# 第五节　保障类消防车与特种消防装备

## 一、保障类消防车

(一)供气消防车

供气消防车主要用于大型灾害现场给消防员使用的空气呼吸器气瓶及气动工具供气。除此之外,消防车上还可加装发电、照明设施以拓展用途。

供气消防车由底盘、空气压缩机系统、发电机组、控制系统、照明系统等组成,具体见图8-5-1。

1. 空气压缩机系统

空气压缩机系统由空气压缩机(采用水冷却)、干式滤清器、仪表控制系统、自动保护装置、气管路系统、二级(三级或四级)油水分离系统、高压储气瓶组、冷冻干燥装置、油水过滤器、高效除油过滤器、活性炭除臭过滤器等组成。

2. 发电机组

采用永磁交流发电机,通过功率输出装置由底盘发动机驱动,用于向空气压缩机驱动电机供电。

3. 控制系统

控制系统包括空气压缩机系统控制、发电机控制和充气控制三部分。供气消防车目前主要采用集中控制和分散控制两种控制方式,可实现对供气消防车的整个供气过程进行控制。控制系统的优劣对供气消防车的影响很大,主要优缺点如表8-5-1所示。

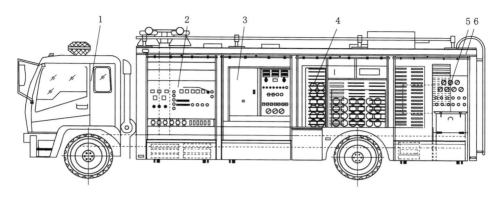

1—车体；2—气动升降照明灯；3—配电箱及云台控制系统；4—压缩机控制系统；

5—储气瓶；6—钢瓶充气系统。

图 8-5-1　供气消防车示意

表 8-5-1　控制方式及优缺点

| 控制方式 | 控制方法 | 优缺点 |
|---|---|---|
| 集中控制 | 将空气压缩系统、发电机系统、充气系统等几方面的控制集中在一起，采用数字技术对各系统进行控制 | 集中控制方式比较先进，技术含量较高，可对各系统进行优化控制，使整个供气消防车处在最佳工作状态 |
| 分散控制 | 各系统独立控制，各系统间没有或很少有联系 | 分散控制方式的实现较简单，成本也较低，但操作复杂，整个车辆的运行状况可能不是最佳状态，一般用在低成本的供气消防车上 |

（二）装备检测车

消防装备抢修车，集装备、故障检测、维修为一体，配备有发电机组、工具组、电焊机、电工修理工具、发电机修理工具、底盘修理工具、伸缩式野战照明灯、20 t 千斤顶、拖车绳等多种检修工具，在一定程度上解决了战斗时消防车辆装备维修难的问题，为灭火救援提供了有力保障。

（三）饮食保障车

饮食保障车是一种专业性强、设计独立的消防后勤保障车辆，除能运送正餐热食或方便食品外，还能在行进间或驻车时进行主食加工作业及主副食加热作业，可在较短时间内向执行灭火救援任务的部队提供饮食和饮水供应。饮食保障车除必备的基本行进装备外还包括餐饮制作与加热一体机、水箱、空调、换气扇、照明、洗物柜、储物柜、保温桶、电气系统和水路设备，还配备有全开式伞状帐篷。该帐篷具备展开和撤收速度快、方便的特点，抗风等级为 5 级，能在恶劣环境下迅速搭建就餐。饮食保障车与普通消防车相比装备独特、自动化程度高、自然环境适应性强，可适应灭火救援工作环境下救援人员的饮食需求。

## 二、新型特种消防车

### (一) 固态灭火连续抛撒消防车

特殊火灾,尤其是忌水的固体危险化学品火灾不能用水、泡沫、二氧化碳扑救时,通常采用干粉或水泥、干砂、硅藻土等进行覆盖灭火。而消防救援队伍装备配备以水罐、泡沫消防车为主,难以满足危险化学品火灾灭火需要。针对上述问题,可使用固态灭火连续抛撒消防车,应用于特殊火灾扑救,实现在较远距离将干砂、干土等固态灭火材料快速连续抛撒至火区,实现高效扑救。

固态灭火连续抛撒消防车(图 8-5-2)主要包括汽车底盘、离心抛撒系统、货厢-移动底板-绞龙进料系统总成、液压系统、电气系统、覆盖件总成、润滑系统、附件、标志及随机备件等。

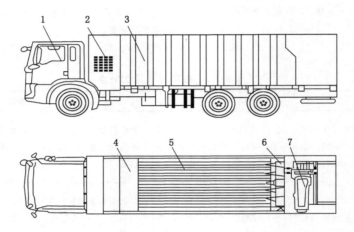

1—底盘;2—安全防护机构;3—货厢;4—导料机构;5—进料机构;6—喂料机构;7—抛撒机构。

图 8-5-2  固态灭火连续抛撒消防车示意

### (二) 多功能破拆消防车

多功能破拆消防车(图 8-5-3),是一种集高喷灭火、破拆、剪切、起重、抓钳、照明等功能中的一种或几种于一体的现代消防救援抢险设备。多功能破拆消防车又称"多功能强臂式消防车""多功能强臂破拆消防车",是一种具备破拆功能的多功能消防车。

图 8-5-3  多功能破拆消防车

多功能破拆消防车一般由底盘、副车架、支腿、转台、臂架等主要结构,以及电气液压系统构成。

（三）涡喷消防车

涡喷消防车(图 8-5-4)是将航空燃气涡轮发动机作为喷射灭火剂的动力装置,将其安装在汽车底盘上,相应配置水箱、泡沫箱、水泵组成高机动性的消防车。涡喷发动机可产生4 000 kW的喷射功率,可喷射 48.2 kg/s 的高速气体射流。以高速气体射流为载体,使流量为 80 L/s 的直流水与高速气体射流在加速器内发生撞击,产生大流量的"气体-细水雾"射流,也可产生"气体-泡沫-超细干粉灭火剂"复合射流,实现了大比表面积灭火剂的远距离、高强度的喷射,灭火的有效喷射距离可达 60～80 m,可瞬间覆盖 200 m² 的火场面积。涡喷消防车主要用于需要快速扑灭油气大火的场所,也可快速为火场降温,吹除有毒有害气体或易燃易爆气体等。其缺点是噪音大、费油,喷射微粒流对人员健康有危害。

（四）路轨两用消防车

路轨两用消防车(图 8-5-5)按照用途可分为水罐路轨消防车、泡沫路轨消防车,水罐-泡沫联用路轨消防车等。各类路轨消防车尽管均能在轨道上行驶,但由于在轨道上作业的功能不同,结构上还是呈现出多样性。目前在用的各类路轨消防车主要由底盘、路轨系统、消防专用装置、液压系统、控制系统及其他辅助部件组成。

图 8-5-4　涡喷消防车

图 8-5-5　路轨两用消防车

（1）底盘:路轨消防车行驶时需同时满足道路行驶车辆和轨道行驶车辆的要求。根据《地铁设计规范》(GB 50157—2013)的要求,地铁轨道主要运行宽度不大于 3 m、高度不高于3.81 m 的列车,在用的路轨消防车底盘主要采用两轴或三轴的商用货车底盘改装而成。

（2）路轨系统:路轨系统是路轨消防车区别于一般消防车的核心部件,一般由车轮、起落架、制动系统、驱动用液压马达以及其他辅助设备组成,路轨系统是消防车实现轨道行驶的结构件,用于消防车在铁轨上支撑和回收,驱动消防车在铁轨上行驶和制动等,等同于地面行驶时的货车车轮。

（3）消防专用装置:目前路轨消防车配备的消防专用装置主要包括车顶消防炮、车前消防炮、A 类泡沫系统、照明灯具以及排烟风机等,主要实现的救援功能包括地铁站排烟、照明、火灾扑灭和灭火药剂运输等。

（4）液压系统及控制系统:液压系统通常分为上车和下车液压系统,上车液压系统主要包含油泵、液压油箱、过滤装置以及消防专用部分所需的液压回路,液压系统的动力传输相比于机械结构更加稳定和节省空间,适合在有限空间范围内使用。下车液压系统主要包括驱动马达、起落架油缸和制动系统等部件。控制系统主要用于控制液压系统、底盘动力系统和消防专用装置，也包含车辆监控、路轨系统状态指示和消防专用装置的控制等辅助功能。控制系统主要集中在驾驶室内，便于消防员操作和保护消防员安全。

（5）其他辅助部件：主要包括侦检设备、车辆行驶方向照明和指示装置、外界指令接受和图像传输装置等部件，用以保障车辆和消防员安全以及和外界进行信息交流等。

我国现有路轨两用消防车的主要颜色是红色，在车顶上设有警号及闪灯。路轨两用消防车是地铁消防及隧道消防主要依赖的消防装备。

（五）隧道消防车

隧道消防车（图8-5-6）是指主要装备正压双驾驶室，具有双向行驶功能的消防车，一般用于扑救隧道火灾。隧道消防车主要由底盘、双驾驶室（驾乘室）、车身、水罐、泡沫液罐、水泵系统、泡沫系统、消防炮、卷盘系统、绞盘等装置组成。隧道消防车采用可双向行驶的底盘（前、后两个驾驶室）和前、后轴转向系统；消防炮可升降并可在驾驶室内操作；驾驶室和乘员室内采用正压保护装置，以避免烟雾进入；备有供发动机专用的供气系统，保证在高温、缺氧环境行驶和工作。

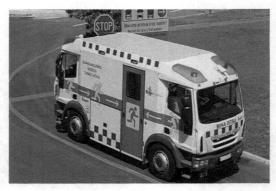

图8-5-6　隧道消防车

## 三、消防机器人

我国从20世纪90年代中期开始消防机器人的研究开发工作，经过十余年的发展，目前已开发出灭火机器人、侦察机器人、救援机器人、排烟机器人、排爆机器人等多种功能的消防机器人，其中灭火机器人已在实战中发挥了积极作用。

消防机器人可从使用功能、行走方式、控制方式、通信方式、防护方式、动力方式等各方面进行分类。

按使用功能可分为：灭火、侦察、救援、排烟、洗消、破拆、照明、排爆、发电、飞行、水上、水下、船用等。

按行走方式可分为：轮胎式、履带式、履带轮式、螺旋桨式等。

按控制方式可分为：电控、液控、气控等。

按通信方式可分为：有线缆式、无线通信、有线缆式与无线通信相结合等。

按防护方式可分为：普通型、防爆型等。

按动力方式可分为：电动机、内燃机、水轮机等。

（一）消防灭火机器人

消防灭火机器人（图 8-5-7）能够在灭火救援人员的远程控制下，进入灾害现场进行灭火喷射或冷却保护，也可对灾害事故中泄漏的有毒有害物质进行洗消和稀释。它主要应用于油罐、液化石油气罐、石化装置等易燃、易爆、易坍塌及存在毒性气体泄漏的场所。

消防灭火机器人具有以下主要性能：

（1）移动载体具有良好的环境适应性（爬坡、转弯半径、越障）；

（2）具有冷却等自保护功能；

（3）能在水淋等恶劣环境中工作；

（4）能有效进行灭火、冷却、化学稀释和洗消等作业；

（5）能够远距离控制。

图 8-5-7　消防灭火机器人　　　　　图 8-5-8　消防侦察机器人

（二）消防侦察机器人

消防侦察机器人（图 8-5-8）能替代消防员遥控进入易燃、易爆、有毒、有害、缺氧、浓烟及易坍塌建筑物等危险现场，进行探测、侦察，并可将采集到的信息（数据、图像、语音）进行实时处理和传输，有效解决消防员在上述场所面临的人身安全及有关问题。

消防侦察机器人具有以下主要性能：

（1）在易燃、易爆等危险场所使用的消防侦察机器人应具有防爆功能。

（2）移动载体具有良好的环境适应性（爬坡、转弯半径、越障）。

（3）能在水淋等恶劣环境中工作。

（4）能实时定量探测现场有毒有害气体的种类、浓度及变化趋势、温度、热辐射等灾害现场参数。

（5）能采集现场的声音信号、多通道的视频信号。

（6）能利用声光信号呼唤和引导危险区域内的被困人员及时撤离。

（7）具有实时双向无线通信功能（可实时传输数据、图像、语音信号）。

（三）消防救援机器人

消防救援机器人（图 8-5-9）能替代消防抢险救援人员进入具有有毒有害化学物品泄漏、化学腐蚀性、生物毒性、浓烟、缺氧、易坍塌等危险的灾害现场，进行危险物品搬运、障碍物清除和遇难人员救援等工作。

消防救援机器人具有以下主要性能：

（1）移动载体具有良好的环境适应性；

（2）能够开关阀门，清除一般障碍；

（3）能够利用声光信号呼唤和引导危险区域内的被困人员及时撤离；

（4）能够对灾害现场的温度、热辐射等环境参数进行探测；

（5）能采集现场的声音信号和视频信号；

（6）具有多自由度机械手，能够抓取一定重量物品或救助灾害现场受困人员；

（7）具有实时双向无线通信功能（可实时传输数据、图像、语音信号）。

图 8-5-9　消防救援机器人

图 8-5-10　消防排烟机器人

**（四）消防排烟机器人**

消防排烟机器人（图 8-5-10）主要应用于隧道、地铁、地下建筑等充满烟雾的灾害现场。消防抢险救援人员可远程遥控消防排烟机器人向灾害现场喷射水雾排烟，有效降低火场的温度，减少火场的浓烟。

消防排烟机器人具有以下主要性能：

（1）移动载体具有良好的环境适应性。

（2）能在水淋等恶劣环境中工作。

（3）能够长距离水雾排烟。

（4）能够远距离无线控制。

**（五）反恐排爆机器人**

反恐排爆机器人（图 8-5-11）主要用于替代消防抢险救援人员在案发现场进行侦察、处理爆炸物或其他危险品，也可对持枪的恐怖分子及犯罪分子实施有效攻击，是反恐专业队伍中必不可少的重要装备之一。

反恐排爆机器人应具有以下性能：

（1）移动载体具有良好的环境适应性；

图 8-5-11　反恐排爆机器人

（2）能够远距离控制；

（3）配备的多自由度机械手能抓取一定重量的物品；

（4）能实时传输现场的图像和声音信号；

（5）能现场处置可疑物品。

**（六）消防潜水救助机器人**

消防潜水救助机器人（图 8-5-12）主要在实际环境不适宜（如风浪、浓雾、水深等因素）消防抢险救援人员潜水作业时，代替其进行水中侦察、救援等工作。

图 8-5-12　消防潜水救助机器人

消防潜水救助机器人应具有以下主要性能：

（1）具有在恶劣环境下的耐波、抗涌浪、抗流能力；

（2）具有悬浮能力；

（3）能实时传输现场的图像。

**（七）飞行器机器人**

飞行器机器人的研究包括"微型飞行器"（MAV，Micro Aerial Vehicle）和"无人机"（UAV，Unmanned Aerial Vehicle）两大类。

在消防领域，配置有相应传感器的飞行器机器人可以广泛应用于危险评估，目标搜索，通信中继，大型仓库等建筑物内部情况侦察，灾难幸存者、有毒气体或化学物质源的搜寻等。飞行器机器人具有便于携带、操作简单、安全性好等优点。

飞行器机器人根据结构特征，大致上可分为固定翼、旋翼和扑翼三种类型。目前的微型飞行器（MAV）翼展大致在 0.1～0.8 m 之间；无人机（UAV）翼展则大致在 5～20 m 之间，其中翼展在 3～10 m 之间的又称为小型无人机（MUAV，Mini Unmanned Aerial Vehicle）。固定翼的飞行器机器人只能通过滑行或弹射起飞；旋翼和扑翼的飞行器机器人能够垂直起降或悬停，比较适合于在室内等狭小空间飞行。目前燃油机驱动双旋翼无人机高空灭火可携带 100 kg 干粉，也可由地面拉升细管喷射细水雾灭火。

**四、消防船**

消防船是用于扑救船舶或沿岸建（构）筑物火灾，兼具水上救援、通信、照明、防化及清污等功能的重要水上消防设备。

消防船种类繁多，大小不一，型号各异。消防船按种类可分为专用消防船和兼用消防船两种，兼用消防船又可分为消防拖船、救助消防船和工作消防船；按吨位可分为大型消防船（800 t 以上）、中型消防船、小型消防艇（100 t 以下）；按用途可分为海上消防船、沿海消防船、港口消防船、内河消防艇、消防指挥艇、消防运输艇等。

（一）基本航行性能要求

（1）浮性：是指船舶在一定装载和吃水时浮在水面的能力。只要水不超过船舷，船舶就不会失去浮力。船舶都有规定的干舷高度，即有一定的保留浮力。

（2）稳性：是指船舶在外力如风浪作用下发生倾斜，当外力消除后能恢复到初始位置的能力。

（3）抗摇摆性：是指船舶在波浪中摇摆程度的强弱，主要有纵摇和横摇。剧烈横摇摆有使船舶丧失稳性而倾覆的可能。船体应具备抗摇摆的能力。

（4）抗沉性：是指船舶在意外情况下，遇到一个舱或几个舱破损进水时，仍可保持航行的能力。

（5）快速性：是指船舶在一定的推进功率下，发挥最经济和最大航行速度的性能。提高船舶的快速性可增大主机功率，但船速达到一定限额时，所需主机功率的数值显著增大。

（6）航向稳定性：是指船舶航行时，在指定航向上保持直线航行的能力。它是通过舵的作用来实现的。

（二）特殊性能要求

1. 高机动性

通常要求消防船在接警后 20～30 min 以至更短时间内驶至现场。因此，要求消防船有较快的航速，以便尽快地赶到失火地点，及时进行营救。为了提高消防船的机动性，通常采用双桨、三桨或可调螺距螺旋桨以及艏、艉舷侧向喷水推进器。大多数的专用消防船的船型都取 U 型快艇和拖船等形式，也可采用稳性和机动性都优异的双体船。船体尺度一般取 20～30 m 左右较为合适。这要视港口、航道情况及施救对象而定。此外，还要满足消防塔上水炮射水时造成的反力对船体倾斜的稳性要求。

2. 强大的航行拖带功能

为防止灾船火势严重威胁港口、码头或附近船只的安全，消防船应具有航行拖带功能，必要时可在海港拖船配合下，采用边拖边救的办法，将灾船拖带至安全水域或把火势控制在影响较小的方向。

（三）灭火能力要求

消防船的灭火能力，以扑灭油船、油驳单舱火灾的面积大小表示。对于不同排水量的消防船，其灭火面积和消防装备应满足《消防船消防性能要求和试验方法》（GB/T 12553—2005）的相关要求。

# 【思考与练习】

1. 简述消防车的分类。
2. 简述水罐消防车和泡沫消防车的适用范围及主要结构组成。
3. 简述水罐消防车用水罐内水的操作方法。
4. 简述干粉消防车的工作原理及使用注意事项。
5. 简述举高类消防车的分类及各类的用途。
6. 简述登高平台消防车和云梯消防车的适用范围及主要结构组成。
7. 简述云梯消防车的维护与保养方法。

8. 简述举高喷射消防车的使用注意事项。

9. 简述专勤类消防车包括哪些。

10. 试述抢险救援消防车的结构分类。

11. 简述保障类消防车包括哪些。

12. 设计一种新型特种消防车并简述其功能。

# 第九章　新型消防救援装备展望

【本章学习目标】

1. 体会新型消防救援装备对于消防救援的重要性。

2. 熟悉消防直升机配备的主要灭火设备。

3. 了解水陆两栖飞机的发展历史及鲲龙 AG-600 的性能参数。

4. 了解无人机的分类及搭载设备。

5. 了解导弹消防车的作用及性能参数。

6. 了解抛沙消防车的主要结构及应用场景。

随着经济的快速发展,城市规模不断扩大,火灾发展形势趋于多样化、复杂化,火灾扑救也越来越危险,难度越来越大。为了进一步提高灭火战斗力,保障一线消防救援人员在灭火过程中的生命安全,快速有效地扑灭火灾,消防应急救援装备的创新研发与配置极为重要。同时随着我国消防职能的转变、任务的增加,对消防救援装备建设提出了新的更高要求,同时也给消防救援装备产业带来了机遇和挑战。因此要求在现有消防救援装备的基础上不断创新研发出更多新型的消防救援装备。

本章介绍了消防直升机、水陆两栖飞机鲲龙 AG-600、应用于消防的几种无人机以及导弹消防车和抛沙消防车。消防直升机具有垂直起降、空中悬停、低空低速飞行、机动灵活等独特性能,可以满足很多方面的消防救援任务的需求;水陆两栖飞机鲲龙 AG-600 对于森林火灾的扑救具有巨大优势;消防无人机可以有效帮助或替代消防救援人员进入救援现场,不仅能减少消防救援人员的危险,还可以第一时间获取更多事故现场数据参数;导弹消防车可以有效扑救高层建筑火灾;抛沙消防车主要用于对忌水、泡沫、二氧化碳等的固体危险化学品火灾的覆盖以及液体流淌火灾的堵漏、覆盖、隔离等。

## 一、消防直升机

消防直升机具有垂直起降、空中悬停、低空低速飞行、机动灵活等独特性能,在很多方面适合消防救援任务的需要。本节主要介绍消防直升机的大致结构及灭火、救援装备的情况。消防直升机一般利用已有成熟的军用或民用直升机改装而成。从目前世界范围的情况来看,直升机应用于消防主要是承担消防灭火与抢险救援的任务,因此其专用的消防装备主要包括灭火装备和救援装备两大类。

（一）结构简介

消防直升机（图 9-1-1）的品种繁多，结构亦各不相同。

图 9-1-1　消防直升机

其主要组成部分包括前机身、驾驶舱、中机身、起落装置、侧舱门、尾舱门、尾梁、水平安定面、尾斜梁、尾桨、传动系统、旋翼、动力装置等。

（二）主要灭火装备及性能

目前世界上应用于直升机上的主要灭火装备有吊桶（吊囊、吊袋）、悬吊灭火系统和外挂固定灭火系统。

1. 吊桶、吊囊和吊袋

（1）吊桶

直升机吊桶灭火是直升机用悬挂的吊桶自动从河流、湖泊加满水后，飞行到火源上空将水释放达到灭火目的的一种灭火方法。吊桶容量为 500～1 800 L。吊桶有两种：一种用金属板材焊接而成，自重 0.5 t，结构简单，价格低廉，但保存携带不方便；另一种是用涂塑布（PVC）内加铝合金支架（构造像折叠伞）制成，可折叠打包，装在直升机货仓内，不影响直升机巡护、载人、载货作业。

直升机吊桶灭火主要用于扑灭火头，尽管载量有限，但对水源条件要求较低，只要有深度 0.5 m、直径 1～2 m 的水源，即可实现吸水作业，加满水时间约 2 min，释放水的时间短。直升机吊桶不但可直接喷洒灭火，更重要的是可向地面预设水池注水，供地面机动泵、人力水枪使用。

吊桶包括一个外部开口倾泻阀，如图 9-1-2 所示，能把水或泡沫等灭火剂投放到火源目标上。

（2）吊囊和吊袋

直升机吊囊、吊袋运水灭火是在有水源的地方将水注入用 PVC 制成的吊囊、吊袋（容量为 500～1 500 L）中，用直升机吊挂到扑火现场，供机动泵、水枪使用的一种灭火方法。该方法简单易行，设备造价低廉，效果良好。

2. 悬吊灭火系统

悬吊灭火系统的安装方式与吊桶相似，具有简单、可靠、安装方便、无须特别维护等特点。图 9-1-3 所示为美国 SIMPLEX 悬吊灭火系统。

图 9-1-2　吊桶外形及洒水

### 3. IFEX 脉冲灭火系统

IFEX 脉冲灭火系统是直升机扑灭森林、灌木、原野或现代都市高楼等初期火灾的有效灭火装备之一。图 9-1-4 所示是 18 L 的 IFEX 脉冲炮灭火系统,其具有一定的喷射流量、射程,能远距离迅速控制火灾。其允许载水量大于 300 L,而且可以便捷地进行空中加水。

图 9-1-3　SIMPLEX 悬吊灭火系统

图 9-1-4　IFEX 脉冲炮灭火系统

### (三)主要救援装备及性能

#### 1. 直升机吊篮

直升机吊篮适用于多种场合,如灾难救助、空中营救、林野消防和运输等。吊篮作为紧急营救装备可以帮助受害人员尽快撤离洪水等水害、城市火灾、林野火灾以及高低不平的山区等区域。

#### 2. 提升装置

在直升机不能着陆的山岳或水域地区进行救援活动时,直升机可处于空中悬停状态,用装备在机身上的提升装置(卷扬机的一种)前端系着的吊钩,将绳索伸长,可使救生员实施救助行动。图 9-1-5 所示为救援提升器装置。图 9-1-6 所示为借助升降装置的救助活动。

## 二、水陆两栖飞机

水陆两栖飞机是指既能够在陆地起降,也能够在水面起降的飞机。著名的两栖飞机有日本的 US-2、中国的大飞机"三剑客"之一 AG-600(图 9-1-7)、美国大力神号水上飞机以及俄罗斯的 Be-103 等。本节主要介绍我国自行设计研制的大型灭火、水上救援水陆两栖飞机"鲲龙 AG-600"。

图 9-1-5　救援提升器装置

图 9-1-6　借助升降装置的救助活动

图 9-1-7　鲲龙 AG-600

（一）结构简介

1. 两栖飞机之王

鲲龙 AG-600 可以在水面停泊、栖息，可高速滑行并一跃飞起，也能平稳降落在水面；还可以将隐藏在机身内的起落机彻底放下，像陆上飞机那样在坚硬的跑道上腾空而起或挟带巨大的动能从天而降。这种水陆兼备的起降功能使它比水上飞机和陆上飞机应用的范围更为广泛。

鲲龙 AG-600 37 m 长的机身中间顶部镶嵌一块 38.8 m 狭长的平直机翼，机高 12.1 m。它的整机尺寸与波音 737 及 C919 相差无几，超越独占鳌头已久的日本的 US-2 和俄罗斯的 Be-200，荣登世界第一两栖飞机的宝座。

鲲龙 AG-600 的飞行性能出众，飞行时速 500 km，起飞最大质量 53.5 t，航程 12 h。

2. 高速与远航

鲲龙 AG-600 的速度超过任何船只，比航速最高的船快 10 多倍。鲲龙 AG-600 从海南三亚出发，绕过我国最南端的曾母暗沙，再返回原地只需 7～8 h，而同样距离，现代快速船艇往往需要 3～4 d 才能实现往返。除此之外，它的另一显著优势是飞行距离远。如今，小型灵活的两栖飞机和水上飞机很多，但飞行距离远不及鲲龙 AG-600，后者可持续航行 12 个小时。

鲲龙 AG-600 采用现代飞机中少见的平直机翼，这种机翼承载好、结构合理，是飞机获得大升力、小阻力的最佳选择。飞机从水中起飞的一刹那升力最大，平直机翼有利于飞机的顺利跃起。机体最后的垂尾和高高耸立的水平尾翼,则有效保证飞行中至关重要的纵向和航向的安全、稳定与平衡。

鲲龙 AG-600 每侧各安装 2 台发动机即全机装备 4 台发动机,这样的配置有助于飞机在水中滑行时灵活拐弯,只需改变一侧发动机的推力,原本困难的水中航向改变立刻变得轻而易举。另外,多台发动机可提高风急浪高恶劣环境下飞机的安全系数,即使一两台发动机意外失效,飞机也能够继续执行飞行任务。

(二)性能参数

鲲龙 AG-600 可抗 2 m 高海浪,适应 75%～80% 的南海自然海况,机身下方设置 7 个水密舱,如果相邻两个水密舱出现破损,飞机依然能够安全的稳定漂浮。鲲龙 AG-600 性能参数见表 9-1-1。

表 9-1-1    鲲龙 AG-600 性能参数

| 参考数据 | |
|---|---|
| 动力系统 | 机翼前缘安装 4 台 WJ 6 涡轮螺旋桨发动机 |
| 最低稳定飞行高度 | 50 m |
| 起降抗浪高度 | 2.8 m |
| 最大平飞速度 | 每小时 500 km |
| 最大起飞质量 | 53.5 t |
| 最大航程 | 4 500 km |
| 汲水 | 20 s 内 12 t |
| 投水高度 | (相对树梢)30～50 m |
| 最大航时 | 12 h |
| 陆上跑道 | 长度不小于 1 800 m、宽度不小于 35 m |
| 水域起降 | 长 1 500 m、宽 200 m、深 2.5 m |

鲲龙 AG-600 采用大长宽比船身式、悬臂梯形上单翼、"T"型尾翼、前三点可收放式起落架布局,采用综合航电系统,配备红外探测和光学照相等搜索、探测设备;配装投汲水系统、水上救援的紧急救护设施,主要包括危重伤病员铺位、救护艇、救护衣、担架、简易紧急手术设施和药品等。其可实现快速高效地扑灭森林火灾和及时有效的海难救护。一次汲水 12 t 时间不大于 20 s,可在水面停泊实施救援行动,一次最多可救护 50 名遇险人员。AG-600 是当今世界在研的最大一款水陆两栖飞机,是为满足森林灭火和水上救援的迫切需要而研制的大型特种用途民用飞机,是国家应急救援体系建设急需的重大航空装备。

### 三、无人机

无人驾驶飞机简称"无人机",是利用无线电遥控设备和自备的程序控制装置操纵的不载人飞机,或者由车载计算机完全地或间歇地自主操作。与载人飞机相比,它具有体积小、造价低、使用方便、对作战环境要求低、战场生存能力较强等优点。

(一)功能特点

机身全部采用碳纤维新材料,提供安全防火的动力系统;数字云台结合 GPS,精确定位火点;具备傻瓜式操作,一键式回收;高清摄像头,清晰成像,实时了解火险数据;即时监控,可执行夜航任务;无线数字传输,避免野外架线;可快速转移,并可大范围在城市高楼和森林区域进行防火侦察及迅速灭火(图 9-1-8)。

图 9-1-8　鲲龙 AG-600 扑灭森林火灾示意图

**(二)主要用途**

**1. 灾情巡查**

图 9-1-9 所示为鸿鹄 X820 侦察巡检无人机。当灾害发生时,使用无人机进行灾情侦查,一是可以适用于多种地形和环境,特别是一些急难险重的灾害现场,侦查小组无法开展侦查的情况下,无人机能够迅速展开侦查。二是通过无人机侦查能够有效提升侦查的效率,便于尽快做出正确决策。三是能够有效规避人员伤亡,既能避免人进入有毒、易燃易爆等危险环境中,又能全面、细致掌握现场情况。四是集成侦检模块进行检测。比如集成可燃气体探测仪和有毒气体探测仪,对易燃易爆、化学事故灾害现场的相关气体浓度进行远程检测,从而得到危险部位的关键信息。鸿鹄 X820 无人机技术参数见表 9-1-2。

图 9-1-9　鸿鹄 X820 侦察巡检无人机

表 9-1-2　　鸿鹄 X820 无人机技术参数表

| 机身材质 | 碳纤维 | 最大载重量 | 3.3 kg | 最大飞行海拔 | 5 000 m |
|---|---|---|---|---|---|
| 对角轴距 | 820 mm | 最大起飞重量 | 11 kg | 工作环境温度 | −20~60 ℃,95%无凝结 |
| 续航时间 | 35 min | 最大巡航速度 | 15 m/s | 卫星定位模块 | GPS、北斗、GLONASS 三模 |
| 智能电池 | 22 000 mAh X1 | 桨翼机械特征 | 快拆桨 | 悬停精度(相对精度) | 水平:±0.2 m,垂直:±0.5 m |
| 智能飞行 | 定高、定点、自主巡航等多姿态飞行模式;一键起降、低电压保护、自动返航;预置禁飞区、电子围栏 | | | | |

**2. 辅助救援**

图 9-1-10 所示为鸿鹄 X1550 侦察辅助救援无人机。利用无人机集成或者灵活携带关键器材装备,能够为多种情况下的救援提供帮助。一是集成语音、扩音模块传达指令。利用

无人机实现空中呼喊或者转达指令，能够较地面喊话或者指令更有效，尤其适用于高空、高层等项目的救援中，以无人机为载体，有效传达关键指令。二是为救援开辟救援途径。例如水上、山岳救援中，现有的抛投器使用环境和范围均有很大的局限性，并且精准度差，利用救援无人机辅助抛绳或是携带关键器材（如呼吸器、救援绳等），能够为救援创造新的途径，开辟救生通道，并且准确、效率高。三是集成通信设备，利用无人机担当通信中继。例如在地震、山岳等有通信阻断的环境下，利用无

图 9-1-10　鸿鹄 X1550 侦察辅助救援无人机

人机集成转信模块，充当临时转信台，从而使得极端环境下建立起无线通信的链路。四是利用无人机进行应急测绘。利用无人机集成航拍测绘模块，将灾害事故现场的情况全部收录并传至现场指挥部，对灾害现场的地形等进行应急测绘，为救援的开展提供有力支撑。

（1）应急测绘激光雷达

通过消防救援无人机飞行平台搭载激光雷达，可快速对泥石流、山体滑坡产生的土方实时建模并计算，以便指挥人员做好科学装备指挥调度，为应急抢险救援提供精确决策依据。

（2）侦察辅助救援无人机

鸿鹄侦察辅助救援无人机 X1550 性能参数见表 9-1-3。

表 9-1-3　鸿鹄侦察辅助救援无人机 X1550 性能参数

| 尺寸/(mm×mm×mm) | 1 610×1 572×698 |
| --- | --- |
| 质量/g | 约 10 300 |
| 安全飞行时间/min | 约 65 |
| 可搭载功能模块 | 三维建模相机、激光雷达、红外双光吊舱、单光吊舱、气体检测仪、可视喊话抛投一体器 |
| 使用场景 | 救灾现场实景三维建模与侦察 |

（3）消防三维建模相机

图 9-1-11 所示为 HHOP-V 5 五目倾斜相机。通过消防无人机飞行平台搭载三维建模相机，可以同时快速地从垂直、倾斜多个不同的角度采集消防重点单位或灾情现场空间信息的真实影像，以获取更加真实全面的现场地物纹理细节，为指挥人员呈现符合人眼视觉的真实现场环境。实景三维模型数据可真实地反映地物的外观、位置、高度等属性，便于指挥人员准确了解现场及周边空间状况，及时、有效指挥调度救援装备。HHOP-V5 五目倾斜相机技术参数见表 9-1-4。

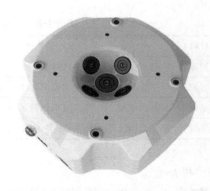

图 9-1-11　HHOP-V 5 五目倾斜相机

表 9-1-4　HHOP-V5 五目倾斜相机技术参数表

| 相机总像素 | ＞1.2 亿 | 曝光方式 | 定点、定时 | 供电方式 | 飞机电源供电或外置电池供电 |
|---|---|---|---|---|---|
| 相机个数 | 5 个 | 最小曝光间隔 | ≤0.8 s | POS 记录 | 自带 GPS 记录 POS 地理信息 |
| 镜头焦距 | 25 mm/<br>35 mm | 存储容量 | 640 G | 数据读取 | 通过 USB 3.0 读取 POS 数据、<br>照片，传输速度 200 M/s 以上 |
| 传感器尺寸 | 23.5 mm×<br>15.6 mm | 整机质量 | 730 g | 差分系统 | 支持 PPK 及 RTK 差分系统 |
| 像元尺寸 | 3.9 μm | 外形尺寸 | 156 mm×156 mm×<br>100 mm | 上位机软件 | 数据预处理，<br>一键生成建模工程文件 |
| 实时图传 | 支持高清图传 | 防护等级 | IP 65 | | |

（4）HHGAS-6 A 气体检测吊舱

多功能气体组分分析仪可同时搭载 6 种不同类型的气体传感器对场景中的有毒有害气体进行实时监测，且 6 种气体传感器可根据现场需求随时更换，从而对火场烟气毒性等进行深入分析，辅助灭火救援决策，为消防员进入火场时的个人防护提供指导。同时，采集到的实时火场数据可丰富火灾现场数据库，为消防指挥提供现场资料。图 9-1-12 所示为 HH-GAS-6 A 气体检测吊舱。HHGAS-6 A 气体检测吊舱技术参数见表 9-1-5。

图 9-1-12　HHGAS-6 A 气体检测吊舱

表 9-1-5　HHGAS-6 A 气体检测吊舱技术参数表

| | |
|---|---|
| 尺寸 | 150 mm×100 mm×60 mm |
| 机载端质量 | 约 10 300 g |
| 检测组分 | 同时支持 6 组分 |
| 检测精度 | $(0.001 \sim 100) \times 10^{-6}$ |
| 地面端通信 | USB、WIFI |
| POS 记录 | 自带 GPS 记录气体检测的经纬度、高度信息 |
| 供电方式 | 无人机电源供电 |
| 上位机软件 | 具有实时地图查看、阈值报警设置等功能 |
| 检测气体种类 | 二氧化硫、一氧化碳、二氧化氮、硫化氢、氨气、甲烷、氢气、氯气、苯、环氧乙烷等三十多种 |
| 适用飞行平台 | 多旋翼消防无人机、固定翼无人机 |

（5）空中喊话吊舱

空中喊话吊舱（图 9-1-13）采用高音质扬声器设计，音量大，覆盖范围广，抗干扰性强，传输距离远，适用于公安、消防、环保等部门执行引导人员疏散或广播宣传任务。

（6）空中抛投吊舱

空中抛投吊舱（图9-1-14）采用一体成型结构设计，坚固耐用，可以同时携带三个任务载荷。利用无人机的快速反应能力第一时间直达投放区域上空，投放应急救援等物资。设备自带摄像头，保证投放定位准确。

（7）空中照明吊舱

空中照明吊舱（图9-1-15）采用氙气大灯设计，亮度高，利用无人机的机动性和多角度变换，可对现场进行不间断的照射，辅助公安、消防、环保等部门夜间执行任务。

（8）双目红外吊舱

光电吊舱同时集成高清可见光和红外热成像两种模块，可见光机芯采用高清变焦机芯，用户可根据现场需要放大或缩小变焦倍数获得更清晰的现场图像信息。红外热成像具有测温功能，可实时传输具有温度信息的红外影像。可见光和红外热成像采用画中画方式同时输出，并支持更换多种显示模式。三轴云台提供俯仰和旋转控制，水平横滚为自稳模式，方便多方位进行图像采集。图9-1-16所示为HHOEP-3 A双目红外吊舱。

图 9-1-13　空中喊话吊舱

图 9-1-14　空中抛投吊舱

图 9-1-15　空中照明吊舱

图 9-1-16　HHOEP-3 A 双目红外吊舱

3. 扑救火灾

（1）水平发射消防灭火无人机

CL-601（图9-1-17）是一款集无人机、灭火弹系统、水平破甲、智能引爆及导弹发射技术于一体的综合型无人机，可以发射超细干粉、气体、泡沫及水胶灭火弹，适合高层建筑消防灭火。

表 9-1-6　CL-601 无人机技术参数表

| 飞行相对高度 | 2 000 m |
|---|---|
| 续航时间 | 约 30 min |
| 破甲 | 标准双层 5 mm 厚度钢化玻璃 |
| 任务载荷 | 15 kg,多管发射 |
| 灭火面积 | 30 m²/弹 |
| 光学瞄准 | 水平发射 |
| 操控 | 遥控飞行,悬停,遥控发射 |

（2）垂直发射消防灭火无人机

CL-602(图 9-1-18)是一款集无人机、灭火弹系统、水平破甲、智能引爆及导弹发射技术于一体的综合型无人机,可以发射超细干粉、气体、泡沫及水胶灭火弹,适用于森林、大型仓库、储油罐、危化品生产企业等场所灭火。

图 9-1-17　CL-601 无人机

图 9-1-18　CL-602 无人机

**四、导弹消防车**

随着我国城市建设步伐不断加快,超高层建筑已经屡见不鲜。但是,由于消防设备的局限,100 m 高层火灾一直是世界难题。曾经,即将建成的央视配楼由于燃放烟花爆竹楼顶部发生火灾,消防救援部门动用了 90 m 举高车,但是水仍然喷不到 150 多米高的大楼上部。很多国家都在积极研发解决高层、超高层建筑火灾扑救难题。

投弹式高层建筑干粉消防车(图 9-1-19),利用灭火弹来熄灭高层火源,能够实现更高、

图 9-1-19　投弹式高层建筑干粉消防车

更远距离的灭火作业,并且环保、对人无伤害,是一种新型的城市高层建筑消防灭火装备。

(一)结构简介

这种车装备有"高层楼宇灭火系统"。该系统主要由控制系统、发射系统和结构系统3部分组成。发射系统(模块)上有24发联装灭火弹,根据具体情况既可单射也可多发连射。每颗弹内装有3.6 kg的超细高效灭火剂,筒弹可以多角度旋转,最大仰角可达70°。而由可见光、激光、红外线三光合一的探测瞄准装置可以准确找到起火点,实现对灭火目标的精准打击。

灭火弹内装载的超细干粉,适用于灭A类(指固体物质火灾)、B类(指液体或可熔化的固体物质火灾)、C类火灾(气体火灾)。一辆车上装载有两个灭火模块,含24发灭火弹,这样可以在灭火弹使用完之后方便批量拆装,也就是"换弹夹"。

(二)主要性能

导弹消防车射击高度范围为100~300 m,可以有效解决城市内高层、超高层楼宇火灾的灭火救援难题,如图9-1-20所示。

图 9-1-20　投弹式高层建筑干粉消防车灭火示意图

灭火导弹进入楼内不会爆炸,没有碎片,不会对人造成伤害,而是瞬间喷射灭火剂使其覆盖整个房间。一枚灭火弹可以覆盖60 m³空间,因而需要根据房间面积和火势大小采取单发灭火或者多发连射。如果在飞行过程中偏离轨道,可以自动启动灭火弹上的安保装置,让灭火弹安全地降落在地面。

**五、消防坦克车**

(一)结构说明及主要性能

1. 使用场所

消防坦克车主要用于环境复杂地带(普通消防车不能通过)或油库、化学品库等易燃易爆区发生火灾的现场。它能迅速接近或穿越火场,可实现近距离喷射灭火。

2. 结构说明

如图9-1-21所示,消防坦克车主要由装甲车辆部分、消防系统、清障系统部分、电器设备部分组成。装甲车辆部分包括发动机、传动装置、行动部分和装甲防护。消防系统由水泵、消防炮、过滤水罐、泡沫箱、混合器、管路及阀门等组成。清障系统部分主要指液压消防清障铲。此外,还包括无线对讲系统、火场照明、有毒气体探测、温度探测等功能。

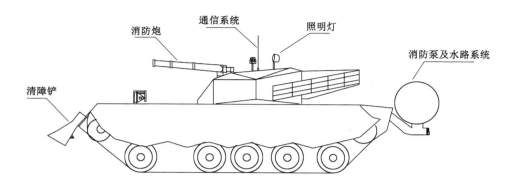

图 9-1-21　消防坦克车结构示意图

3. 性能特点

消防坦克车在其他车辆无法靠近的复杂环境条件下,能迅速到达或穿越火场,实现近距离喷射灭火,有以下性能特点。

(1) 防爆性能:车体为军用坦克车的车体,用特种装甲钢板制成,内置油箱,车仓窗口为 25 mm 防爆玻璃,外设启闭式防护钢板,可有效防止爆炸、撞击、轧压对消防人员和车辆本身造成损害。

(2) 防火隔热性能:采用耐高温挂胶履带,既避免了普通消防车汽车轮胎怕火、怕高温的缺陷,又确保了消防坦克车在城市道路上任意行驶而不破坏路面。车夹板外侧刷防火涂料,内侧有隔热层,车首、车顶、履带上方有自动喷淋降温系统,有效阻挡了热辐射。防火隔热性能确保了消防坦克车可以穿越火场,寻找最佳灭火点,实现近距离灭火。

(3) 清障性能:选用的坦克专用发动机马力大,前置液压清障铲推铲能力强,还能为其他车辆开辟救援通道。

(4) 通过性能:越野通过性能较好(翻越障碍物、跨越壕沟能力强,爬坡角度大)。

(二) 相关产品介绍

1. 相关产品

我国 SJX 5360 TXFTK 08 型消防坦克车(图 9-1-22)主要技术参数如表 9-1-7 所示。

图 9-1-22　SJX 5360 TXFTK 08 型消防坦克车

表 9-1-7 消防坦克车主要技术参数

| 项目 | | 参 数 |
|---|---|---|
| 外廓尺寸 | 长×宽×高/(mm×mm×mm) | 7 950×3 430×2 640 |
| 质量 | 整备质量/kg | 32 000 |
| | 满载质量/kg | 36 000 |
| 行驶性能 | 车底离地间隙/mm | 425 |
| | 接近角/(°) | 23 |
| | 离去角/(°) | 27 |
| | 最小转弯半径/m | 3.5 |
| | 最高车速/(km/h) | 50 |
| 通过性能 | 最大爬坡度/(°) | 28 |
| | 最大过壕沟宽度/m | 2 |
| 发动机 | 型号 | 12 150 LV |
| | 最大功率/kW | 382 |
| | 最大功率转速/(r/min) | 2 000 |
| 消防泵 | 型号 | 美国 KSP 1000 |
| | 输入转速/(r/min) | 2 202±5% |
| | 功率/kW | 97 |
| | 常压 | 65 L/s(1.0 MPa) |
| | 最大流量 | 68 L/s(1.0 MPa) |
| 消防炮 | 型号 | 美国大力 3578/3626 |
| | 流量/压力 | 50 L/s(1.0 MPa) |
| | 射程/m | ≥60 |
| | 俯仰角/(°) | −36～+90 |
| | 水平旋转角/(°) | 左右各 90 |
| | 发炮倍数 | >5 |
| | 25%析水时间/min | ≥2.5 |
| | 混合流量/(L/s) | 48 |
| | 混合比例/% | 6～7 |
| 其他参数 | 乘员数/人 | 2 |
| | 过渡水箱容积/L | 1 800 |
| | 泡沫罐容积/L | 2 100 |
| 清障铲最大推铲质量/kg | | ≥15 000 |
| 无线对讲系统有效通信距离/m | | ≥1 000 |
| 火场照明 | 防水直流电控照明灯/W | 350 W×2、24 V |
| 有毒气体探测 | AG 107 | 16 种可燃和有毒气体 |
| 温度探测 | LU-901 | −200°～+900° |

### 六、抛沙消防车

近年来,我国危险化学品在生产、储存及运输过程中引发的火灾爆炸事故频次、规模也有所上升,致使大量人员伤亡、财产损失和环境污染,给社会带来不可估量的损失。对于忌水危险化学品火灾,只能使用固态灭火材料扑救。但目前消防队装备配备以水罐、泡沫消防车为主,不能够满足危险化学品火灾扑救需求。在忌水危险化学品火灾扑救过程中多使用沙土灭火,沙土灭火成本低,存量大,不污染环境。沙土主要起到覆盖窒息灭火的作用,将燃烧物所需要的氧气隔绝,从而达到灭火目的。它也可用于泄漏物料的吸附和阻截,特别是高温液态黏稠的物料着火吸附和酸碱系统发生火灾时的阻截,防止酸碱泄漏。目前沙土少量使用时采用沙锹、沙桶人工运输,扑救效率低。大量使用时多采用工程运输机械如装载机、挖掘机倾倒,存在倾倒距离近,设备离火源过近等危险。抛沙消防车可以实现较远范围内灭火,提高救援速度与救援效率,快速将货厢里的沙土转移到着火点进行覆盖灭火,降低人员的工作强度,提高灭火效率,同时有效保障救援人员的安全。

该抛沙消防车有储沙装置、喂料机构和抛沙灭火装置,通过喂料机构收集的物料进入叶轮总成中,高速旋转的叶轮总成将物料加速,然后通过抛射筒抛出。其结构如图 9-1-23 所示。

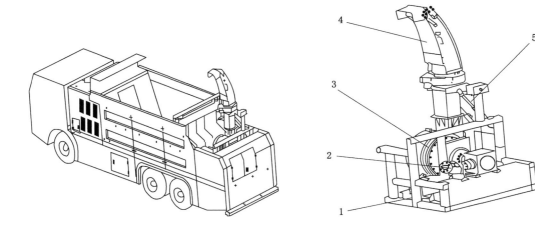

1—安装支架;2—叶轮驱动装置;3—叶轮;4—抛射筒;5—举升油缸。

图 9-1-23　抛沙消防车及结构示意图

该抛沙消防车货厢内部安装有进料机构、导料机构和喂料机构。进料机构安装在货厢底部,与货厢四周组成封闭的厢体,进料机构底板可移动。导料机构安装在进料机构的底板上部,导料机构能够跟随着底板的前进不断向前推进。喂料机构采用螺旋输送形式,安装在货厢后部进料底板上方,螺旋输送机左右两侧叶片旋向相反,将两侧的物料向中心集中,然后送入抛撒机构中。抛撒机构采用离心抛撒方式,通过抛撒叶轮高速旋转。抛射筒包括抛射直筒、抛射弯筒和抛射头三部分,抛射弯筒可以在水平面上旋转,抛射头抛出角度可调。该车可在较远距离将干砂、干土等固态灭火材料快速连续抛撒至火区,实现高效扑救。

## 【思考与练习】

1. 简述消防直升机可搭载的主要灭火设备及性能。
2. 简述水陆两栖飞机扑救森林火灾的优劣性。
3. 简述消防无人机的一些用途及可搭载设备。
4. 简述抛沙消防车适用的火灾场景。

# 参 考 文 献

[1] 陈晓水,侯宏卫,边照阳,等.气相色谱-串联质谱(GC-MS/MS)的应用研究进展[J].质谱学报,2013,34(5):308-320.

[2] 陈永铎,闫克平.化学战剂绿色洗消技术[J].化工进展,2012,31(10):2313-2318.

[3] 程振兴,王连鸳,朱海燕.核生化洗消剂及应用[M].北京:清华大学出版社,2018.

[4] 迟立发.油罐火灾的辐射热及其预测[J].消防科学与技术,1983,2(2):10-16.

[5] 崔守金.火场供水[M].北京:中国人民公安大学出版社,2001.

[6] 崔政斌,赵海波.危险化学品泄漏预防与处置[M].北京:化学工业出版社,2018.

[7] 董希琳,康青春,舒中俊,等.超大型油罐火灾纵深防控体系构建与实现[J].消防科学与技术,2013,32(9):1020-1022.

[8] 段江忠.供气消防车使用维护方法及常见故障排除[J].科技创新与应用,2015(9):194.

[9] 冯卫臣.应用于消防的可燃气体探测器检验系统的研究[D].石家庄:河北科技大学,2015.

[10] 付敏,程弘夏.现代仪器分析[M].北京:化学工业出版社,2018.

[11] 傅智敏,黄晓哲,李元梅.烃类池火灾热辐射量化分析模型探讨[J].中国安全科学学报,2010,20(8):65-70.

[12] 高树田,伍瑞昌,王运斗.国内外生防装备发展现状与对策[J].医疗卫生装备,2005,26(1):26-28.

[13] 高现宝.浅谈消防特种车辆的维护与保养[J].科技创新与应用,2017(25):130.

[14] 公安部消防局.消防灭火救援[M].北京:中国人民公安大学出版社,2019.

[15] 郝丽梅,田涛,吴金辉,等.国内外洗消装备的研究现状与发展趋势[J].医疗卫生装备,2008,29(12):31-34.

[16] 贺峰.关于发挥饮食保障车在灭火救援中保障作用的思考[J].消防技术与产品信息,2018,31(4):75-77.

[17] 胡忆沩,陈庆,杨梅,等.危险化学品安全实用技术手册[M].北京:化学工业出版社,2018.

[18] 胡忆沩,杨梅,李鑫,等.危险化学品抢险技术与器材[M].北京:化学工业出版社,2016.

[19] 黄金印,姜连瑞,夏登友,等.公路气体罐车泄漏事故应急处置技术[M].北京:化学工业出版社,2014.

［20］黄勇.消防车的维护与保养[J].科技创业家,2012(9):342.

［21］黄志坚.工业设备密封及泄漏防治[M].北京:机械工业出版社,2015.

［22］姬永兴.大功率雾状水消防装备:涡喷消防车[J].消防科学与技术,2005,24(4):456-459.

［23］贾宁,徐偶川宁.洗消帐篷消除生物剂沾染的效果研究[J].消防科学与技术,2011,30(1):62-64.

［24］贾晓伟,刘松,赵宏策,等.一种绿色纳米银消毒剂的制备及其性能研究[J].广州化工,2018,46(14):52-54.

［25］姜巍巍,李奇,李俊杰,等.喷射火及其热辐射影响评价模型介绍[J].石油化工安全环保技术,2007,23(1):33-36.

［26］姜振华.登高平台消防车的维护与保养探究[J].决策探索(中),2018(1):84-85.

［27］焦利军.关于举高消防车安全性能检验及维护相关探讨[J].汽车维修,2016(7):22-23.

［28］康青春.消防灭火救援工作实务指南[M].北京:中国人民公安大学出版社,2011.

［29］康青春,杨永强.灭火与抢险救援技术[M].北京:化学工业出版社,2015.

［30］李本利,陈智慧.消防技术装备[M].北京:中国人民公安大学出版社,2014.

［31］李红印.浅谈消防车辆的维修与保养[J].中小企业管理与科技,2010(27):315-316.

［32］李继伟.消防部队车辆管理对策探讨[J].科技创新与应用,2016(19):274-274.

［33］李秋菊.复合式生命探测仪[D].长春:长春理工大学,2012.

［34］李全峰.火焰形状对其热辐射通量的影响[J].中国科技信息,2010(15):40-43.

［35］李锐.浅谈消防车辆的维修与保养[J].科技创新与应用,2015(11):298.

［36］李绍宁.新型高保油抢险救援专用吸附垫[J].消防科学与技术,2015,34(3):376-378.

［37］李越,李晶.消防部队车辆类型的发展趋势[J].消防技术与产品信息,2011(1):11-15.

［38］李增波,徐鑫,刘璐,等.我国消防安全形势及管理对策研究[J].中国安全科学学报,2015,25(8):152-156.

［39］李钟婧.电磁式酸碱浓度传感器的研究[D].哈尔滨:黑龙江大学,2010.

［40］刘红岩,孙晓红,林京玉,等.纳米金属氧化物对化学战剂消毒效果的评价[J].国际药学研究杂志,2015,42(5):606-609.

［41］刘凯.线型可燃气体探测报警技术现状及发展趋势[J].建筑电气,2013,32(10):13-16.

［42］刘仁华.多功能破拆消防车臂架动力学分析[D].大连:大连理工大学,2013.

［43］刘少华.化工生产过程中可燃有毒气体检测仪的设置及选型[J].石化技术,2018,25(1):19.

［44］卢林刚,李向欣,赵艳华.化学事故抢险与急救[M].北京:化学工业出版社,2018.

［45］卢林刚,徐晓楠.洗消剂及洗消技术[M].北京:化学工业出版社,2015.

［46］卢炜.通讯指挥消防车的技术与市场前景分析[J].专用汽车,2000(4):42-43.

［47］雒孟刚,李进兴.新型涡喷七消防车的技术创新[J].消防技术与产品信息,2013(8):56-59.

［48］闵永林.消防装备与应用手册[M].上海:上海交通大学出版社,2013.

[49] 聂志勇,孙海鹏,孙晓红,等.化学应急洗消技术及装备研究进展[J].军事医学,2016,
40(4):267-271.

[50] 乔忠.便携式气体检测仪的设计与研究[D].郑州:郑州大学,2016.

[51] 任旭东,牛福,吴文娟,等.双通道"三防"伤病员洗消帐篷的研制[J].医疗卫生装备,
2015,36(1):99-100.

[52] 孙黎明.基于红外成像的生命探测仪设计与研究[D].秦皇岛:燕山大学,2012.

[53] 汤杰,毛芳芳,魏峰,等.便携式智能多参数水质分析仪的研制及其应用系统[J].化学
分析计量,2019,28(5):117-122.

[54] 王川川,魏广娟,康帅.固态灭火剂连续抛撒消防车设计[J].消防科学与技术,2019,38
(8):1117-1119.

[55] 王甲朋.基于新型纳米复合材料的神经性毒剂洗消剂合成及效能评价研究[D].北京:
军事科学院,2018.

[56] 王军.登高平台消防车在灭火救援中的应用与维护保养[J].现代职业教育,2016
(24):180.

[57] 王磊.石化装置有害气体泄漏检测优化研究[D].青岛:中国石油大学(华东),2015.

[58] 王万通.破拆技术在灭火救援中的应用研究[J].消防技术与产品信息,2017(11):
50-52.

[59] 王兆芹,冯文兴,程五一.高压输气管道喷射火几何尺寸和危险半径的研究[J].安全与
环境工程,2009,16(5):108-110.

[60] 王敏.关于消防装备现状和发展趋势的思考[J].经济师,2020(6):51-52.

[61] 吴田功.浅谈如何提高举高类消防车的实战效能及维护保养工作[J].中国机械,2015
(23):195-196.

[62] 吴文娟,任旭东,张文昌,等."三防"伤员洗消技术与装备现状及发展趋势[J].医疗卫
生装备,2013,34(1):81-83.

[63] 武开业.气相色谱质谱联用仪的原理及分类[J].科技视界,2014(26):270.

[64] 向平,沈敏,卓先义.液相色谱-质谱分析中的基质效应[J].分析测试学报,2009,28
(6):753-756.

[65] 肖方兵.国产系列消防车简介(四):专勤消防车[J].消防技术与产品信息,2010(1):
81-87.

[66] 邢志祥,蒋军成.喷射火焰对容器的热辐射计算[J].安全与环境工程,2003,10(3):
71-73.

[67] 闫宏伟.危险源泄漏与应急封堵技术[M].北京:国防工业出版社,2014.

[68] 严珊珊.用于雷达式生命探测仪的信号处理系统的设计[D].长春:长春理工大
学,2012.

[69] 尹景鹏.智能酸碱浓度检测技术的研究及实现[D].大连:大连理工大学,2003.

[70] 尹志,程继国.涡喷消防车的研制、生产和发展[J].消防技术与产品信息,2009(9):
37-40.

[71] 宇德明,冯长根,曾庆轩,等.热辐射的破坏准则和池火灾的破坏半径[J].中国安全科
学学报,1996,6(2):5-10.

[72] 詹秋磊.主动式矿用生命探测仪的研究与设计[D].重庆:重庆大学,2014.

[73] 张国建.消防技术装备[M].昆明:云南人民出版社,2006.

[74] 张宏宇,王永西.危险化学品事故消防应急救援[M].北京:化学工业出版社,2019.

[75] 张建奇.红外探测器[M].西安:西安电子科技大学出版社,2016.

[76] 张金.浅谈消防车辆器材装备规范化管理的应用[J].军民两用技术与产品,2016(16):65-65.

[77] 张进良.国外消防车简介(三):机场、照明及通讯指挥消防车[J].消防技术与产品信息,2010(5):85-89.

[78] 张永旭.登高平台消防车臂架结构有限元分析及优化[D].秦皇岛:燕山大学,2017.

[79] 中华人民共和国海事局.溢油应急培训教程[M].北京:人民交通出版社,2004.

[80] 朱方龙.热防护服隔热防护性能测试方法及皮肤烧伤度评价准则[J].中国个体防护装备,2006(4):26-31.

[81] 朱建华,褚家成.池火特性参数计算及其热辐射危害评价[J].中国安全科学学报,2003,13(6):25-28.

[82] 朱延春.探析消防装备检测维修车的功能及应用前景[J].中国新技术新产品,2012(15):248-249.

[83] 庄磊,陈国庆,孙志友,等.大型油罐火灾的热辐射危害特性[J].安全与环境学报,2008,8(4):110-114.

[84] 邹翔.浅谈消防部队应对危险品事故的洗消技术[J].科技资讯,2013,11(24):42.